高等院校程序设计系列教材

C++
语言程序设计

汤亚玲　胡增涛 主编

汪　军　张学锋　林　芳 副主编
柯栋梁　李　伟　姚红燕

清华大学出版社
北京

内 容 简 介

在各种编程开发语言百花齐放的今天,C++语言仍然是从事计算机科学理论学习和研究人员及软件开发人员所不可忽视的。学习 C++语言是具备良好编程能力的重要环节。

本书系统地讲述了 C++语言的基础知识、基本规则以及编程方法,详尽地介绍面向对象的基本特征、类和对象、继承性和派生类、多态性和虚函数等内容。每章配有丰富的例题和适量的练习题,便于自学。

本书文字简洁、精练,案例丰富,叙述清晰,通俗易懂,内容由浅入深,讲解突出重点,对概念和语言机制的讲解和能力培养并重。本书适合作为高等院校本科教材,也适合作为计算机技术人员自学用书。

图书在版编目(CIP)数据

C++语言程序设计/汤亚玲,胡增涛主编. —北京:清华大学出版社,2024.5
高等院校程序设计系列教材
ISBN 978-7-302-66177-1

Ⅰ.①C… Ⅱ.①汤… ②胡… Ⅲ.①C++语言－程序设计－高等学校－教材 Ⅳ.①TP312.8

中国国家版本馆 CIP 数据核字(2024)第 086430 号

责任编辑:袁勤勇　杨　枫
封面设计:常雪影
责任校对:申晓焕
责任印制:杨　艳

出版发行:清华大学出版社
　　　　网　　　址:https://www.tup.com.cn,https://www.wqxuetang.com
　　　　地　　　址:北京清华大学学研大厦 A 座　　　　　　邮　　编:100084
　　　　社 总 机:010-83470000　　　　　　　　　　　　　邮　　购:010-62786544
　　　　投稿与读者服务:010-62776969,c-service@tup.tsinghua.edu.cn
　　　　质量反馈:010-62772015,zhiliang@tup.tsinghua.edu.cn
　　　　课件下载:https://www.tup.com.cn,010-83470236
印 装 者:三河市人民印务有限公司
经　　销:全国新华书店
开　　本:185mm×260mm　　　　印　　张:23.5　　　　字　　数:575 千字
版　　次:2024 年 5 月第 1 版　　　　　　　　　　　　印　　次:2024 年 5 月第 1 次印刷
定　　价:69.00 元

产品编号:103255-01

高等院校程序设计系列教材

前　言

　　计算机程序设计是一门实践性很强的课程，也是计算机科学及其相关专业理论和实践相结合的一门必备课程。多年来，各大高等院校把 C/C++ 程序设计当作计算机专业课程体系中的一门必修课。

　　C++ 自从诞生之日起，以其简洁、高效、描述能力强被业界所重视。相比 C 语言，C++ 所支持的面向对象编程模式，是一种分析问题、解决问题的新理念。这种模式更贴合实际情形，符合现实中人们解决问题的基本思路和方法。选择 C++ 作为教学语言，其实用性和前瞻性不言而喻。C++ 通过类、对象、继承、多态、参数化程序设计以及异常等机制很好地支持了面向对象模式对实际问题的解决。因此，选择 C++ 作为高等院校计算机及其相关专业学生的必修课程，有着非常重要的意义。

　　本书的编写者都是长年奋战在教学一线的老教师，有着较为深厚的理论功底和教学经验。在长期的实践教学中，他们深感有一本言简意赅、叙述清楚、文字深入浅出，适合教学实情的教材的迫切性。这样的教材应该具有以下特征：一是能适应有良好 C 语言基础的学生学习的需要；二是能让没有较好掌握 C 语言的学生有过渡和进行系统学习的机会；三是全书的知识体系要完整，章节、知识点的编排要合理，能适应一般工科院校的教学，让从教者能以清晰明了的教学思路传授 C++ 的知识体系。

　　正是秉承着这样的编写指导思想，我们联合了省内外几所高校的多位具有丰富教学经验的老教师，将他们平时在教学上积累的知识和当前主流的 C++ 经典教材中的内容进行融合，并进行了适当的取舍，编写了本书。本书力争做到知识结构合理，各个章节相互联系又独立成篇，知识点过渡衔接自然，叙述清楚，简洁易懂，案例丰富，让学习者能抓住知识的重点，并能比较轻松地构建自己学习 C++ 语言的知识框架体系。

　　本书共 13 章，第 1 章介绍 C++ 语言的一些基本概念和主要特征，让读者对于 C++ 语言有一个总体的了解。第 2 章简要介绍 C++ 的一些基础知识，同时复习 C/C++ 的一些基本语法结构。第 3 章介绍函数的相关知识，包括 C++ 所支持的一些新的函数机制，如内联函数、重载函数等。第 4 章阐述类与对象的相关内容，本章是面向对象概念的主体部分，是全书的核心和重点之一。第 5 章讨论 C++ 中对于数据共享的相关机制，以及一般 C++ 程序的组织结构。第 6 章对 C 语言中已经学习过的数组、指针和字符串做复习和进一步的讨论。第 7 章、第 8 章分别介绍继承与派生及多态，继承和多态是面向对象中的高级技术，它们扩展了现有类的功能，并提供了更多的、以虚拟现实的方式解决编程中问题的途径。第 9 章介绍流类库与输入输出，描述了在 C++ 环境下，如何实现基本数据类型及其他类型数据输入输出的相关问题，以及文件使用的相关知识。第 10 章介绍异常处理，该章讨论面向对象编程中一种应对意外事件的解决方案——异常，它也是面向对象知识体系中的重点学习内容。第 11 章主要是针对时下主流的 VC 编译环境，介绍 MFC 的一些基础知识，让学生对 VC 系统自带的类库有个初步的了解。第 12 章主要介绍在 MFC 类框架下，基本绘图功能和一些基础动画的实现过程和原理。第 13 章是课程设计的内容，其目的在于学习前面章节之后，做一些综合性的训练，提升学生的综合运用能力。

本书可作为一般工科高等院校计算机类或者信息类相关专业"面向对象编程技术"课程的教材，建议理论课时为 50～60 学时，上机学时为 16 学时左右，课程设计为 20 学时左右。各院校可以根据本校的专业特点和学生具体情况，酌情增、删学时。

本书由安徽工业大学汤亚玲、胡增涛任主编，编写部分章节并负责全书的统稿，以保证全书风格和内容的统一；由安徽工程大学汪军、姚红燕，福建理工大学林芳，安徽工业大学张学锋、柯栋梁、李伟任副主编。其中第 1 章、第 3 章、第 12 章由汤亚玲编写，第 7 章、第 8 章由胡增涛编写，第 11 章由汪军编写，第 13 章由张学锋编写，第 4 章、第 9 章由林芳编写，第 2 章、第 5 章由柯栋梁编写，第 10 章由李伟编写，第 6 章由姚红燕编写。

因编者水平有限，书中难免有不足甚至错误之处，敬请广大师生读者批评、指正。

作　者
2024 年 4 月

高等院校程序设计系列教材

目 录

第 1 章

绪论

本章是面向对象基本概念的导入篇,重点通过实例介绍面向对象的设计思想,以及 C++ 对于面向对象的支持。学习中注意对比面向对象与面向过程的诞生过程和各自的特点。

【本章学习要求】

了解：C++ 的发展史和面向对象编程思想的渊源。

理解：面向对象在解决实际问题中的优势。

1.1　C++ 简介

在计算机诞生初期,人们要使用计算机就必须用机器语言或汇编语言编写程序。世界上第一种计算机高级语言是诞生于 1954 年的 FORTRAN 语言。之后又出现了多种计算机高级语言,其中使用最广泛、影响最大的当推 BASIC 语言和 C 语言。BASIC 语言是 1964 年由 Dartmouth 学院的 John G. Kemeny 与 Thomas E.Kurtz 两位教授在 FORTRAN 语言的基础上简化而发明的,是适用于初学者设计的小型高级语言;C 语言由美国贝尔实验室的 D.M.Ritchie 在 1972 年所开发,采用结构化编程方法,遵从自顶向下的原则。在操作系统以及需要对硬件进行操作的场合,用 C 语言明显优于其他高级语言,但在编写大型程序时,C 语言仍面临着挑战。

在这种形势下,20 世纪 80 年代初,在美国贝尔实验室诞生了 C++ (plus plus)语言。它是由 Bjarne Stroustrup 博士主导,在 C 语言基础上设计并开发的一门新的语言。C++ 一经推出就获得了很大的成功,从很多方面大大提高了程序设计的效率,并转变着程序设计者的编程理念。

C++ 这个名字最初是由 Rick Mascitti 于 1983 年中期建议使用的,并于 1983 年 12 月首次使用。更早以前,尚在研究阶段的这门语言被称为 new C,之后被称为 C with Class。在计算机科学中,C++ 仍被称为 C 语言的上层结构。它最后得名于 C 语言中的"＋＋"操作符(其对变量的值进行递增)。而且在共同的命名约定中,使用"＋"表示增强的程序。Bjarne Stroustrup 说:"这个名字象征着源自于 C 语言变化的自然演进。"

C++ 相对于 C 语言一个很重要的改进,就是支持面向对象编程模式,并由此而产生了一系列新的特性。

1.2　面向对象与面向过程

简而言之,面向过程的核心思想是首先分析出解决问题所需的步骤,然后用函数把这些步骤一个个实现,最后依次调用。而面向对象是把构成问题的事务分解成各个对象,建立对象的目的不是为了完成一个步骤,而是为了描叙某个事物在解决整个问题的步骤中的行为。

如五子棋,面向过程的设计思路就是首先分析出解决问题的步骤:

(1) 开始游戏。

(2) 黑子先走。

(3) 绘制画面。

(4) 判断输赢。

(5) 轮到白子。

(6) 绘制画面。

(7) 判断输赢。

(8) 返回步骤(2)。

(9) 输出最后结果。

把上面每个步骤用函数分别实现,问题就解决了。

而面向对象的设计则是从另外的思路来解决问题。首先将整个五子棋系统分为以下 3 类对象。

(1) 黑白双方:两方的行为相同。

(2) 棋盘系统:负责绘制画面。

(3) 规则系统:负责判定犯规、输赢等。

第一类对象(玩家对象,即黑白双方)负责接受用户输入,并告知第二类对象(棋盘系统)棋子布局的变化,棋盘接收到了棋子的变化后负责在屏幕上面显示出这种变化,同时利用第三类对象(规则系统)来对棋局进行判定。

显然,面向对象是以概念来划分问题,而不是步骤。同样是绘制棋局,这样的行为在面向过程的设计中分散在了各个步骤中,很可能会出现不同的绘制版本,因为设计人员通常会考虑到实际情况而进行各种各样的简化。而在面向对象的设计中,绘图只可能在棋盘对象中出现,从而保证了绘图的统一。

功能上的统一保证了面向对象设计的可扩展性。如需要加入悔棋的功能,按照面向过程的设计模式,那么从输入到判断到显示这一连串的步骤都要改动,甚至步骤之间的顺序都要进行大规模调整。如果以面向对象的设计模式,就只需要改动棋盘对象,棋盘系统保存了黑白双方的棋谱,进行回溯就可以;无须考虑显示和规则判断,同时整体对象功能的调用顺序没有变化,改动是局部。

另外,如要把五子棋游戏设计结果改为围棋游戏,在面向过程设计模式下,那么五子棋的规则就分布在了程序的每一个角落,改动的工作量和难度甚至超过重写。但是如果采用面向对象的设计模式,那么只需改动规则对象就可以了。五子棋和围棋的主要区别在于规则(棋盘大小一般有点差异,只需在棋盘对象中进行适当修改就可以了),而走棋的大致步骤,从面向对象的角度来看没有任何变化。

当然,要达到改动只是局部的目的,需要设计者有良好的设计和编程经验。使用对象不能保证你的程序就是面向对象,这需要充分学习面向对象的设计思想。初学者或者经验不够丰富的程序员很可能以面向对象之虚,行面向过程之实,这样设计出来的所谓面向对象的程序很难有良好的可移植性和可扩展性。

1.3 C++ 对面向对象的支持

C++ 既支持面向过程,又支持面向对象。面向过程的设计思想在处理一些简单问题时是可取的,如一些单纯的、小规模的数值计算问题,C 语言或者 C++ 都可以胜任。但对于较为复杂的大型软件的设计和开发,面向对象则体现出不可比拟的优势。

具体来说,C++ 主要通过支持以下一些面向对象的核心机制实现了分析、设计和求解的高效率。

1. 抽象性

抽象性是指将具有一致的数据结构和行为的对象抽象成类。一个类就是这样一种抽象,它反映了与应用有关的重要性质,而忽略其他一些无关内容。任何类的划分都是主观的,但一般与具体的应用有关。

2. 封装性

封装性是面向对象的基本特征之一,通过类的定义体现出来。封装是把过程和数据组织在一起,定义成类,并且将某些信息隐藏在类的内部,不允许外部程序或者对象直接访问,而是通过该类提供的对外的接口方法来实现对隐藏信息的操作和访问。

3. 继承性

继承性是子类自动共享父类数据结构和方法的机制,这是类之间的一种关系。在定义和实现一个类的时候,可以在一个已经存在的类的基础之上来进行继承,把这个已经存在的类所定义的特性继承为自己的特性,并加入若干新的内容。

4. 多态性

多态性是指相同函数名的函数、过程可作用于多种类型的对象上,并获得不同的结果。或者不同的对象收到同一消息可以产生不同的结果,这种现象称为多态性。

多态性允许每个对象以适合自身的方式去响应共同的消息。

1.4 C++ 的新特性

C++ 作为 C 语言之后的新一代语言,在很多方面提供了一些新的机制,使得语言整体上更为完善,效率也大大提高了。

C++ 语言的主要特点表现在两方面:一是尽量兼容 C,二是支持面向对象的方法。它延续了 C 的简洁、高效地接近汇编语言等特点,对 C 的类型系统进行了改革和扩充,因此 C++ 比 C 更安全,C++ 的编译系统能检查出更多的类型错误。另外,由于 C 语言的广泛使用,从而极大促进了 C++ 的普及和推广。

C++ 对 C 的"增强",主要表现在以下几方面。

(1) C++ 的类型检查更为严格。

在 C++ 中,类型检查不仅延续了 C 中默认的低精度数据类型向高精度数据类型自动转换,支持多种形式的强制类型转换,以及多种不同类型指针的一致性检查;而且在通过赋值兼容规则、多态等多种形式支持家族类库中多个不同类型的兼容性,如果违背了这些规则,编译系统会做出警告或者错误的处理结果。

(2) C++ 增加了常类型。

常类型是 C++ 中对于数据的一种保护机制,是指使用类型修饰符 const 说明的类型。常类型的变量或对象的值是不能被更新的;因此,定义或说明常类型时必须进行初始化。

常类型的作用类似于 C 语言中的常量定义,这在 C 中是用宏定义形式:

```
#define 常量 数值
```

C++ 中,对于共享数据的保护的范围扩充到了多个范畴,包括基本数据类型、常对象、常引用、常类成员等,其定义的基本形式是

```
const 类型符 标识符名;
```

C++ 中,常类型的定义形式要比 C 语言中更灵活、多变;特别是在类函数成员中,可以定义常成员函数,此函数可以和同名的其他成员函数构成函数重载。

(3) C++ 增加了泛型编程的机制。

泛型编程最初诞生于 C++ 中,由 Alexander Stepanov 和 David Musser 创立。目的是实现 C++ 的标准模板库(STL)。其语言支持机制就是模板(templates)。模板的本质其实很简单,即参数化类型,其意思是,把一个原本特定于某个类型的算法或类当中的类型信息抽掉,抽出来做成模板参数 T。

泛型编程的代表作品 STL 是一种高效、泛型、可交互操作的软件组件。STL 以迭代器(iterators)和容器(containers)为基础,是一种泛型算法(generic algorithms)库,容器的存在使这些算法有东西可以操作。STL 包含各种泛型算法、泛型迭代器、泛型容器以及函数对象(function objects)。STL 并非只是一些有用组件的集合,它是描述软件组件抽象需求条件的一个正规而有条理的架构。

(4) C++ 增加了异常处理。

异常处理是编程语言或计算机硬件里的一种机制,用于处理软件或信息系统中出现的异常状况(即超出程序正常执行流程的某些特殊条件)。通过异常处理,可以对用户在程序中的非法输入或者程序执行时的意外情形进行控制和提示,以防程序崩溃。

C++ 异常处理机制是一个用来有效地处理运行错误的非常强大且灵活的工具,它提供了更多的弹性、安全性和稳固性,克服了传统方法所带来的问题。

异常的抛出和处理主要使用了以下 3 个关键字:try、throw、catch。

抛出异常即检测到异常可以采用 throw 语句来抛出异常。该语句的格式为

```
throw 表达式;
```

如果在 try 语句块的程序段(包括在其中调用的函数)中发现了异常,且抛弃了该异常,则这个异常就可以被 try 语句块后的某个 catch 语句所捕获并进行处理。捕获和处理的条件是被抛弃的异常的类型与 catch 语句的异常类型相匹配。由于 C++ 使用数据类型来区分不同的异常,因此在判断异常时,throw 语句中的表达式的值就没有实际意义,而表达式的

类型就特别重要。

try-catch 语句形式如下。

```
try
    {
        包含可能抛出异常的语句
    }
    catch(类型名 [形式参数名])          //捕获特定类型的异常
    {
        处理异常语句
    }
    catch(类型名 [形式参数名])          //捕获特定类型的异常
    {
      处理异常语句
    }
    catch(...)                      //三个点(...)表示捕获所有类型的异常
    {
    }
```

（5）C++ 增加了运算符重载。

C++ 的另一个重大特性就是重载（overload），通过重载可以把功能相似的几个函数合为一个，使得程序更加简洁、高效。在 C++ 中不止函数可以重载，运算符也可以重载。运算符重载最根本的出发点是扩展已有运算符的运算功能，能处理自定义数据类型。而且由于一般数据类型间的运算符没有重载的必要，所以运算符重载主要是面向对象之间的。

运算符重载的方法是定义一个重载运算符的函数，在需要执行被重载的运算符时，系统就自动调用该函数，以实现相应的运算。从形式上看，运算符重载是通过定义函数实现的，而实质上是函数的重载。

重载运算符的函数一般格式如下。

```
函数类型 operator 运算符名称 (形式参数表列)
{
    //对运算符的重载处理
}
```

（6）C++ 增加了标准模板库。

标准模板库（Standard Template Library，STL）是一个具有工业强度的、高效的 C++ 程序库。它被包含在 C++ 标准程序库（C++ standard library）中，是 ANSI/ISO C++ 标准中最新的，也是极具革命性的一部分。该库包含了许多在计算机科学领域里常用的基本数据结构和基本算法，为广大 C++ 程序员提供了一个可扩展的应用框架，高度体现了软件的可复用性。这种现象有点类似于 Microsoft Visual C++ 中的 MFC（Microsoft Foundation Class library），或者是 Borland C++ Builder 中的 VCL（Visual Component Library）。

STL 的一个重要特点是数据结构和算法的分离。这种分离使得 STL 变得非常通用。例如，STL 的 sort 函数是完全通用的，可以用它来操作几乎任何数据集合，包括链表、容器和数组。

STL 的另一个重要特性是它不是面向对象的。但 STL 具有足够的通用性，它主要依赖于模板而不是封装、继承和虚函数（多态性）——OOP（Object-Oriented Programming）的 3 个主要要素。在 STL 中找不到任何明显的类继承关系，这使得 STL 的组件具有广泛通用性的底层特征。

从逻辑层次来看,在 STL 中体现了泛型化程序(generic programming)设计的思想,并引入了诸多新的名词,如需求(requirements)、概念(concept)、模型(model)、容器(container)、算法(algorithm)、迭代子(iterator)等。与 OOP 中的多态(polymorphism)一样,泛型也是一种软件的复用技术。

从实现层次来看,整个 STL 是以一种类型参数化(type parameterized)的方式实现的,这种方式基于一个在早先 C++ 标准中没有出现的语言特性——模板。考察任何一个版本的 STL 源代码,会发现模板是构成整个 STL 的基石。

1.5 小结

本章是 C++ 语言、面向对象基础知识的导论,概要地介绍了 C/C++ 的发展史,通过一个五子棋程序实例的开发过程,展示了面向过程和面向对象在处理实际问题时的区别,以及面向对象分析模式所体现出来的优势和效率。

C++ 语言支持面向过程,也支持面向对象。抽象、继承、多态是 C++ 语言中面向对象理念的核心,也是本书后续章节内容的主体与重点。

相对于 C 语言,C++ 语言中一些新的机制,如类型检查、常类型、泛型编程、异常处理、运算法重载以及 C++ 语言所提供的标准模板库(STL),为编程提供了更加严格、完善的功能体系和强大的编程手段。

习题

1. C++ 是何时产生的?它和 C 语言之间有何关系?
2. 面向过程和面向对象在处理实际编程问题时有何不同?
3. 面向对象的核心思想有哪些?
4. 相对于传统的 C 语言,C++ 语言引入了哪些新的特性?
5. 面向对象编程语言有哪些主要特点?
6. 什么是类?什么是对象?面向对象的方法的含义是什么?
7. 对比面向对象、面向过程以及结构化程序设计与非结构化程序设计的含义。

第 **2** 章
C++ 程序设计基础

本章主要介绍 C++ 程序设计的基础知识。"工欲善其事，必先利其器。"本章首先通过一个简单的 C++ 程序实例演示如何在 VC 6.0 环境下编写 C++ 语言程序；接下来介绍构成 C++ 语言的基本元素——字符集、关键字、标识符等词法记号。程序是对数据集进行操控的代码的集合，本章与数据相关的基础知识主要包括基本数据类型、自定义数据类型以及数据的输入与输出等知识；与数据操控相关的基础知识主要包括程序的 3 种基本结构：顺序结构、选择结构、循环结构。

【本章学习要求】

理解：C++ 基本语句结构和相关的语法要点。

掌握：使用标准 I/O 流对象进行简单的输入输出操作。

掌握：VC 的基本编辑环境和编写、调试程序过程。

2.1　认识 C++ 程序

2.1.1　C++ 程序实例

【例 2.1】　一个简单的 C++ 程序。

```
#include<iostream>
using namespace std;          //使用标准名空间
void main(void)
{
  cout<<"Hello World!"<<endl;
  cout<<"Welcome to C Plus Plus!"<<endl;
}
```

运行结果：

```
Hello World!
Welcome to C Plus Plus!
```

上述程序中的第一行语句 #include<iostream> 使用 include 指令指示编译器对程序进行编译预处理时，将 iostream 头文件中的代码嵌入程序中该指令所在的位置。该文件中声明了 C++ 程序所需要的输入和输出操作的相关信息，使用 cout 对象的"<<"操作符来实现数据的输出。如果在编写的 C++ 程序中用 cin 与 cout 对象进行数据的输入与输出，需要在程序的第一行将 iostream 头文件使用 include 指令包含进来。2.3 节将简单介绍 C++ 的输

入输出功能,其更详细的介绍参考第 9 章的内容。

程序的第二行语句 using namespace std 是命名空间的指令,表示本程序使用的命名空间是 std,这是一个标准的命名空间。命名空间相当于一个指定的作用域,系统会自动到命名空间对应的作用域内去查找由 include 指令包含进来的文件,如本例中的 iostream 文件。有关命名空间的概念在后续的章节中会详细介绍。

从第三行代码开始是程序的主体,即一个名字为 main 的函数。一个 C++ 程序必须有一个全局命名空间中的 main 函数,表示程序执行的入口地址,该函数只能由系统调用,不能通过用户程序调用。如果 main 函数运行的结果没有返回值,则要在 main 函数前加上关键字 void。如果 main 函数运行时不需要参数,则需要在 main 函数后面的括号中加上关键字 void。如果 C++ 程序在运行时需要提供命令行参数,则一般形式如下。

```
int main(int argc, char * argv[])
```

其中,argc 表示在命令行中输入的参数个数,argv 是一个字符型的指针数组。数组的每个指针元素指向命令行中输入的参数在内存里的存储位置。

main 函数的函数体由一对"{"与"}"标识,函数体由多行 C++ 语句构成,每条语句以";"结束。例 2.1 的 main 函数体中只有两条语句,分别使用 cout 对象的"<<"操作输出字符串"Hello World!"与"Welcome to C Plus Plus!",并换行;cout 对象可以利用"<<"操作连续进行输出操作,关键字 endl 表示输出换行。

通过文本编辑器将例 2.1 的程序录入并保存为后缀为 CPP 的文件(源程序文件)之后,需要使用 C++ 编译程序将源程序文件编译成二进制目标文件,再经过链接生成可执行程序才可以运行。本书所有源程序文件都是在 VC 6.0 环境下编译运行通过的。

2.1.2　字符集

字符集又称为"物理字符集",是构成 C++ 程序的基本元素。一个 C++ 源程序在编译成目标程序时以一个个字符序列的形式被编译器程序读取,并映射为编译时的"源字符集"。C++ 语言的字符集主要由下述几类字符构成。

(1) 空格符:空格键,制表符,换行符,注释符(注释内容作为空格处理)。

(2) 英文字符:a,…,z,A,…,Z。

(3) 数字字符:0,…,9。

(4) 特殊字符:_、{、}、[、]、#、(、)、<、>、%、:、;、…?、*、+、-、/、^、&、|、~、!、=、,、\、"、'。

2.1.3　词法记号

任何高级语言编写的源程序都是由一个个单词构成的文本文件,词法记号是构成 C++ 源程序的最小词法单元。词法分析程序与语法分析程序会查找对应的符号表判断源程序中的单词是否合法。C++ 中的词法记号主要包括关键字、标识符、常量、操作符、分隔符(标点符号)和空白等。

1. 关键字

关键字是系统已预定义的单词,它们在程序中表达特定的含义。C++ 中定义的主要关键字如下。

asm	do	if	return	typedef	auto	double
inline	short	typeid	bool	dynamic_cast	int	signed
typename	break	else	long	sizeof	union	case
enum	mutable	static	unsigned	catch	explicit	namespace
static_cast	using	char	export	new	struct	virtual
class	extern	operator	switch	void	const	false
private	template	volatile	const_cast	float	protected	this
wchar_t	continue	for	public	throw	while	default
friend	register	true	delete	goto	reinterpret_cast	try

上述关键字中的绝大多数用法会在后续的章节中介绍。

2. 标识符

标识符是程序员用来命名程序中一些实体的一种单词。使用标识符可以定义函数名、类名、对象名、变量名、常量名、类型名和语句标号名等。

C++中定义标识符的主要规则如下。

(1) 标识符以大小写字母或者下画线（_）开始，区分大小写。

(2) 标识符的其他字符可以由字母、数字或者下画线构成。

(3) 尽量使用有意义的单词，且不可以使用系统中已预定义的关键字和设备字作为标识符。

3. 常量

常量是有具体数值的符号，可以用常量名和常量符号来表示。它包括整型常量、浮点型常量、字符型常量、字符串常量、枚举常量等。

定义常量的格式如下。

const 类型说明符 常量名 = 常量值；

定义一个常量要注意以下几点。

(1) 确定常量名。

(2) 指出常量类型。

(3) 必须进行初始化。

(4) 使用常量类型说明符 const。

4. 操作符

操作符是实现各种运算的操作符号，包括算术运算符、关系运算符、逻辑运算符、位操作运算符、赋值运算符、三目运算符、逗号运算符、sizeof 运算符、强制类型运算符、取地址和取内容运算符、成员选择符、运算符()和[ ]等，各种操作符的具体用法见后面章节。

5. 分隔符

C++中的分隔符被称为程序中的标点符号，它是用来分隔各词法记号与程序正文。通常有以下几种：空格符、逗号、分号、冒号、圆括号、花括号。

6. 空白

空白是空格、水平制表符(Tab 键)、垂直制表符、换行符、注释等的总称。词法分析程序会将 C++ 源程序文件分解为词法记号与空白。

注释通常包括两种方式：单行注释，自"//"开始直到它所在行的尾部的所有字符作为注释处理；多行注释，使用"/ * "与" * /"符号可将多行注释内容放在这两个符号之间。

2.1.4　VC 6.0 开发环境简介

VC 6.0 是微软公司开发的一款商用的 C++ 语言开发环境，尽管现在微软公司的主流开发环境已经转移到更新版本的 Visual Studio 平台下，但 VC 6.0 仍然非常适合作为 C++ 语言的教学实践平台。

作为本书的 C++ 语言的实验平台，本节简单介绍在 VC 6.0 环境下开发 C++ 语言程序的步骤。VC 6.0 运行主界面如图 2.1 所示。

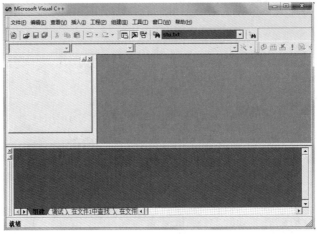

图 2.1　VC 6.0 运行主界面

步骤 1：新建 VC 工程。

虽然使用 VC 是用于编写并调用 C++ 程序，但 VC 6.0 是一款商用的大型软件开发环境，以工程的方式对所开发的软件进行管理。在编写 C++ 程序之前先建立一个工程。

通过单击"文件"→"新建"，打开"新建"对话框，在第二个 Tab 页中选择新建的工程类型，如图 2.2 所示。VC 支持多种工程类型，从中选取 Win32 控制台程序。

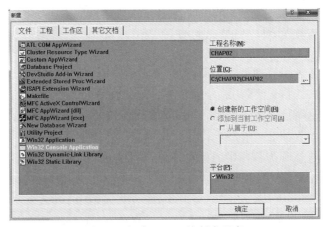

图 2.2　新建 Win32 控制台程序

在"工程名称"文本框中输入合适的工程名称,如第 2 章示例程序的工程名称为CHAP02,在"位置"下的文本框中选择工程文件的存储位置。默认的存储位置是 VC 6 的安装目录,建议选择一个熟悉的位置保存工程文件。

单击"确定"按钮之后,出现如图 2.3 所示的对话框,提示选择一种控制台程序的类型,此时选择第一项"一个空工程"并单击确定按钮。在出现的确认对话框单击"完成"按钮即创建了一个 Win32 控制台程序的一个空工程。

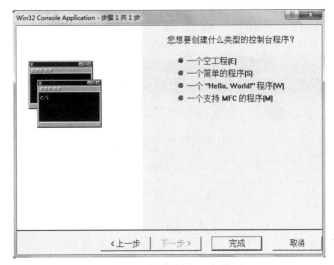

图 2.3　选择控制台程序类型

步骤 2:新建 C++ 源程序文件。

工程创建之后就可以往工程中添加 C++ 源程序文件了。在"文件"菜单下选择"新建"子菜单,在弹出的对话框中选择"文件"选项卡,在列表中选择一种文件类型,此处选择 C++Source File,在"文件名"文本框中输入 C++ 源程序文件的名称,如 first.cpp,单击"确定"按钮,如图 2.4 所示。

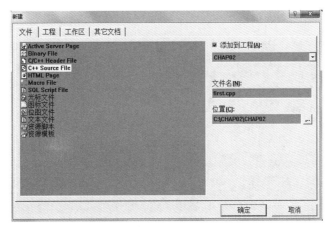

图 2.4　添加 C++ 源程序文件

这时,在 VC 主界面的工程窗口单击 FileView 视图,可以看到在源程序目录下有一个源程序文件 first.cpp,在主编辑窗口添加如下的文件内容。

```
#include<iostream>
using namespace std;
void main(void)
{
cout<<"I like OOP Programing."<<endl;
}
```

如图 2.5 所示,此时可以进行源程序文件的编译与链接工作了!

图 2.5 编辑 C++ 源程序文件视图

步骤 3:编译、链接与运行 C++ 源程序文件。

如图 2.6 所示,通过"组建"菜单的"编译""组建"与"执行"命令可以实现对 C++ 源程序文件的编译、链接与运行。

选择"编译"命令,编译相关信息会显示在 VC 主界面的底部窗口,如图 2.7 所示。如果编译过程中出现错误,应该根据错误提示信息找到相关代码并修改程序。

在编译通过的情况下,选择"组建"命令,可以实现对目标程序的链接并生成可执行程序,组建结果如图 2.8 所示。

图 2.6 组建菜单

在成功生成 EXE 程序之后,选择"执行"命令或者按 Ctrl+F5 运行该程序,结果如图 2.9 所示。

```
--------Configuration: CHAP02 - Win32 Debug--------
Compiling...
first.cpp

first.obj - 0 error(s), 0 warning(s)
```

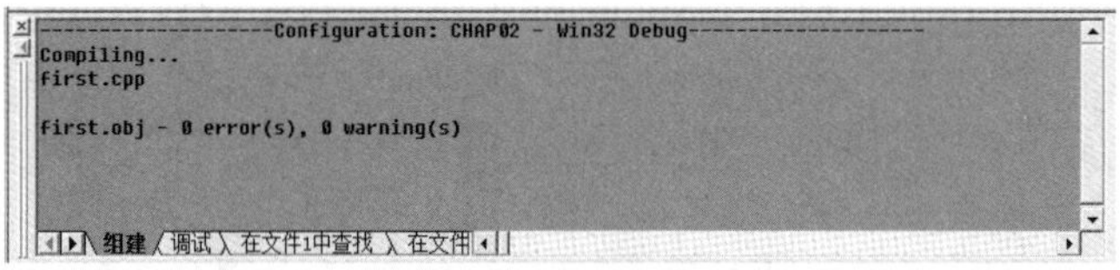

图 2.7 编译 C++ 源程序文件结果

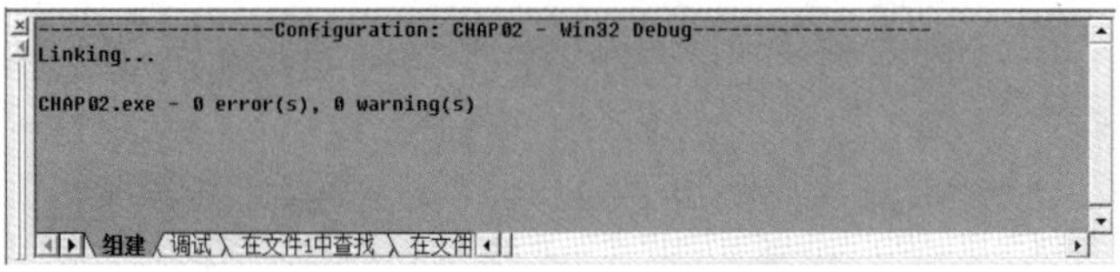

```
--------Configuration: CHAP02 - Win32 Debug--------
Linking...

CHAP02.exe - 0 error(s), 0 warning(s)
```

图 2.8 链接 C++ 目标文件结果

打开之前创建的工程目录文件夹,如图 2.10 所示,从图中可以看到 C++ 源程序文件 first.cpp 保存在工程目录下,编译之后得到的目标文件以及可执行程序保存在 Debug 目录下。

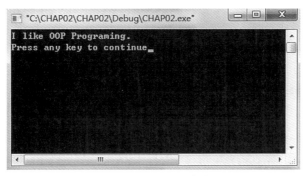

图 2.9　运行 C++ 程序结果

图 2.10　C++ 工程目录结构

　　需要注意的是：每一个 C++ 源程序文件编译之后都会生成一个目标文件，但一个工程下多个目标文件经过链接之后只能生成一个 EXE 文件；另外，工程目录下有一个工作空间文件 CHAP02.dsw，该文件是创建工程时自动生成的，用于描述整个 C++ 项目的相关信息。通过 VC 6.0 中的"新建"→"打开工作空间"命令，在弹出的对话框中选择该工程文件，则与工程相关的所有文件都会在 VC 的工作空间中打开。

2.2　基本数据类型和表达式

　　在 C++ 语言中，数据处理的基本对象是常量和变量；运算是对各种形式的数据进行处理，数据所占用的内存单元由数据类型决定。C++ 语言中的数据类型可以分为基本数据类型与用户自定义数据类型，其中基本数据类型是 C++ 编译系统内置的数据类型，而用户自定义数据类型是系统提供的数据类型不足以描述客观对象时，由用户自己定义的类型。数据的操作要通过运算符实现，而数据和运算符共同组成了表达式。本节主要介绍 C++ 语言中的数据类型、运算符、表达式方面的内容。

2.2.1　基本数据类型

C++ 有 7 种核心的基本数据类型,如表 2.1 所示。

表 2.1　C++ 中的 7 种核心数据类型及其含义

类　型	含　义	类　型	含　义
char	字符	double	双精度浮点数
wchar_t	宽字符	bool	布尔值
int	整数	void	空值
float	浮点数		

其中,char 表示字符型数据,wchar_t 表示宽字符,int 表示整数数据,float 表示浮点型数据,double 表示双精度浮点数据,bool 表示布尔型数据,void 表示空值。

C++ 允许在某些基本数据类型前面使用修饰符。修饰符会更改基本类型的含义,以便它能更好地符合不同环境的需要。数据类型修饰符主要有 signed、unsigned、long、short 四种,这四种修饰符均可以应用于 int 型数据;而修饰符 signed 和 unsigned 可以应用于 char 型数据;double 型数据可以使用修饰符 long。根据 ANSI/ISO(美国国家标准学会/国际标准化组织)C++ 标准指定的 C++ 所有合法的基本数据类型如表 2.2 所示。

表 2.2　C++ 所有合法的基本数据类型

类　型　名	长度(比特位)	取 值 范 围
char	8	$-128 \sim 127$
unsigned char	8	$0 \sim 255$
signed char	8	$-128 \sim 127$
int	32	$-2\,147\,483\,648 \sim 2\,147\,483\,647$
unsigned int	32	$0 \sim 4\,294\,967\,295$
signed int	32	$-2\,147\,483\,648 \sim 2\,147\,483\,647$
short int	16	$-32\,768 \sim 32\,767$
unsigned short int	16	$0 \sim 65\,535$
signed short int	16	$-32\,768 \sim 32\,767$
long int	32	$-2\,147\,483\,648 \sim 2\,147\,483\,647$
signed long int	32	$-2\,147\,483\,648 \sim 2\,147\,483\,647$
unsigned long int	32	$0 \sim 4\,294\,967\,295$
float	32	$3.8\mathrm{E}-38 \sim 3.4\mathrm{E}+38$
double	64	$1.7\mathrm{E}-308 \sim 1.7\mathrm{E}+308$
long double	64	$1.7\mathrm{E}-308 \sim 1.7\mathrm{E}+308$
bool	N/A	true,false
wchar_t	16	$0 \sim 65\,535$

　　理解表 2.2 所示的各种数据类型的取值范围是非常有必要的。C++ 编译器可以任意超越一个或多个这些最小值域,并且绝大多数编译器也是这样做的。因而 C++ 数据类型的值域是依靠实现来决定的。例如,在使用 2 的补码运算的计算机上(几乎是全部),一个整数的值域至少为 32768 到 32767。但是在所有情况下,short int 型数据的值域都是 int 型数据的子范围,而 int 型数据的值域则是 long int 型数据的子范围。这一点也适用于 float 型数据、double 型数据和 long double 型数据。在这样的用法中,术语子范围(subrange)意味着一个较窄的或相等的值域。因而,一个 int 型数据和一个 long int 型数据可以具有相同的值域,不过 int 型数据的值域不能比 long int 型数据的值域大。既然 C++ 只指定了每种数据类型必须支持的最小值域,那么用户就该查看编译器的文档,以便了解不同的编译器所支持的实际值域。

　　C++ 程序所处理的数据不仅区分不同的数据类型,且每种类型的数据还区分常量与变量,2.2.2 节和 2.2.3 节将详细介绍各种基本的数据类型。

2.2.2　常量

　　常量是指在程序运行过程中其值始终保持不变的量,可以是直接使用文字表示的值,如 123、12.5、'A' 等,这种常量也称为直接常量,主要类型有数值型、字符(串)型、布尔型等;也可以通过定义一个赋初值的标识符(符号)并使其在程序运行中不能被修改来实现常量,这种常量又称为符号常量。

　　C++ 中可以通过 ♯define 与 const 两种方法来定义一个符号常量,例如:

```
♯define PI 3.14159          //定义符号常量 PI 的值为 3.14159
const float PI = 3.14159;   //定义符号常量 PI 的值为 3.14159
```

与使用直接常量相比,使用符号常量的好处如下。

　　(1) 符号常量能增强程序的可读性。用一个有意义的常量代替一串无意义的字符串,可以避免程序员忘了或是不理解这一串字符串代表什么意义的问题。

　　(2) 如果很多地方用到像 PI 这样的常量,难免输入错误,尤其是遇到复杂的、很长的字符串时,用常量能减少出错的概率。

　　用 ♯define 和 const 两种方式定义符号常量的比较如下。

　　(1) const 关键字定义的符号常量有数据类型,而宏常量没有数据类型。编译器可以对前者进行类型安全检查。而对后者只进行字符替换,没有类型安全检查,并且在字符替换时可能会产生意料不到的错误(边际效应)。

　　(2) 有些集成化的调试工具可以对 const 定义的符号常量进行调试,但是不能对宏常量进行调试。

　　指令 ♯define 的作用是定义宏变量。在编译之前,由预处理指令把代码里面的宏变量用指定的字符串替换,它不做语法检查。而 const 则是定义含有变量类型的符号常量。一般来说,推荐使用 const 定义符号常量,它在编译时会做语法检查。

　　常量的使用方法比较简单,需要注意的是,字符类型的常量中有一类属于转义字符。

　　字符常量是单引号引起来的一个字符,如 'A'、'a'、'1'、'%' 等。将字符常量用单引号引起来对大多数可打印(显示)字符来讲都适用。但有些不可显示字符,如回车,则会在使用文件编辑器时引起一个特殊的问题。另外,其他一些字符,如单引号和双引号,在 C++ 中具有特殊的含义,所以用户不能直接使用它们。基于以上原因,C++ 提供了字符转义序列,有时又称为反斜线字符常量,以便用户能将那些特殊字符输入程序,如表 2.3 所示。通常所使用的换行符\n 就是转义字符的一种。

表 2.3 C++ 中常用的转义字符

代　　码	含　　义
\b	退格
\f	换页
\n	换行
\r	回车
\t	水平制表符
\"	双引号字符
\'	单引号字符
\\	反斜线符号
\v	垂直制表符
\a	警告
\?	?
\N	八进制常量(N 表示一个八进制常量)
\xN	十六进制常量(N 表示一个十六进制常量)

2.2.3 变量

在 C++ 程序运行过程中,其值可以改变的量称为变量。变量通过名称(变量名)来标识和区分,其本质是内存单元的别名。变量的一个重要属性是数据类型,数据类型确定了该变量所占用内存单元的大小,因此在使用变量之前要先进行变量的定义(声明),以确定该变量所需要的内存单元的大小。变量的另一个重要属性是存储类型,存储类型决定了变量在内存里的存储区域以及生存时间。

变量在使用之前要声明其类型与名称。变量名是一种标识符,要能够体现该变量的作用与含义。变量的名字一般用小写,用户自己定义的类一般第一个字母大写。如果标识符有多个单词组成,一般加下画线分隔。在一条语句中可以声明同类型的多个变量并赋初值。声明变量的基本语法形式如下。

数据类型　变量名 1,变量名 2,…,变量名 n;

如下面的语句定义了 3 个整型变量,且将第三个变量 c 赋初值为 1。

int a,b,c = 1;

变量声明并不一定引起内存单元的分配,只是告诉编译器识别程序中出现的标识符,但定义一个变量会导致内存单元的分配,用于存放该变量对应的数据。绝大多数情况下,在 C++ 中声明一个变量的同时也完成了对变量的定义。但有一种情况仅需要声明变量而非定义,即当需要在工程中的多个文件中共享一个变量时,在声明的变量名前加上 extern 关键字,表示该变量是其他程序文件里定义的一个外部变量,声明表示使用该外部变量而非重新定义。需要注意的是,变量的定义只有一次,而变量的声明却可以是多次的,在一个没有定义该变量的文件中需要用到变量时,就需要声明。

变量的存储类型决定了变量的存储方式,默认情况下声明变量采用的是 auto 存储类型,即所声明的变量采用堆栈方式分配内存空间,其所分配的内存空间可以被多个变量反复覆盖使用。除了 auto 存储类型之外,声明变量时还可以采用 register 类型与 extern 类型,前者声明的变量存储在 CPU 内部的通用寄存器中,后者声明的变量可以在所有函数代码中使用。还有一种特殊的存储类型叫作静态存储,声明时使用 static 关键字,表示该变量在内存中以固定地址存放。静态存储类型的变量有一个重要特性:只要程序运行没有结束,该变量所占用的存储单元就不会释放,即使该变量只是一个函数内部声明的局部变量。

与 C 语言相比较,C++ 语言中引入了一个新的概念叫作“引用”。引用即变量的别名,可以把引用理解为给变量起了另一个名字,声明一个引用时需要加 & 声明符。例如:

```
int a = 10;
int &ia = a;          //ia 是变量 a 的另一个名字
ia = 20;              //把 20 赋给 ia 指向的对象,也就是 a
```

引用的作用类似于指针,上述第二条语句将变量 a 作为初值赋值给引用 ia,并不是将变量 a 的值赋值给 ia,只是说明引用 ia 指向变量 a 所指的内存空间,对 ia 的操作与对变量 a 的操作效果是等效的。

注意:定义引用时必须要初始化,即使得该引用指向一个同类型的对象(变量),引用一旦完成初始化,就不可以让引用重新绑定变量。程序中操作一个引用,就是操作引用所绑定的变量,对引用的赋值就是对与之绑定的变量的赋值。

有关变量的引用、存储类型等相关概念在第 3 章、第 5 章会有更详细的介绍。

2.2.4　运算符与表达式

运算符即操作符,是用于计算的符号,如数学上的四则运算符在 C++ 语言中分别表示为＋、－、*、/。表达式是用于计算的公式,由运算符、常量或变量(操作数)以及括号组成。操作符决定执行什么操作,操作结果的类型取决于操作数的类型。除非已知道操作数的类型,否则无法确定一个特定表达式的含义。

表达式通常由一个或多个操作数通过操作符组合而成。最简单的表达式仅包含一个值常量或变量。较复杂的表达式则由操作符以及一个或多个操作数构成。每个表达式都会产生一个结果。如果表达式中没有操作符,则其结果就是操作数本身(如值常量或变量)的值。当一个对象用在需要使用其值的地方,则计算该对象的值。

有些运算符需要两个操作数,使用形式为

操作数 运算符 操作数

这样的运算符就叫作二元运算符或双目运算符。只需要一个操作数的运算符叫作一元运算符或单目运算符。运算符具有优先级和结合性。如果一个表达式中有多个运算符则先进行优先级高的运算,后进行优先级低的运算。如果表达式中出现多个相同优先级的运算,则运算顺序取决于运算符的结合性。所谓结合性就是指当一个操作数左边和右边的运算符优先级相同时按什么样的顺序进行运算,是自左向右还是自右向左。

要理解由多个操作符组成的表达式,必须先理解操作符的优先级、结合性和操作数的求值顺序。大多数操作符没有规定其操作数的求值顺序：由编译器自由选择先计算左操作数还是右操作数。操作数的求值顺序通常不会影响表达式的结果。但是，如果操作符的两个操作数都与同一个对象相关，而且其中一个操作数改变了该对象的值，则程序将会因此而产生严重的错误，而且这类错误很难发现。

下面详细介绍各种类型的运算符及对应的表达式。

1. 算术运算符和算术表达式

算术运算符包括基本算术运算符和自增自减运算符。由算术运算符、操作数和括号组成的表达式称为算术表达式。基本算术运算符有＋(加)，－(减或负号)，＊(乘)，/(除)，％(求余)。其中"－"作为负号时为一元运算符，作为减号时为二元运算符。优先级跟一般数学计算是一样的，先乘除，后加减。"％"是求余运算，它的操作数必须是整数，如 a％b 是要计算 a 除以 b 后的余数，它的优先级与"/"相同。这里要注意的是，"/"用于两个整数相除时，如果结果含有小数则小数部分会舍掉，如 2/3 的结果是 0。

C++ 的自增运算符"＋＋"和自减运算符"－－"都是一元运算符，这两个运算符都有前置和后置两种形式，如 i＋＋ 是后置，－－j 是前置。无论是前置还是后置，都是将操作数的值增 1 或减 1 后再存到操作数内存中的位置。如果 i 的原值是 2，则 i＋＋ 这个表达式的结果是 2，i 的值则变为 3，如果 j 的原值也是 2，则 －－j 这个表达式的结果是 1，j 的值也变为 1。自增或自减表达式包含到更复杂的表达式中时，如 i 的原值是 1，cout<<i＋＋ 这个表达式会先输出 i 的值 1，然后 i 再自增 1，变为 2；而 cout<<＋＋i 这个表达式会先使 i 先自增 1 变为 2，然后再输出 i 的值 2。

2. 赋值运算符和赋值表达式

最简单的赋值运算符就是"＝"，带有赋值运算符的表达式被称为赋值表达式，如 n＝n＋2 就是一个赋值表达式。赋值表达式的作用就是把等号右边表达式的值赋给等号左边的对象。赋值表达式的类型是等号左边对象的类型，它的结果值也是等号左边对象被赋值后的值，赋值运算符的结合性是自右向左。什么叫自右向左呢？请看这个例子：a＝b＝c＝1 这个表达式会先从右边算起，即先算 c＝1，c 的值变为 1，这个表达式的值也是 1，然后这个表达式就变成了 a＝b＝1；再计算 b＝1，同样 b 也变为 1，b＝1 这个表达式的值也变成 1，因此，a 也就变成了 1。

除了"＝"外，赋值运算符还有＋＝、－＝、＊＝、/＝、％＝、<<＝、>>＝、&＝、^＝、|＝。其中，前五个是赋值运算符和算术运算符组合成的，后五个是赋值运算符和位运算符组合成的，这几个赋值运算符的优先级跟"＝"相同，结合性也是自右向左。例如，a＋＝5 就等价于 a＝a＋5，x＊＝y＋3 等价于 x＝x＊(y＋3)。

3. 逗号运算符和逗号表达式

逗号也是一个运算符，它的使用形式为：表达式 1，表达式 2。求这个表达式的值就要先解表达式 1，然后解表达式 2，最终这个逗号表达式的值是表达式 2 的值。如计算 a＝1＊2，a＋3，应先计算 a＝1＊2，结果为 2，再计算 a＋3 的值，a 的值已经变成了 2，再加上 3 为 5，这个逗号表达式的最终结果就是 5。

4. 逻辑运算符和逻辑表达式

C++ 中提供了用于比较的关系运算符和用于逻辑分析的逻辑运算符。

关系运算符包括<(小于)、<＝(小于或等于)、>(大于)、>＝(大于或等于)、＝＝(等于)、!＝(不等于)。前四个的优先级相同,后两个的优先级相同,而且前四个比后两个的优先级高。用关系运算符把两个表达式连起来就是关系表达式,关系表达式的结果类型为 bool,值只能是 true 或 false。如 a＞b,a 大于 b 时表达式 a＞b 表达式的值是 true,否则就是 false。更复杂的表达式是同样的道理。

　　逻辑运算符包括!(非)、＆＆(与)、||(或),优先级依次降低。用逻辑运算符将关系表达式连起来就是逻辑表达式,逻辑表达式的结果也是 bool 类型,值也只能是 true 或 false。"!"是一元运算符,使用形式是:!操作数。非运算是对操作数取反。如!a,a 的值是 true,则!a 的值是 false。"＆＆"是二元运算符,用来求两个操作数的逻辑与,只有两个操作数的值都是 true,逻辑与的结果才是 true,其他情况下结果都是 false。"||"也是二元运算符,用来求两个操作数的逻辑或,只有两个操作数的值都是 false 时,逻辑或的结果才是 false,其他情况下结果都是 true。如 int a＝3,b＝5,c＝2,d＝1;则逻辑表达式(a＞b)＆＆(c＞d)的值为 false。

5. 条件运算符和条件表达式

　　C++ 中唯一的一个三元运算符是条件运算符"?"。条件表达式的使用形式是:表达式 1? 表达式 2:表达式 3。表达式 1 是 bool 类型的,表达式 2 和表达式 3 可以是任何类型,并且类型可以不同。条件表达式的类型是表达式 2 和表达式 3 中较高的类型,类型的高低后面介绍。条件表达式会先解表达式 1,如果表达式 1 的值是 true,则解表达式 2;表达式 2 的值就是条件表达式的值,而如果表达式 1 的值是 false,则解表达式 3,其值就是条件表达式的最终结果。如 (a＜b)? a:b,如果 a 小于 b,则结果为 a;如果 a 大于 b,则结果为 b。

6. sizeof 运算符

　　sizeof 运算符的作用是返回一个对象或类型名的长度,返回值的类型为 size_t,长度的单位是字节,size_t 表达式的结果是编译时常量。该运算符的使用形式为:sizeof(类型名)或 sizeof(表达式)。计算结果是这个类型或者这个表达式结果在内存中占的字节数。

　　将 sizeof 用于表达式时,并没有计算表达式的值。特别是在 sizeof(＊p)中,指针 p 可以持有一个无效地址,因为不需要对 p 做解引用操作。对数组做 sizeof 操作等效于将对其元素类型做 sizeof 操作的结果乘上数组元素的个数,也就是说返回值是所有数组元素所占用的内存单元的大小。

7. 位运算

　　与 C 语言一样,C++ 提供了多个位运算符,实现对数据的二进制位操作。

　　(1) 按位与(＆)。它是对两个操作数的二进制形式的每一位分别进行逻辑与操作。如 3 的二进制形式为 00000011,5 的二进制形式为 00000101,按位与后结果是 00000001。

　　(2) 按位或(|)。它对两个操作数的二进制形式的每一位分别进行逻辑或操作。如 3 和 5 按位或运算后结果是 00000111。

　　(3) 按位异或(^)。它对两个操作数的每一位进行异或,也就是如果对应位相同则运算结果为 0,若对应位不同则计算结果为 1。如 3 和 5 按位异或后结果为 00000110。

　　(4) 按位取反(～)。这是一个一元运算符。它对一个二进制数的每一位求反。如 3 按位取反就是 11111100。

　　(5) 移位,包括左移运算(＜＜)和右移运算(＞＞),都是二元运算符。移位运算符左边的数是需要移位的数值,右边的数是移动的位数。左移是按指定的位数将一个数的二进制值向左移位,左移后,低位补 0,移出的高位舍弃。右移是按照指定的位数将一个数的二进制值向右移位,右移后,移出的低位舍弃,如果是无符号数则高位补 0;如果是有符号数,则高位补符号位或 0,一般补符号位。如 char 型变量的值是 −8,则它在内存中的二进制补码值是 11111000,因此 a>>2 则需要将最右边两个 0 移出,最左边补两个 1,因为符号位是 1,则结果为 11111110,对其再求补码就得到最终结果 −2。

8. 混合运算时数据类型的转换

当表达式中的数据类型有多种时,需要将其转换成相同的数据类型之后才可以进行运算。表达式中的类型转换分为隐含转换和强制转换。

在算术运算和关系运算中,如果参与运算的操作数类型不一样,则系统会对其进行类型转换,这是隐含转换,转换的原则就是将低类型的数据转换为高类型数据。各类型从低到高依次为 char、short、int、unsigned int、long、unsigned long、float、double。类型越高范围越大,精度也越高。隐含转换是安全的,因为没有精度损失。逻辑运算符的操作数必须是 bool 型,如果不是就需要将其转换为 bool 型,非 0 数据转换为 true,0 转换为 false。赋值运算要求赋值运算符左边的值和右边的值类型相同,不同的话也要进行自动转换,但这个时候不会遵从上面的原则,而是一律将右值转换为左值的类型。如 int iVal; float fVal; double dVal;则 dVal=iVal * fVal;计算时,先将 iVal 转换为跟 fVal 一样的 float 型,乘法的结果再转换为 double 型。

强制类型转换是由类型说明符和括号来实现的,使用形式为:类型说明符(表达式)或(类型说明符)表达式。它是将表达式的结果类型强制转换为类型说明符指定的类型。如 float fVal=1.2; int iVal=(int)fVal;则计算后面表达式的值时会将 1.2 强制转换成 1,舍弃小数部分。

2.2.5 语句

语句(statement)是 C++ 程序中最小的独立单位,一般是用";"结束(复合语句是以右花括号结束的)。C++ 语句主要可以分为以下几种。

1. 声明语句

声明语句形式如 int a,b。在 C 语言中,只有产生实际操作的才称为语句,对变量的定义不作为语句,而且要求对变量的定义必须出现在本块中所有程序语句之前。因此 C 程序员已经养成了一个习惯:在函数或块的开头位置定义全部变量。在 C++ 中,对变量(以及其他对象)的定义被认为是一条语句,并且可以出现在函数中的任何行,即可以放在其他程序语句可以出现的地方,也可以放在函数之外。这样更加灵活,可以很方便地实现变量的局部化(变量的作用范围从声明语句开始到本函数或本块结束)。

2. 执行语句

执行语句通知计算机完成一定的操作。执行语句包括以下几种。

(1) 控制语句。控制语句完成一定的控制功能。C++ 有如下 9 种控制语句。

① if-else-:条件语句。

② for-:循环语句。

③ while-:循环语句。

④ do-while:循环语句。

⑤ continue：结束本次循环语句。

⑥ break：中止执行 switch 或循环语句。

⑦ switch：多分支选择语句。

⑧ goto：转向语句。

⑨ return：从函数返回语句。

（2）函数和流对象调用语句。函数调用语句由一次函数调用加一个分号构成一个语句，例如：

```
sort(x, y, z);                    //假设已定义了 sort 函数,它有 3 个参数
cout<<x<<endl;                    //流对象调用语句
```

（3）表达式语句。它由一个表达式加一个分号构成一个语句，最典型的是由赋值表达式构成一个赋值语句。

```
i = i+1                           //是一个赋值表达式
i = i+1;                          //是一个赋值语句
```

任何一个表达式最后加一个分号都可以成为一个语句。一个语句必须在最后出现分号。表达式能构成语句是 C 和 C++ 语言的一个重要特色。C++ 程序中大多数语句是表达式语句（包括函数调用语句）。

3. 空语句

下面是一个空语句：

```
;               //该语句只有一个分号
```

即只有一个分号的语句，它什么也不做。有时用来作为被转向点或循环语句中的循环体。

4. 复合语句

可以用｛｝把一些语句括起来成为复合语句，如下面的一个复合语句。

```
{
    z = x+y;
    if(z>100) z = z-100;
    cout<<z;
}
```

注意：在 C++ 语言中没有专门的赋值语句与函数调用语句，C++ 中的赋值与函数调用功能是通过相应的表达式来实现的，如在赋值表达式之后加上一个分号则构成了一个表达式语句，其所实现的功能与赋值表达式相同，如 a ＝ a＋1。

表达式与表达式语句的区别在于：表达式可以作为另一个复杂表达式的一部分参与运算，语句则不具备此功能。

2.3　数据的输入输出

C++ 的输入输出（input/output）由标准库提供。标准库定义了一组类型，支持对文件和控制台窗口等设备的读写操作。同时，标准库还定义了其他一些类型，使 string 对象能够像文件一样操作，可直接实现数据与字符之间的转换。这些 IO 类型都定义了如何读写内置数据类型的值。此外，一般来说，类的设计者还可以很方便地使用 IO 标准库实施读写

自定义类的对象。类型通常使用 IO 标准库为内置类型定义的操作符和规则来进行读写。

2.3.1　基本概念

理解 C++ 程序中数据的输入与输出必须要理解两个基本概念：流与缓冲区。在 C++ 中,把输入和输出看作字节流。输入时,程序从输入流中抽取字节;输出时,程序将字节插入输出流,流充当了程序和流源或流目标之间的桥梁。缓冲区用作中介的内存块,它是将信息从设备传输到程序或者从程序传输到设备的临时存储工具,用以匹配程序和设备之间速率的差距。

C++ 的输入与输出基于两个基类流,即输入流(istream)和输出流(ostream),针对不同的应用,派生出不同的(类)对象实现数据的输入与输出。

1. 标准输入输出

为了程序员使用方便,C++ 直接以对象的形式提供了几个标准输入输出工具,分别是 cin(标准输入),cout(标准输出),cerr(不带缓存的标准错误输出),clog(带缓存的标准错误输出)。

2. 文件输入输出

C++ 提供了 3 个类以方便程序员进行文件读写操作,分别为 ifstream(读文件),ofstream(写文件),fstream(读写文件)。

3. 字符串输入输出

将字符串作为输入输出流进行处理,有 3 个对应的类,分别为 istringstream(字符串输入流),ostringstream(字符串输出流),stringstream(字符串输入输出流)。

每种流都对应一个缓冲区类(filebuf,stringbuf),程序中可以通过流提供的相应方法访问输出缓冲区指针。

2.3.2　C++ 输入输出示例

本节通过几个示例介绍 C++ 输入输出的简单用法,与 C++ 输入输出有关的细节请参阅第 9 章的相关内容。

C++ 提供 cin 与 cout 两个对象实现标准的输入与输出功能,这两个对象提供一系列方法实现键盘数据的输入与屏幕数据输出,可以完全取代 C 语言中的 scanf 函数与 printf 函数的功能。cin 与 cout 对象以及与流之间的关系如图 2.11 所示。

图 2.11　C++ 中 cin、cout 对象与流之间的关系

1. cout 输出流的使用

首先要在程序的开始包含头文件：#include<iostream>,其次在程序中使用 cout<< 表达式 1<<表达式 2…<<表达式 n;其中表达式由变量、常量和运算符组成,可返回任意 C++ 的数据类型;cout<< 支持将多个输出操作连接起来,形成所谓的输出流。

例如,使用 cout 对象实现屏幕输出:

```
cout<<"hello word!"<<"welcome to c plus plus!\n";
cout<<"hello word!"<<"welcome to c plus plus!"<<endl;
```

其中符号"<<"是 cout 对象提供的功能函数,实现屏幕输出,完整的函数名为 operator<<。该函数的返回值仍然是一个 cout 对象,可通过 cout 对象实现连续输出。

使用 cout 输出时,若输出 endl 表示换行(\n),例如:

```
int a = 1000; long b = -1234567890;
float c = 3.14; double d = 0.5E-18;
cout<<"This is a C++ Program."<<endl;
cout<<a<<endl;
cout<<b<<","<<c<<endl;
cout<<"a = "<<a<<",d = "<<d<<endl;
```

同一个语句中多个 cout 操作可分成多行书写,执行结果和单行书写一样,例如:

```
cout<<sin(20.0/180 * 3.14159) *
    cos(20.0/180 * 3.14159) -
    tan(20.0/180 * 3.14159) /
        <<endl;
cout<<"This Is"
    <<"a C++"
    <<"Program."
    <<endl;
```

使用 cout 的注意事项如下。

(1) 每个<<运算符后面只能输出一项,不能输出多项,如 cout<<a,b,c;是错误的。

(2) 使用 cout 输出时,无须指出数据类型,系统会自动判断输出数据的类型。

(3) cout 有缺省的数据输出格式,可编程控制改变数据输出格式。

(4) endl 控制命令等同于\n,让 cout 输出回车换行符。

2. cout 输出的格式控制

假设需要为客户购买的商品打印发票,发票格式如下。

```
Serial No.   Price   Number   Total Price
018212       22.12   3        $    66.36
001281       55.30   21       $  1161.30
028763       1.20    86       $   103.20
003232       12.00   37       $   444.00
                     Sum      $  1775.01
```

为解决此问题,首先需要设置发票每栏的宽度:第一栏宽度为 12 字符,第二栏宽度为 8 字符,第三栏宽度为 8 字符,第四栏宽度为 12 字符。除此之外,还需要解决如下两个格式问题。

(1) 如何在输出整数(如商品编号)前添加适当个数的 0。

(2) 如何控制浮点数的位数并对齐小数点位置。

与 C 语言中的 printf 函数提供的输出控制符类似,cout 对象提供了大量的、易记的格式控制命令用于输出数据的格式控制。要使用格式控制,必须先引入头文件<iomanip>。cout 对象常用的格式控制命令如表 2.4 所示。

表 2.4   **cout** 对象常用的格式控制命令

控　制　符	有　效　期	用　途
endl	一次	回车换行,等同于\n
dec	自设定后一直有效	设定数值按十进制输出
oct	自设定后一直有效	设定数值按八进制输出
hex	自设定后一直有效	设定数值按十六进制输出
fixed	自设定后一直有效	浮点数按照定点方式输出
showpoint	自设定后一直有效	浮点数输出时显示小数点
setw(…)	一次	设定数值输出的位数
setprecision(…)	自设定后一直有效	设定浮点数小数点后的位数
setfill(…)	自设定后一直有效	设定数值前填充的字符

结合控制命令符,要实现上述发票格式,对应的程序代码段如下。

```
//规定每一栏宽度依次为 ProductID(11)、Price(9)、Num(8)、Total(8)
//规定每一栏数据占据宽度依次为 ProductID(8)、Price(5)、Num(3)、Total(7)
    cout <<"ProductID | Price   | Num    | Total   " <<endl;
    cout <<dec <<fixed <<showpoint <<setprecision(2);
    cout <<setiosflags(ios::right) <<setfill('0') <<setw(8)
        <<prod_id <<"   | " <<setiosflags(ios::left)
        <<setfill(' ') <<setw(5) <<price <<"    | "
        <<setw(3) <<number << "   | "
        <<setw(7) <<setprecision(2) <<price * number <<endl;
    cout <<"                        Total  | "<<setw(7)
        <<setprecision(2) <<price * number <<endl;
```

3. cin 输入流的使用

首先在程序的开始包含头文件：♯include<iostream>,其次在程序中使用 cin>>变量 1
>>变量 2>>…>>变量 n。

注意：cin 输入的表达式只能是变量,不能是常量。

例如,有如下的程序片段,输入整数与浮点数。

```
float a = -1; int b = -1;
cin>>a>>b;
cout<<"a = "<<a<<","<<b;
```

实际输入时由于不慎多输入了一个空格：

```
22   .03 - 5
```

则导致变量 a,b 的值分别为 a＝22.0,b＝−1。

说明：由于多输一个空格,导致−5 并没有被输入,而.03 不符合变量 b 的输入格式,输
入失败,其值没有改变。

例如,有如下的程序片段,输入字符型数据。

```
char c1,c2; int a; float b;
cin>>c1>>c2>>a>>b;
```

```
cout<<c1<<endl<<c2<<endl<<a<<endl<<b;
```

输入：

```
1234 56.78
```

输出：

```
1
2
34
56.78
```

说明：对字符变量，cin 遇到空格、回车以外的任何一个字符，即将该字符输入变量中，同时完成输入。

例如，有如下的程序片段，输入字符串数据。

```
char str1[16];
cin>>str1;
cout<<str1<<endl;
```

输入：

```
Welcome to AnHui Ma'anshan
```

输出：

```
Welcome
```

说明：对于字符串变量，cin 遇到空格、回车后即视为输入结束。

图 2.12 显示了 cin 对象提取数据的流程。

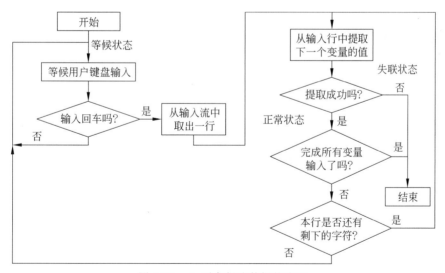

图 2.12　cin 对象提取数据的流程

当 cin 对象尚未提取任何数据或者已经成功完成一次提取操作时，其处于正常状态，此时 cin 返回 true。例如：

```
int a,b;
cin>>a>>b;
if(cin) cout<<a<<","<<b<<endl;
```

```
else cout<<"cin==0,"<<a<<" "<<b<<endl;
```

键盘输入：

21 3<回车>

输出：

21, 3

当 cin 对象遇到一个无法成功提取的操作，其处于失败状态，此时 cin 返回 false。例如：

```
int a,b;
cin>>a>>b;
if(cin) cout<<a<<","<<b<<endl;
else cout<<"cin==0,"<<a<<" "<<b<<endl;
```

键盘输入：

21 a<回车>

输出：

cin==0,21 -858993460

当 cin 对象遇到一个当前数据类型的结束字符或非法字符时，当前数据的提取操作会自动终止；当 cin 对象没有遇到结束字符或非法字符，但又没有遇到当前数据类型的有效字符时，输入操作将处于等待状态——等候用户的输入。例如：

```
int a,b;
cin>>a>>b;
```

键盘输入：

21<回车>
<回车>
<回车>

此时 cin 对象仍处于等待状态。

在使用 cin 输入数据时，要按照 cin 语句约定的顺序和相应的格式，否则容易出错！

初学者可以假定用户均按照自己的要求输入数据，暂时不考虑出错的处理。在熟悉 cin 的输入状态后，可以在程序中加入出错处理，让输入数据的代码更加可靠。

好的输入代码书写习惯如下：

```
int a,b;
cin>>a>>b;
if(!cin)
        //出错处理
//跳出程序
```

对于不同的数据类型，cin 判断当前变量值输入结束的条件（即结束字符）各有不同：对于整型和浮点型变量，当遇到空格、回车或常量合法表达式字符以外的字符时视为输入结束；对于字符变量，输入任何一个空格、回车以外的字符后自动结束；对于字符串变量，遇到空格、回车后结束字符串的输入。

注意：输入字符型数据时，不能把空格字符和回车换行符作为字符输入给字符变量，它们都会被跳过。如果想把空格字符和回车换行符作为字符输入给字符变量,可以用 getchar 函数实现。

2.4　基本控制结构

C++ 语言的基本控制结构包括顺序结构、选择结构和循环结构。顺序结构就是按照事物的逻辑一条语句、一条语句写下来,顺序执行,这种结构最常见,也最简单。本节主要介绍选择结构与循环结构程序。

2.4.1　用 if 语句实现选择结构

if 语句专门用来实现选择结构,使用形式为

```
if(表达式)
    语句 1
else
    语句 2
```

这个结构的执行顺序是先计算表达式的值,如果为 true,则执行语句 1,否则执行语句 2。例如:

```
if(x>y)
  cout<<x;
else
    cout<<y;
```

这段程序可以用来输出 x 和 y 中比较大的那个数。if 语句中的 else 和语句 2 可以没有,变成：if(表达式)语句,如 if(x>y)cout<<x。

示例：写一段代码,用来判断输入的年份是不是闰年。

判断一个年数是否为闰年的方法：如果年数可以被 4 整除但不能被 100 整除,或者能被 400 整除则是闰年。如果变量 nYear 表示从键盘输入的年数,则判断 nYear 是否为闰年的条件如下。

```
(nYear%4 ==0 && nYear%100!=0) || (nYear%400 ==0)
```

完整的程序代码如下。

```
#include<iostream>
using namespace std;
int main(int argc, char argv[])
{
    int nYear;
    bool bIsLeapYear;
    cout<<"Enter the year:";
    cin>>nYear;
    bIsLeapYear = ((nYear%4 ==0 && nYear%100!=0) || (nYear%400 ==0));
    if (bIsLeapYear)
    cout<<nYear<<"is a leap year."<<endl;
    else
    cout<<nYear<<"is not a leap year."<<endl;
    return 0;
}
```

2.4.2　多重选择结构

有时候可能需要经过多次的条件判断才能够得出结论,例如,输入一个学生的百分制成绩,给出对应的五分制等级,则可能需要多次判断才能得出一个合理的等级。C++ 语言提供了多种语法结构实现多重选择结构的程序。

1. 嵌套的 if 语句

嵌套的 if 语句的语法形式如下。

```
if(表达式 1)
    if(表达式 2)  语句 1
        else  语句 2
else
    if(表达式 3)  语句 3
        else  语句 4
```

语句 1、语句 2、语句 3、语句 4 可以是复合语句。每一层的 if 都要与 else 配对,如果省略掉一个 else 则要使用{}把这一层的 if 语句括起来。建议大家写程序的时候最好每层都用花括号括起来,这样会大大减少出错的概率,也比较整齐。

下面的程序代码在运行时提示输入 x、y 的值,程序进行比较判断之后再输出 x、y 的大小关系。

```cpp
#include<iostream>
using namespace std;
int main(int argc, char * argv[])
{
    int x,y;
    cout<<"Enter x and y:";
    cin>>x>>y;
    if(x!=y)
    {
      if(x>y) cout<<"x>y"<<endl;
        else cout<<"x<y"<<endl;
    }
    else
    {
        cout<<"x = y"<<endl;
    }
    return 0;
}
```

2. if-else if 语句

若 if 语句的嵌套都在 else 分支下,就可以使用 if-else if 语句。其使用的语法形式如下。

```
if(表达式 1)        语句 1
else if(表达式 2)   语句 2
else if(表达式 3)   语句 3
...
else               语句 n
```

这里的执行逻辑是:如果表达式 1 为 true,则执行语句 1;如果表达式 1 为 false,且表达式 2 为 true 则执行语句 2;如果表达式 1、表达式 2 为 false,且表达式 3 为 true,则执行语句

3……就这样一层一层先判断再执行。

3. switch 语句

在进行判断选择的时候,有可能每次都是对同一个表达式的值进行判断,那么就没有必要在每一个嵌套的 if 语句里都计算它的值。这时使用 switch 来解决这个问题,其语法形式如下。

```
switch (表达式)
{
    case 常量表达式 1:  语句 1
    case 常量表达式 2:  语句 2
    …
    case 常量表达式 n:  语句 n
    default:  语句 n+1
}
```

此类语句的执行顺序是:先计算表达式的值,然后在 case 语句中寻找与之相等的常量表达式,跳到此处开始执行,若没有与之相等的则跳到 default 开始执行。使用 switch 语句时要注意以下几点:这些常量表达式的值不能相同,顺序可以随便排列;每个 case 语句的最后都要加 break 语句,不然会一直把下面所有的语句执行完;switch 括号里的表达式必须是整型、字符型和枚举型的一种;每个 case 下的语句不需要加{};如果多个 case 下执行一样的操作,则多个 case 可以共用一组语句,例如:

```
case 1:
case 2:
case 3:  a++;
break;
```

在使用 switch 语句时还应注意以下几点。

(1) 在 case 后的各常量表达式的值不能相同,否则会出现错误。

(2) 在 case 后允许有多个语句,可以不用{}括起来。

(3) 各 case 和 default 子句的先后顺序可以变动,而不会影响程序执行结果。

(4) default 子句可以省略不用。

【例 2.2】 输入一个 1~7 的数字(分别代表星期一至星期天),输出该数字对应的星期的英文单词。

```
void main()
{
  int a;
  cout<<"input integer number"<<endl;
  cin>>a;
  switch (a)
    {
      case 1:cout<<"Monday"<<endl;break;
      case 2:cout<<"Tuesday"<<endl; break;
      case 3:cout<<"Wednesday"<<endl;break;
      case 4:cout<<"Thursday"<<endl;break;
      case 5:cout<<"Friday"<<endl;break;
      case 6:cout<<"Saturday"<<endl;break;
      case 7:cout<<"Sunday"<<endl;break;
      default:cout<<"error"<<endl;
```

```
        }
    }
```

4. 条件运算符和条件表达式

如果在条件语句中,只执行单个的赋值语句时,常使用条件表达式来实现。这样不但使程序简洁,也提高了运行效率。

条件运算符为"?"和":",它是一个三目运算符,即有 3 个参与运算的量。

由条件运算符组成条件表达式的一般形式为

表达式 1? 表达式 2: 表达式 3

其求值规则为:如果表达式 1 的值为真,则以表达式 2 的值作为条件表达式的值,否则以表达式 3 的值作为整个条件表达式的值。

条件表达式通常用于赋值语句之中。

例如,条件语句:

```
if(a>b) max = a;
        else max = b;
```

可用条件表达式写为

```
max = (a>b)?a:b;
```

执行该语句的语义是:如 a>b 为真,则把 a 赋予 max,否则把 b 赋予 max。

使用条件表达式时,还应注意以下几点。

(1)条件运算符的运算优先级低于关系运算符和算术运算符,但高于赋值符。语句:

```
max = (a>b)?a:b
```

可以去掉括号而写为

```
max = a>b?a:b
```

(2)条件运算符"?"和":"是一对运算符,不能分开单独使用。

(3)条件运算符的结合方向是自右至左。

例如:

```
a>b?a:c>d?c:d
```

应理解为

```
a>b?a:(c>d?c:d)
```

这也就是条件表达式嵌套的情形,即其中的表达式 3 又是一个条件表达式。

5. 程序举例

【例 2.3】　输入 3 个整数,输出最大数和最小数。

```
void main()
{
    int a,b,c,max,min;
    cout<<"input three numbers: "<<endl;
    cin>>a,b,c;
    if(a>b)
     {max = a;min = b; }
```

```
else
  {max = b;min = a;}
if(max<c)
      max = c;
else if(min>c)
      min = c;
cout<<"max = "<<max<<" min = "<<min<<endl;
}
```

本程序中,首先比较输入的 a、b 的大小,并把大数装入 max,小数装入 min;然后再与 c 比较,若 max 小于 c,则把 c 赋予 max;如果 c 小于 min,则把 c 赋予 min。因此,max 内总是最大数,而 min 内总是最小数,最后输出 max 和 min 的值即可。

【例 2.4】 计算器程序。用户输入运算数和四则运算符,输出计算结果。

```
void main()
{
  float a,b;
  char c;
  cout<<"input expression: a+(-, * ,/)b"<<endl;
  cin>>a,c,b;
  switch(c)
   {
     case '+': cout<<a+b<<endl; break;
     case '-': cout<<a-b<<endl;break;
     case ' * ': cout<<a * b<<endl;;break;
     case '/': cout<<a/b<<endl;;break;
     default: cout<<"input error"<<endl;
   }
}
```

本例可用于四则运算求值。switch 语句用于判断运算符,然后输出运算值。当输入运算符不是＋、－、*、/时给出错误提示。

2.4.3 循环结构

当程序运行时需要反复做某件事情时,可以考虑采用循环结构的程序,从而提高编程的效率。循环结构是程序中一种很重要的结构,其特点是:在给定条件成立时,反复执行某程序段,直到条件不成立为止。给定的条件称为循环条件,反复执行的程序段称为循环体。C++ 语言提供了多种循环语句,可以组成各种不同形式的循环结构。

1. while 语句

while 语句的一般形式为

while(表达式) {语句}

其中表达式是循环条件,语句为循环体。

while 语句的语义是计算表达式的值,当值为真(非 0)时,执行循环体语句。

【例 2.5】 用 while 语句求 $\sum_{n=1}^{100} n$。

```
void main()
{
```

```
    int i,sum = 0;
    i = 1;
    while(i<=100)
     {
       sum = sum+i;
       i++;
     }
     cout<<"sum = "<<sum<<endl;
}
```

【例 2.6】 统计从键盘输入一行字符的个数。

```
void main()
{
  int n = 0;
  cout<<"input a string"<<endl;
  while(getchar()!='\n') n++;
  cout<<n<<endl;
}
```

上例程序中的循环条件为 getchar()!='\n',其意义是只要从键盘输入的字符不是回车就继续循环。循环体 n++完成对输入字符个数的计数,从而使程序实现了对输入一行字符的字符个数计数。

使用 while 语句应注意以下几点。

(1) while 语句中的表达式一般是关系表达或逻辑表达式,只要表达式的值为真(非 0)即可继续循环。

(2) 循环体如包括一个以上的语句,则必须用{}括起来,组成复合语句。

2. do-while 语句

do-while 语句的一般形式为

```
do
{语句}
while(表达式);
```

这个循环与 while 循环的不同在于:它先执行循环中的语句,然后再判断表达式是否为真,如果为真则继续循环;如果为假则终止循环。因此,do-while 循环至少要执行一次循环语句。

【例 2.7】 用 do-while 语句求 $1+2+3+\cdots+100$。

```
void main()
{
  int i,sum = 0;
  i = 1;
  do
  {
      sum = sum+i;
      i++;
  }
  while(i<=100)
      cout<<sum<<endl;
}
```

3. for 语句

在 C 或者 C++ 语言中,for 语句使用最为灵活,它完全可以取代 while 语句。它的一般形式为

```
for(表达式 1;表达式 2;表达式 3) 语句
```

它的执行过程如下。

(1) 先求解表达式 1。

(2) 求解表达式 2,若其值为真(非 0),则执行 for 语句中指定的内嵌语句,然后执行第(3)步;若其值为假(0),则结束循环,转到第(5)步。

(3) 求解表达式 3。

(4) 转回第(2)步继续执行。

(5) 循环结束,执行 for 语句下面的一个语句。

for 语句最简单也是最容易理解的应用形式如下。

```
for(循环变量赋初值;循环条件;循环变量增量) 语句
```

循环变量赋初值总是一个赋值语句,它用来给循环控制变量赋初值;循环条件是一个关系表达式,它决定什么时候退出循环;循环变量增量,定义循环控制变量每循环一次后按什么方式变化。这 3 部分之间用";"分隔。例如:

```
for(i = 1;i<=100;i++)sum = sum+i;
```

先给 i 赋初值 1,判断 i 是否小于或等于 100,若是则执行语句,之后值增加 1。再重新判断,直到条件为假,即 i>100 时结束循环。相当于:

```
i = 1;
while(i<=100)
{sum = sum+i;
    i++;
}
```

对于 for 循环中语句的一般形式,就是如下的 while 循环形式。

```
表达式 1;
while(表达式 2)
{
    语句
    表达式 3;
}
```

注意:

(1) for 循环中的"表达式 1(循环变量赋初值)""表达式 2(循环条件)"和"表达式 3(循环变量增量)"都是选择项,即可以缺省,但";"不能缺省。

(2) 省略了"表达式 1(循环变量赋初值)",表示不对循环控制变量赋初值。

(3) 省略了"表达式 2(循环条件)",则不做其他处理时便成为死循环。例如:

```
for(i = 1;;i++)sum = sum+i;
```

相当于:

```
i = 1;
while(1)
```

```
        {
            sum = sum+i;
            i++;
        }
```

（4）省略了"表达式3（循环变量增量）"，则不对循环控制变量进行操作，这时可在语句体中加入修改循环控制变量的语句。例如：

```
for(i = 1;i<=100;)
{
        sum = sum+i;
        i++;
}
```

（5）省略了"表达式1（循环变量赋初值）"和"表达式3（循环变量增量）"。例如：

```
for(;i<=100;)
{
        sum = sum+i;
        i++;
}
```

相当于：

```
while(i<=100)
{
        sum = sum+i;
        i++;
}
```

（6）3个表达式都可以省略。例如：

```
for(;;)语句
```

相当于：

```
while(1)语句
```

（7）表达式1可以是设置循环变量的初值的赋值表达式，也可以是其他表达式。例如：

```
for(sum = 0;i<=100;i++)sum = sum+i;
```

（8）表达式1和表达式3可以是一个简单表达式，也可以是逗号表达式。

```
for(sum = 0,i = 1;i<=100;i++)sum = sum+i;
```

或

```
for(i = 0,j = 100;i<=100;i++,j--)k = i+j;
```

（9）表达式2一般是关系表达式或逻辑表达式，但也可以是数值表达式或字符表达式，只要其值非零，就执行循环体。例如：

```
for(i = 0;(c = getchar())!='\n';i+=c);
```

又如：

```
for(;(c = getchar())!='\n';)
        cout<<c;
```

2.4.4　break 和 continue 语句

1. break 语句

break 语句通常用在循环语句和开关语句中。当 break 用于开关语句 switch 中时，可使程序跳出 switch 而执行 switch 以后的语句。break 语句在 switch 语句中的用法已在前面介绍开关语句时的例子中碰到，这里不再举例。

当 break 语句用于 do-while、for、while 循环语句中时，可使程序终止循环而执行循环后面的语句。通常 break 语句总是与 if 语句连在一起，即满足条件时便跳出循环。

注意：在多层循环中，一个 break 语句只向外跳一层。

```
void main()
{
    int i = 0;
    char c;
    while(1)                            /*设置循环*/
    {
      c = '\0';                         /*变量赋初值*/
      while(c!=13&&c!=27)               /*键盘接收字符直到按回车或 Esc 键*/
      {
        c = getch();
        cout<<c<<endl;
      }
      if(c==27)
            break;                      /*判断若按 Esc 键则退出循环*/
      i++;
      cout<< "The No. is"<<i<<endl;
    }
    cout<<"The endl"<<endl;
}
```

2. continue 语句

continue 语句的作用是跳过本循环中剩余的语句而强行执行下一次循环。continue 语句只用在 for、while、do-while 等循环体中，通常采用如下方式与 if 条件语句一起使用，用来加速循环。

```
while(表达式 1)
{...
if(表达式 2)continue;
...
}
```

【例 2.8】　while 循环中使用 continue。

```
void main()
{
    char c;
    while(c!=13)                        /*不是回车符则循环*/
    {
```

```
    c = getch();
    if(c==0X1B)
     continue;                    /*若按 Esc 键不输出便进行下一次循环*/
    cout<<c<<endl;
  }
}
```

2.4.5　程序举例

【**例 2.9**】　用公式 $\pi4 = 1 - 1/3 + 1/5 - 1/7 + \cdots$，求 π。

```
#include<math.h>
void main()
{
  int s;
  float n,t,pi;
  t = 1;pi = 0;n = 1.0;s = 1;
  while(fabs(t)>1e-6)
  {
    pi = pi+t;
    n = n+2;
    s = -s;
    t = s/n;
  }
  pi = pi*4;
  cout<<"pi = "<<pi<<endl;
}
```

【**例 2.10**】　整数 m,判断 m 是否是素数。

```
#include<math.h>
void main()
{
  int m,i,k;
  cin>>m;
  k = sqrt(m);
  for(i = 2;i <= k;i++)
    if(m%i==0)break;
  if(i>=(k+1))
    cout<<m<<" is a prime number"<<endl;
  else
    cout<<m<<"is not a prime number"<<endl;
}
```

【**例 2.11**】　输出 150~350 所有的素数。

```
#include<math.h>
void main()
{
  int m,i,k,n = 0;
  for(m = 151;m<=350;m = m+2)
```

```
    {
      k = sqrt(m);
      for(i = 2;i<=k;i++)
      if(m%i==0)break;
       if(i>=(k+1))
        {
          cout<<m;
          n = n+1;
        }
        if(n%10==0)cout<<endl;          //每行输出 10 个素数
    }
    printf("\n");
}
```

2.5　自定义数据类型

C++ 语言提供了比较丰富的内置的基本数据类型,当这些数据类型不足以描述数据时,可以通过自定义数据类型实现复杂数据的描述。C++ 中自定义数据类型主要有枚举类型、结构体类型、联合体类型、数组类型与类类型等,其中类类型是本书的核心,具体实现参考第 4 章内容。而数组严格来说并非一种数据类型,只是一个数据的集合。本节主要介绍枚举类型(enum)、结构体类型(struct)与联合体类型(union)。

2.5.1　typedef 声明

typedef 关键字可以给已有的数据类型名定义一个别名,使得可以在不同的使用场合给相同的数据类型取一个有意义的名称,以增强程序的可读性。

typedef 的基本语法形式如下:

typedef 已知类型名 新类型名;

其中,已知类型名是 C++ 内置的数据类型或者已经定义过的数据类型;新类型名是指定类型名的别名,可以有多个,使用逗号分隔开。例如:

```
typedef char C;                //C c 即 char c
typedef char field[50];        //field 即 char[50]
typedef double d1,d2;          //d1,d2 都是 double 的别名
```

2.5.2　枚举类型

如果一个变量只有几种可能的值,可以定义为枚举(enumeration)类型。

枚举类型的语法格式:

enum 枚举类型名{枚举常量值列表};

例如,定义一个变量 today 表示星期,由于一个星期只有 7 天,则该变量的取值只可能有 7 种情况,可以通过枚举的方式将变量 today 的值全部列表出来,定义如下。

```
enum days{Mon, Tue, Wed, Thur, Fri, Sat, Sun};      //先定义一个枚举类型 days
days today = Mon;                     //定义一个枚举类型的变量 today 并赋初值为 Mon
```

上述定义中需要注意的是,在定义枚举类型的时候,列出的枚举值 Mon、Tue、Wed、Thur、Fri、Sat、Sun 都是常量,因此不能给它们赋值。实际上这些枚举常量的值默认从 0 开始,逐个加 1,即 Mon＝0,Tue＝1,Wed＝2…也可以在声明枚举类型的时候给每个枚举常量赋初值,如 enum days{Mon＝1,Tue,Wed,Thur,Fri,Sat,Sun}。

请大家思考下面的程序输出是什么?

```
enum days{Mon, Tue = 2, Wed, Thur, Fri, Sat, Sun};
cout<<Mon<<Tue<<Wed<<Thur<<Fri<<Sat<<Sun<<endl;
enum days2{Sun = 7,Mon, Tue = 2, Wed, Thur, Fri, Sat};
cout<<Mon<<Tue<<Wed<<Thur<<Fri<<Sat<<Sun<<endl;
```

2.5.3　结构体类型

当 C++ 内置的基本数据类型不足以描述数据时,C++ 允许用户自己定义一组包含若干类型不同(或相同)的数据项的数据类型,称为结构体,使用关键字 struct 进行声明。struct 的语法形式如下:

struct 结构体类型名{成员列表};

其中,结构体类型名用作结构体类型的标志,结构体中的每个成员也称为结构体中的一个域。成员列表又称为域表。

声明结构体类型的位置一般在文件的开头,在所有函数之前。需要注意的是,在 C++ 语言中已经提供了类类型,因此,在一般情况下,不必使用带函数的结构体。

例如,程序中需要描述学生信息,一个学生的基本信息包括学号、姓名、性别、年龄、出生日期、家庭住址等,但是 C++ 内置的简单数据类型不足以描述上述信息,因此可考虑自定义一种新的数据类型描述学生信息。在下面的代码中,首先定义一个结构体用于描述出生日期,在此基础之上再定义一个结构体用于描述学生信息。

```
struct Date                    //声明一个结构体类型 Date 描述出生日期
{
  int month;
  int day;
  int year;
};
```

在定义描述学生信息的结构体中使用了结构体 Date 用于描述学生的出生日期。

```
struct Student                 //声明一个结构体类型 Student
{
  int num;
  char name[20];
  char sex;
  int age;
  Date birthday;               //Date 是结构体类型,birthday 是 Date 类型的成员
  char addr[30];
};
```

上面的程序代码首先声明了一个 Date 类型,其具有三个成员 month、day、year。然后声明 Student 类型,将成员 birthday 指定为 Date 类型,即 birthday 作为 Date 结构体类型名

的结构体变量,具有 month、day、year 三个属性。结构体中的成员名可以与程序中的变量名相同,但二者没有关系,互不影响。定义好结构体类型之后就可以使用该类型声明变量了,声明结构体类型的变量方法有如下几种。

(1) 先声明结构体类型,再定义变量名。

一般形式:

结构体类型名 结构体变量名;
Student student1;

注意:在 C 语言中结构体类型名前面需要加上关键字 struct,但在 C++ 中可以省略 struct 关键字。

(2) 在声明类型的同时定义变量。

一般形式:

struct 结构体名
{
成员列表
}变量名列表;

(3) 直接定义结构体类型变量。

一般形式:

struct //没有结构体类型名
{
成员列表
}变量名列表;

其中,后两种方法使用得较少,建议使用第一种方法,即先定义结构体类型,再声明该类型的变量。

请大家注意区分类型与变量的概念,类型描述的是一种数据结构,而变量涉及内存单元的分配。只能对结构体变量中的成员赋值,不能对结构体类型赋值。程序在编译时,不会对类型分配空间,只为变量分配空间。另外,结构体中的成员可以单独使用,它的作用与地位相当于普通变量。同时,成员也可以是一个结构体变量,如上例中定义的结构体 Student 的成员 birthday 就是 Date 类型的结构体变量。

定义好结构体并声明了结构体类型的变量之后,就可以使用结构体了。在使用结构体变量的过程中需要注意以下问题。

(1) 可以将一个结构体变量的值赋给另一个具有相同结构的结构体变量。例如:

Student1 = Student2;

(2) 可以引用一个结构体变量中的一个成员的值。例如:

Student1.num = 1000;

(3) 如果成员本身也是一个结构体类型,则要用若干成员运算符,一级一级找到最低一级的成员。例如:

student1.birthday.month(引用结构体 student1 中的 birthday 中的 month 成员)

(4) 不能将一个结构体变量作为一个整体进行输入和输出。例如:

cout<<student1;只能对各个成员分别输入和输出;

（5）对结构体变量的成员可以像普通变量一样进行各种运算。例如：

```
student2.score = student1.score;
sum = student1.score+student2.score;
student1.age++;
++student1.age
```

（6）可以引用结构体变量成员的地址，也可以引用结构体变量的地址。例如：

```
cout<<&student1;        //输出 student1 的首地址
cout<<&student1.age;    //输出 student1.age 的地址
```

结构体变量的地址主要用作函数参数，将结构体变量的地址传递给形式参数。

2.5.4 联合体类型

联合体也叫作共同体，使用 union 关键字声明。联合体中的每个成员共享同一段内存（每个成员的起始内存位置都是一样的），整个联合体占用内存单元的大小取决于最长的成员的大小。联合体的定义方法与结构体类似，但是结构体变量所占内存长度是各成员占得内存长度之和，每个成员分别占有自己的内存单元。联合体变量所占得内存长度等于最长的成员的长度。

定义联合体的语法形式如下。

union 共用体类型名{成员列表};

例如：

```
union mix_t
{
    long l;
    struct
    {
        short hi;
        short lo;
    }s;
        char c[4];
}mix;
```

该联合体包含三个变量成员，分别是 long 类型的 l、结构体 s、char 类型的数据 c，它们在内存的分布如图 2.13 所示。

注意：在 32 位机器上，char 为 1 字节，short 为 2 字节，long 为 4 字节。

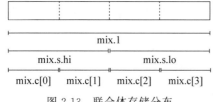

图 2.13 联合体存储分布

与结构体的声明类似，声明联合体的时候也可以不指定联合体的名字，这样的联合体称为匿名联合体。下面的程序代码分别定义了匿名与非匿名的联合体。

匿名联合体示例如下：

```
struct
{
    char title[50];
    char author[50];
```

```
        union
        {//匿名的联合体
                float dollars;
                int rmbs;
        };
} book;
```

非匿名联合体示例如下：

```
struct
{
        char title[50];
        char author[50];
        union
        {
        float dollars;
        int rmbs;
        } price;
} book;
```

两者的区别在于访问联合体成员的不同，如果要访问联合体中 dollars 元素，匿名联合体成员的访问方式为 book.dollars，非匿名联合体成员的访问方式为 book.price.dollars。

2.6　小结

本章主要介绍 C++ 语言中的基本数据类型和表达式、流程控制语句以及自定义数据类型的相关知识，并对 C++ 中基本输入输出做了较为详细的阐述，让读者了解 C++ 与 C 通过不同的方式实现数据的输入输出。同时，在 VC 6.0 平台上，详细给出一个基本 C++ 工程建立的全部细节，帮助读者熟悉 C++ 实验平台，为后续章节的学习做好准备。

习题

一、选择题

1. C++ 语言中的标识符只能由字母、数字和下画线 3 种字符组成，且第一个字符(　　)。

    A. 必须为字母　　　　　　　　　　　B. 必须为下画线

    C. 必须为字母或下画线　　　　　　　D. 可以是字母、数字和下画线中任一字符

2. 下面正确的字符常量是(　　)。

    A. "C"　　　　　　B. "//"　　　　　　C. "W"　　　　　　D. ' '

3. 如果说明语句：char c = "/72"；则变量 c(　　)。

    A. 包含 1 个字符　　　　　　　　　　B. 包含 2 个字符

    C. 包含 3 个字符　　　　　　　　　　D. 说明不合法，c 的值不确定

4. 表达式 18/4 * sqrt(4.0)/8 值的数据类型为(　　)。

    A. int　　　　　　B. float　　　　　　C. double　　　　　　D. 不确定

5. 关于逻辑运算符的说法正确的是(　　)。

    A. 它们都是双目运算符，优先级相同

B. 语句"int a＝0,c＝1,b;b＝a&&c++;"执行后,c 的值为 2

C. 语句"int a＝0,c＝1,b;b＝a||c++;"执行后,c 的值为 1

D. 语句"int a＝1,c＝1,b;b＝a&&c++;"执行后,c 的值为 2

6. 设"int m＝7,n＝12;",则表达式为 3 的是(　　　)。

A. n％＝(m％＝5)　　　　　　　　　　B. n％＝(m－m％5)

C. n％＝m－m％5　　　　　　　　　　D. (n％＝m)－(m％＝5)

7. 有如下程序段:

```
int a = 14,b = 15,x;
char c = "A";
x = (a&&b)&&(c<"B");
```

执行该程序后,x 的值为(　　　)。

A. true　　　　　　B. false　　　　　　C. 0　　　　　　D. 1

8. 设变量 a 是整型,b 是实型,c 是双精度型,则表达式 10＋"a"＋c * b 值的数据类型为(　　　)。

A. 整型　　　　　　B. 实型　　　　　　C. 双精度型　　　　　　D. 不确定

9. 以下叙述中不正确的是(　　　)。

A. 在 C++ 程序中,name 和 NAME 是两个不同的变量

B. 在 C++ 程序中,逗号运算符的优先级最低

C. 若变量 m、n 为 int 型,则 m＝n 后,n 中的值不变

D. 当从键盘输入数据时,对于整型变量只能输入整型数值,对于实型变量只能输入实型数值

10. sizeof(float)是(　　　)。

A. 一个双精度型表达式　　　　　　　B. 一个整型表达式

C. 一种函数调用　　　　　　　　　　D. 一个不合法的表达式

11. 下面不正确的字符串常量是(　　　)。

A. 'rst'　　　　　B. "14'14"　　　　　C. "0"　　　　　D. "　"

12. 下列运算符中优先级最高的是(　　　)。

A. ?:　　　　　B. &&　　　　　C. ＋　　　　　D. !＝

13. 设 a 是整型变量,则表达式(a＝4 * 5,a * 2),a＋6 的值是(　　　)。

A. 20　　　　　B. 26　　　　　C. 40　　　　　D. 46

14. 设"int a＝1,b＝2,c＝3,d＝4,m＝2,n＝2;",执行(m＝a>b)&&(n＝c<d)后 n 的值为(　　　)。

A. 1　　　　　B. 2　　　　　C. 3　　　　　D. 4

15. 用 C++ 的语言表达式表示 $|x^3＋\log_{10}x|$ 正确的是(　　　)。

A. fabs(x * 3＋log(x))　　　　　　　　B. abs(pow(x,3)＋log(x))

C. fabs(pow(x,3.0)＋log(x))　　　　　　D. abs(pow(x,3.0)＋log(x))

16. 设 int k＝7,x＝12;则能使值为 3 的表达式是(　　　)。

A. x％＝(k％＝5)　　　　　　　　　　B. x％＝(k－k％5)

C. x％＝k－k％5　　　　　　　　　　D. (x％＝k)－(k％＝5)

17. 设有语句"int a＝7；float x＝2.5,y＝4.7；",则表达式 x＋a％3＊(int)(x＋y)％2/4 的值是(　　)。

　　　A. 2.500 000　　　　B. 2.750 000　　　　C. 3.500 000　　　　D. 0.000 000

18. 设有语句"int x＝3,y＝4,z＝5；",则下面表达式中值为 0 的是(　　)。

　　　A. 'x'＆＆'y'　　　　　　　　　　　B. x＜＝y

　　　C. x||y＋z＆＆y－z　　　　　　　　D. !((x＜y)＆＆!z||1)

19. 判断 char 型变量 n 是否为小写字母的正确表达式为(　　)。

　　　A. 'a'＜＝n＜＝'z'　　　　　　　　　B. (n＞＝a)＆＆(n＜＝z)

　　　C. ('a'＞＝n)||('z'＜＝n)　　　　　　D. (n＞＝'a')＆＆(n＜＝'z')

20. 运算符＋、＝、＊、＞＝中,优先级最高的运算符是(　　)。

　　　A. ＋　　　　　　　　B. ＝　　　　　　　　C. ＊　　　　　　　　D. ＞＝

21. 下列说法正确的是(　　)。

　　　A. cout＜＜"/n"是一个语句,它能在屏幕上显示"/n"

　　　B. /68 代表的是字符 D

　　　C. 1E＋5 的写法正确,它表示余割整型常量

　　　D. 0x10 相当于 020

22. 下列不合法的变量名为(　　)。

　　　A. int　　　　　　B. int1　　　　　　C. name_1　　　　　　D. name0

23. 下面选项正确的为(　　)。

　　　A. 4.1/2　　　　　　　　　　　　　B. 3.2％3

　　　C. 3/2＝＝1 结果为 1　　　　　　　D. 7/2 结果为 3.5

24. 已知 a＝4,b＝6,c＝8,d＝9,则"(a＋＋,b＞a＋＋＆＆c＞d)? ＋＋d:a＜b" 值为(　　)。

　　　A. 9　　　　　　　　B. 6　　　　　　　　C. 8　　　　　　　　D. 0

25. 已知 i＝5,j＝0,下列各式中运算结果为 j＝6 的表达式是(　　)。

　　　A. j＝i＋(＋＋j)　　B. j＝j＋i＋＋　　　C. j＝＋＋i＋j　　　D. j＝j＋＋i

26. 已知 x＝43,ch＝'A',y＝0；则表达式(x＞＝y＆＆ch＜'B'＆＆!y)的值是(　　)。

　　　A. 0　　　　　　B. 语法错　　　　　　C. 1　　　　　　D. "假"

二、填空题

1. "A"与'A'的区别是,前者表示的是＿＿＿＿＿＿＿,占用＿＿＿＿＿＿＿个内存空间,后者表示的是＿＿＿＿＿＿＿,占用＿＿＿＿＿＿＿个内存空间。

2. 表达式 8/4＊(int)2.5/(int)(1.25＊(3.7＋2.3))值的数据类型为＿＿＿＿＿＿＿。

3. 已知 c 的 ASCII 码为十进制数 99,设 k 为字符型变量,则表达式 k＝'c'＋'9'－'8'的值为＿＿＿＿＿＿＿。

4. 设有说明语句"int a＝6；",则运算表达式 a＋＝a－＝a＊a 后,a 的值为＿＿＿＿＿＿＿。

5. C++ 表达式表达：y＝ax^2＋bx＋c ＿＿＿＿＿＿＿,5x^3＋9xy/5－xy ＿＿＿＿＿＿＿。

6. 设 a、b、c 都是 int 型变量,则运算表达式 a＝(b＝4)＋(c＝2)后,a 值为＿＿＿＿＿＿＿,b 值为＿＿＿＿＿＿＿,c 值为＿＿＿＿＿＿＿。

7. C++ 语言中的标识符只能由 3 种字符组成,它们是＿＿＿＿＿＿＿、＿＿＿＿＿＿＿和＿＿＿＿＿＿＿。

8. 有语句"char k='/010';",则变量 k 中包含的字符个数是_____。

9. 在 C++ 语言中,表示逻辑"真"值用_____。

10. 表达式 pow(2.8,sqrt(double(x)))值的数据类型为_____。

11. 设有语句"int a＝3,b＝4,c＝5;",则表达式!(a+b)+c－1&&b+c/2 的值为_____,表达式 a‖b+c&&b==c 的值为_____。

12. 请写出判断整型变量 x 为偶数且不小于 100 的表达式:_____。

13. 如果 s 是 int 型变量,且 s＝6,则下面 s%2+(s+1)%2 表达式的值为_____。

14. 如果定义"int a＝2,b＝3;float x＝5.5,y＝3.5;",则表达式(float)(a+b)/2+(int)x%(int)y 的值为_____。

15. 设所有变量均为整型,则表达式(e＝2,f＝5,e++,f++,e+f)的值为_____。

16. 已知字母 a 的 ASCII 码为十进制数 97,且设 ch 为字符型变量,则表达式 ch＝'a'+'8'－'4'的值为_____。

三、编程题

1. 用 C++ 语言写出符合下列要求的表达式。

(1) 判断 char 型变量 ch 是否为大写字母。

(2) 设 y 为 int 变量,判断 y 是否为奇数。

(3) 设 x、y、z 都为 int 型变量,描述"x 或 y 中有一个小于 z"。

(4) 设 x、y、z 都为 int 型变量,描述"x、y 和 z 中有两个为负数"。

2. 编写一个程序,从键盘输入两个整型的数,在屏幕上分别输出这两个数的和、差和积。

3. 编写一个程序,从键盘输入两个数,分别求出这两个数的平方和与立方和,在屏幕上予以输出。

4. 编写程序,从键盘输入某一字母的 ASCII 码,如 97(字母 a),98(字母 b),65(字母 A)等,在屏幕上输出字母。

5. 设有三个候选人竞选领导,最终只有一个人能当选。假设现有十个人参加投票,从键盘先后输入这十个人所投的候选人名字,要求最后输出这三个候选人的得票结果。

第 3 章

函数

"函数"这个名词用英文表示是 function,而 function 的中文意思是"功能"。顾名思义,一个函数就是一个功能模块。它是 C++ 程序的基本功能单元,C++ 的程序可以看成一个个函数组装而成的。

C++ 的一个程序文件可以包含若干函数。无论把一个程序划分为多少个程序模块都只有一个 main(主)函数。程序是从 main 函数开始执行的。程序运行过程中,由主函数调用其他函数,其他函数也可以相互调用。

函数可以看作一个由程序员定义的操作。形式上,函数由一个名字来表示,函数的操作数称为参数,由一个位于括号中并且用逗号分隔的参数表指定;函数的结果称为返回值,返回值的类型称为函数返回类型,不产生值的函数返回类型是 void。函数执行的代码在函数体中定义,函数体包含在一对花括号中,也称为函数块。函数返回类型、函数名、参数表和函数体构成了完整的函数定义。

【本章学习要求】

理解:函数重载、内联函数和带默认参数值函数的定义及使用。

理解:递归的执行过程及存储分配。

掌握:定义重载函数,定义带默认参数值的函数以及使用 C++ 系统函数的方法。

3.1　函数的定义与使用

在 C++ 中,普通函数的定义模式基本上和 C 语言一样;一个基本的原则是,函数必须先定义,后使用,在没有给出完整函数定义的情形下,可以用函数声明的形式通知其他调用函数该函数的基本信息。

3.1.1　函数的定义

完整的函数定义包括函数原型声明和函数声明的实现两部分,但很多程序中,将函数声明和函数实现写在一起。从程序语言编写规范上说,提倡先写函数声明,再写函数的实现。

一般情形下,函数的定义格式如下。

```
类型标识符　函数名(形式参数列表) {
        声明部分
        语句
    }
```

函数名右侧的()中的是形式参数列表,{}中的是函数体部分。在形式参数表中给出的参数称为形式参数,它们可以是各种类型的变量,各参数之间用逗号隔开。在进行函数调用时,主调函数将赋予这些形式参数实际的值。形式参数既然是变量,就必须在形式参数表中给出形式参数的类型说明;同时,C++ 支持参数表为空的函数定义,即函数没有形式参数。

其中,类型标识符说明函数值的返回类型。返回类型可以是简单数据类型,也可以是复合数据类型,还可以是空类型。

而先写函数声明,再写函数实现的一般格式如下。

```
…
类型标识符  函数名(形式参数列表);  //函数声明
…
类型标识符  函数名(形式参数列表)
{声明部分
  语句
}
```

例如,定义一个函数,用于求两个数中的大数,可写为

```
int max(int a, int b)
{
   if(a>b) return a;
        else return b;
}
```

第一行说明 max 函数是一个整型函数,其返回的函数值是一个整数。形参为 a 和 b,均为整型量。a 和 b 的具体值是由主调函数在调用时传送过来的。

例如,在 main()中,可以这样调用:

```
void main()
{
   int i = 2, j = 3;
   cout<<max(i,j)<<endl;
}
```

在 max 函数中的{}函数体内,除形参外没有使用其他变量,因此只有语句而没有声明部分。在 max 函数体中的 return 语句是把 a(或 b)的值作为函数的值返回给主调函数。有返回值函数中至少应有一个 return 语句。

3.1.2 函数的参数传递

大多数情况下,函数是带参数的。主调函数和被调用函数之间有数据传递关系。3.1.1 节已提到:在定义函数时函数名后面圆括号中的变量名称为形式参数(简称为形参),在主调函数中调用一个函数时,函数名后面圆括号中的参数(也可以是一个表达式)称为实际参数(简称为实参)。

C++ 的参数传递规则基本上和 C 是一样的。在主调函数调用被调函数时,要根据被调函数的形参列表传入参数类型、个数一致的实际参数。

【例 3.1】 调用函数时的数据传递。

```
#include<iostream>
using namespace std;           //使用标准名空间
```

```
int max(int x,int y)              //定义有参函数 max
{
    int z;
    z = x>y?x:y;
    return(z);
}
void main()
{
    int a,b,c;
    cout<<"please enter two integer numbers:";
    cin>>a>>b;
    c = max(a,b);                 //调用 max 函数,给定实参为 a,b
    cout<<"max = "<<c<<endl;
}
```

运行结果:

```
please enter two integer numbers:2 3
max = 3
```

有关形参与实参的说明如下。

(1) 在定义函数时指定的形参,在未出现函数调用时,它们并不占内存中的存储单元。因此称它们是形式参数,表示它们并不是实际存在的数据。只有在发生函数调用时,函数 max 中的形参才被分配内存单元,以便接收从实参传来的数据。在调用结束后,形参所占的内存单元也被释放。

(2) 实参可以是常量、变量或表达式,如"max(3,a+b);"。但要求 a 和 b 有确定的值,以便在调用函数时将实参的值赋给形参。

(3) 在定义函数时,必须在函数首部指定形参的类型(见例 3.1 程序第 3 行)。

(4) 实参与形参的类型应相同或赋值兼容。例 3.1 中实参和形参都是整型,这是合法的、正确的。如果实参为整型而形参为实型或者相反,则按不同类型数值的赋值规则进行转换。例如,实参 a 的值为 3.5,而形参 x 为整型,则将 3.5 转换成整数 3,然后送到形参 x。字符型与整型可以互相通用。

(5) 一般情形下,除了引用形式参数外,实参变量对形参变量的数据传递是"值传递",即单向传递,只由实参传给形参,而不能由形参传回给实参。在调用函数时,编译系统临时给形参分配存储单元。请注意,实参单元与形参单元是不同的单元。

调用结束后,形参单元被释放,实参单元仍保留并维持原值。因此,在执行一个被调用函数时,形参的值如果发生改变,并不会改变主调函数中实参的值。例如,在执行 max 函数过程中形参 x 和 y 的值变为 10 和 15,调用结束后,实参 a 和 b 仍为 2 和 3。

3.1.3 引用参数

引用参数是 C++ 新引入的一种参数形式。首先,引用是被引用对象的一个别名,引用形式传递参数是 C++ 中唯一的传地址参数方式。传递引用即传递实参本身,是通过对被引用对象地址的直接传递实现的,对引用的更新或者赋值将直接操作在该引用代表的对象身上。

引用的定义形式如下。

```
类型名 & 引用名 = 被引用对象;
```

例如:

```
int i = 3;
int& refi = i;
```

对于引用来说,引用一旦定义好了,在整个程序运行期间就不允许更改,一个引用名只能引用一个对象。

如下面这样定义引用是非法的。

```
int i = 3,j = 5;
int &refi = i;
int &refi = j;
```

在 VC 6.0 中编译会给出这样的错误:

```
error C2374: 'refi' : redefinition; multiple initialization
```

下面的例子说明了引用作为函数参数时值的变化情况。

【例 3.2】 引用参数的数据传递。

```
#include "iostream.h"
void refreshfunc(int& ref)
{
    ref++;
    cout<<"ref = "<<ref<<endl;
}
void main()
{
    int i = 0;
    cout<<"i = "<<i<<endl;
    refreshfunc(i);
    cout<<"i = "<<i<<endl;
}
```

运行此程序,结果输出为

```
i = 0
ref = 1
i = 1
Press any key to continue
```

在例 3.2 中,main 函数首先定义整型变量 i 的值为 0,并用 cout 标准输出流对象输出,此时 i 的值是 0。再执行 refreshfunc(i)语句,函数输出 ref=1,此时 ref 是形参 i 的引用。然后返回 main(),由于 i 是以引用的形式传递过去的,对 ref 的操作即对形参 i 的操作,此时,再输出变量 i 的值也是 1。

使用引用时要注意,引用是一种特殊类型的变量,如果不是作为函数参数,定义一个引用就必须进行初始化,使它引用一个已经存在的对象。

3.1.4 函数的返回值

函数被调用结束后,主调函数能得到一个确定的值,这就是函数的返回值。

(1) 函数的返回值是通过函数中的 return 语句获得的。return 语句将被调用函数中的

一个确定值带回主调函数中去;return 语句后面的括号可以要,也可以不要。return 后面的值可以是一个表达式。

(2) 函数值的类型。函数返回值属于某一个确定的类型,应在定义函数时指定函数值的类型。

(3) 如果函数值的类型和 return 语句中表达式的值不一致,则以函数类型为准,即函数类型决定返回值的类型。对数值型数据,可以自动进行类型转换。

3.1.5　函数调用形式

1. 函数调用的一般形式

函数调用的一般形式如下。

函数名([实参表列])　　　　　　　//[ ]中的内容表示可选项

如果是调用无参函数,则"实参表列"可以没有,但圆括号不能省略。如果实参表列包含多个实参,各参数间要用逗号隔开。实参与形参的个数应相等、类型匹配(相同或赋值兼容)。实参与形参按顺序对应,一对一地传递数据。

按函数在语句中的作用来分,可以有以下 3 种函数调用方式。

(1) 函数语句。

把函数调用单独作为一个语句,函数调用只是完成一定的操作,无须返回值。例如:

```
printf("hello world\n");
```

(2) 函数表达式。

函数出现在一个表达式中,这时要求函数带回一个确定的值以参加表达式的运算。例如:

```
c = 2 * max(a,b);
```

(3) 函数参数。

函数调用作为一个函数的实参。例如:

```
m = max(a,max(b,c));    //max(b,c)是函数调用,其值作为外层 max 函数调用的一个实参
```

2. 被调用函数的声明和函数原型

在一个函数中调用另一个函数(即被调用函数)需要具备以下几个条件。

(1) 首先被调用的函数必须是已经存在的函数。

(2) 如果使用库函数,一般需要在本文件开头用 #include 命令将有关头文件嵌入本文件中。

(3) 如果使用用户自己定义的函数,而该函数与调用它的函数(即主调函数)在同一个程序单位中,且位置在主调函数之后,则必须在调用此函数之前对被调用的函数做声明。

否则,该自定义函数在主调函数之前定义,无须在主调函数中再声明该函数原型。

所谓函数声明,就是在函数尚未定义的情况下,事先将该函数的有关信息通知编译系统,以便使编译能正常进行。

【例 3.3】 对被调用的函数做声明。

```
#include<iostream>
using namespace std;
```

```
int main()
{
    float add(float x,float y);            //对 add 函数做声明
    float a,b,c;
    cout<<"please enter a,b:";
    cin>>a>>b;
    c = add(a,b);
    cout<<"sum = "<<c<<endl;
      return 0;
}
float add(float x,float y)                  //定义 add 函数
{
    float z;
    z = x+y;
    return(z);
}
```

运行结果如下。

```
please enter a,b:123.68   456.45↙
sum = 580.13
```

注意：对函数的定义和声明不是同一件事。定义是指对函数功能的确立，包括指定函数名、函数类型、形参及其类型、函数体等，它是一个完整的、独立的函数单位。而声明的作用则是把函数的名字、函数类型以及形参的个数、类型和顺序（注意，不包括函数体）通知编译系统，以便在对包含函数调用的语句进行编译时，据此对其进行对照检查（如函数名是否正确，实参与形参的类型和个数是否一致）。

其实，在函数声明中也可以不写形参名，而只写形参的类型，例如：

```
float add(float,float);
```

这种函数声明称为函数原型（function prototype）。使用函数原型是 C 和 C++ 的一个重要特点。它的作用主要是根据函数原型在程序编译阶段对调用函数的合法性进行全面检查。如果发现与函数原型不匹配的函数调用就报告编译出错；它属于语法错误。用户根据屏幕显示的出错信息很容易发现并纠正错误。

函数原型的一般形式为

(1) 函数类型 函数名(参数类型 1,参数类型 2...);
(2) 函数类型 函数名(参数类型 1　参数名 1,参数类型 2　参数名 2...);

第(1)种形式是基本的形式。为了便于阅读程序，允许在函数原型中加上参数名，就成了第(2)种形式。但编译系统并不检查参数名。因此参数名可以任意写。上面程序中的声明也可以写成：

```
float add(float a,float b);              //参数名不用 x、y,而用 a、b
```

应当保证函数原型与函数首部写法上的一致，即函数类型、函数名、参数个数、参数类型和参数顺序必须相同。在函数调用时，函数名、实参类型和实参个数应与函数原型一致。

前面已说明，如果被调用函数的定义出现在主调函数之前，可以不必加以声明。因为编译系统已经事先知道了已定义的函数类型，会根据函数首部提供的信息对函数的调用做正确性检查。

有经验的程序员一般都把 main 函数写在最前面,这样对整个程序的结构和作用一目了然,统揽全局,然后再具体了解各函数的细节。此外,用函数原型来声明函数,能减少编写程序时可能出现的错误。由于函数声明的位置与函数调用语句的位置比较近,因此在写程序时便于就近参照函数原型来书写函数调用,不易出错。因此,应养成对所有用到的函数做声明的习惯。这是保证程序正确性和可读性的重要环节。

函数声明的位置可以在调用函数所在的函数中,也可以在函数之外。如果函数声明放在函数的外部,在所有函数定义之前,则在各个主调函数中不必对所调用的函数再做声明。例如:

```
char letter(char,char);        //本行和以下两行函数声明在所有函数之前且在函数外部
float max(float,float);        //因而作用域是整个文件
int add(float, float);
int main()
{
...
}                              //在 main 函数中不必对它所调用的函数做声明
char letter(char c1,char c2)   //定义 letter 函数
{
...
}
float max(float x,float y)     //定义 max 函数
{
...
}
int add(float j,float k)       //定义 add 函数
{
...
}
```

如果一个函数被多个函数所调用,用这种方法比较好,可以避免在每个主调函数中重复声明。

3.2　内联函数

一般情况下,函数在调用过程中需要进行一些准备工作,如参数入栈、局部量保存、代码跳转等。调用返回时需要恢复现场,函数值返回,执行流程返回到调用前的下一条语句,这些都需要消耗一定的时间和空间。在一些时间效率要求高加上调用频率频繁的情形下,可以使用内联函数的方式来提高执行的效率。

内联函数指定编译器处理函数调用的方式。从代码角度上看,内联函数有函数的结构,而在编译后,却不具备函数的性质。内联函数不是在调用时发生控制转移,而是在编译时将函数体嵌入每一个调用处。编译时,类似宏替换,内联函数使用函数体替换调用处的函数名。一般情况下,用 inline 放在函数名前面表示内联函数。

【例 3.4】　内联函数使用。

本例说明在程序中如何定义内联函数。但是,事实上,一个函数能否形成内联函数,需要看编译器根据该函数定义所做出的具体处理。

```
#include<iostream>
```

```cpp
using namespace std;
inline int abs(int);                //声明内联函数
int main()
{
    int i = -10, m;
    m = abs(i);
    cout<<"absolute value = "<<m<<endl;
    return 0;
}
inline int abs(int a)               //定义 abs 为内联函数
{
    if(a>0) return a;               //求 a、b、c 中的最大者
      else return -a;
}
```

由于在定义函数时指定它为内置函数,因此编译系统在遇到函数调用 abs(i)时,就用 abs 函数体的代码代替 abs(i),同时将实参代替形参。程序第 7 行 "m＝abs(i);"被等价置换成:

m＝a＞0?a:－a;//可以理解成用一个"?:"运算符替换了 if 语句

注意:

(1) 递归函数不能定义为内联函数。

(2) 内联函数一般适合于不存在 while 和 switch 等复杂的结构函数上,否则编译系统将该函数视为普通函数处理。

(3) 内联函数只能先定义后使用,否则编译系统也会把它认为是普通函数。

(4) 对内联函数不能进行异常的接口声明(异常将在第 10 章进行介绍)。

(5) 编译器不保证 inline 修饰的函数一定会作为内联函数处理,一般结构简单、语句少的函数定义成内联函数才会得到编译器的认可。同时,没有用 inline 修饰的、结构简单的函数也可能被编译成内联函数。

3.3　带默认形参值的函数

在函数具有形参的情况下,如果多次调用该函数需要传入相同的形参,则可以在定义形参时给出该形参的默认参数值,调用时可以不传该形参所对应的实参值,C++ 会自动使用默认的参数值。

【**例 3.5**】　带默认参数值的函数。

```cpp
int Sum(int n, int i = 1)
{
    int s = 0;
    for(;i<=n;i++)s = s+i;
    return s;
}
```

如果要求 1＋2＋3＋…＋100 的和,可以这样调用:

```cpp
cout<<Sum(100)<<endl;            //相当于调用 Sum(100,1)
```

如果要求 1＋2＋3＋…＋10 的和,可以这样调用:

```
cout<<Sum(10)<<endl;                    //相当于调用 Sum(10,1)
```

但是,要求 10+11+12+…+100 的和,需要这样调用:

```
cout<<Sum(100,10)<<endl;
```

这种方法比较灵活,可以简化编程,提高运行效率。

在函数存在多个形参的情形下,可以使每个形参有一个默认值,也可以只对一部分形参指定默认值,另一部分形参不指定默认值。如有一个求圆柱体体积的函数,形参 h 代表圆柱体的高,r 为圆柱体半径。函数原型如下:

```
float volume(float h,float r = 12.5);    //只对形参 r 指定默认值 12.5
```

函数调用可以采用以下形式:

```
volume(45.6);                    //相当于 volume(45.6, 12.5)
volume(34.2, 10.4)               //h 的值为 34.2,r 的值为 10.4
```

实参与形参的结合性是按从左至右顺序进行的。因此,指定默认值的参数必须放在形参表列中的最右端,否则会出错。例如:

```
void f1(float a,int b = 0,int c,char d = 'a');  //不正确
void f2(float a,int c,int b = 0, char d = 'a'); //正确
```

如果调用上面的 f2 函数,可以采取下面的形式:

```
f2(3.5, 5, 3, 'x');      //形参的值全部从实参得到
f2(3.5, 5, 3);           //最后一个形参的值取默认值'a'
f2(3.5, 5);              //最后两个形参的值取默认值,b = 0,d = 'a'
```

可以看到,在调用有默认参数的函数时,实参的个数可以与形参的个数不同,实参未给定的,从形参的默认值得到值。这样,可以使函数的使用更加灵活。例如,例 3.6 求 2 个数或 3 个数中的最大数,也可以不用重载函数,而改用带有默认参数的函数。

【例 3.6】 求 2 个或 3 个正整数中的最大数,用带有默认参数的函数实现。

```
#include<iostream>
using namespace std;
int main()
{
    int max(int a, int b, int c = 0);             //函数声明,形参 c 有默认值
    int a,b,c;
    cin>>a>>b>>c;
    cout<<"max(a,b,c) = "<<max(a,b,c)<<endl;      //输出 3 个数中的最大者
    cout<<"max(a,b) = "<<max(a,b)<<endl;          //输出 2 个数中的最大者
    return 0;
}
int max(int a,int b,int c)                        //函数定义
{
    if(b>a) a = b;
    if(c>a) a = c;
    return a;
}
```

运行情况如下:

```
14  -56  135
```

```
max(a,b,c) = 135
max(a,b) = 14
```

在使用带有默认参数的函数时要注意以下两点。

(1) 如果函数的定义在函数调用之前,则应在函数定义中给出默认值。如果函数的定义在函数调用之后,则在函数调用之前需要有函数声明,此时必须在函数声明中给出默认值,在函数定义时可以不给出默认值。

(2) 带默认参数的函数是 C++ 为了便于函数调用而设计的一种机制,在 C++ 以及 MFC 的程序设计中会经常采用,初学者要熟悉并掌握。

3.4　重载函数

重载函数(overloaded function)是函数的一种特殊情况,为方便使用,C++ 允许在同一范围中声明几个功能类似的同名函数。但是这些同名函数的形式参数(指参数的个数、类型)必须不同,也就是说,用同一个函数名完成不同的运算功能。这就是重载函数。重载函数常用来实现功能类似而所处理的数据类型不同的问题。

例如,从 3 个数中找出其中的最大者,而每次求最大数时数据的类型不同,可能是 3 个整数、3 个双精度数或 3 个长整数。在 C++ 语言中,需要设计出 3 个不同名的函数,其函数原型为

```
int max1(int a,int b, int c);              //求 3 个整数中的最大者
double max2(double a,double b,double c);   //求 3 个双精度数中最大者
long max3(long a,long b, long c);          //求 3 个长整数中的最大者
```

C++ 允许用同一函数名定义多个函数,这些函数的参数个数和参数类型不同。这就是函数的重载(overloading)。即对一个函数名重新赋予新的含义,使一个函数名可以多用。

对上面求最大数的问题可以编写如下的 C++ 程序。

【例 3.7】　求 3 个数中最大的数(考虑整数、双精度数、长整数的情况)。

```
#include<iostream>
using namespace std;
int main()
{
    int max(int a,int b,int c);              //函数声明
    double max(double a,double b,double c);  //函数声明
    long max(long a,long b,long c);          //函数声明
    int i1,i2,i3,i;
    cin>>i1>>i2>>i3;                         //输入 3 个整数
    i = max(i1,i2,i3);                       //求 3 个整数中的最大者
    cout<<"i_max = "<<i<<endl;
    double d1,d2,d3,d;
    cin>>d1>>d2>>d3;                         //输入 3 个双精度数
    d = max(d1,d2,d3);                       //求 3 个双精度数中的最大者
    cout<<"d_max = "<<d<<endl;
    long g1,g2,g3,g;
    cin>>g1>>g2>>g3;                         //输入 3 个长整数
    g = max(g1,g2,g3);                       //求 3 个长整数中的最大者
    cout<<"g_max = "<<g<<endl;
```

```
}
int max(int a,int b,int c)                //定义求 3 个整数中的最大者的函数
{
    if(b>a) a = b;
    if(c>a) a = c;
    return a;
}

double max(double a,double b,double c)    //定义求 3 个双精度数中的最大者的函数
{
    if(b>a) a = b;
    if(c>a) a = c;
    return a;
}

long max(long a,long b,long c)            //定义求 3 个长整数中的最大者的函数
{
    if(b>a) a = b;
    if(c>a) a = c;
    return a;
}
```

运行情况如下：

```
185 76 567 (输入 3 个整数)
i_max = 567 (输出 3 个整数中的最大值)
56.87  90.23  -3214.78   (输入 3 个实数)
d_max = 90.23   (输出 3 个双精度数中的最大值)
67854  -912456  673456   (输入 3 个长整数)
g_max = 673456 (输出 3 个长整数中的最大值)
```

例 3.7 中 3 个 max 函数的函数体是相同的，其实重载函数并不要求函数体相同。重载函数除了允许参数类型不同以外，还允许参数的个数不同。

【例 3.8】 编写一个程序，用来求 2 个整数或 3 个整数中的最大值。如果输入 2 个整数，程序就输出这 2 个整数中的最大值；如果输入 3 个整数，程序就输出这 3 个整数中的最大值。

```
#include<iostream>
using namespace std;
int main()
{
    int max(int a,int b,int c);      //函数声明
    int max(int a,int b);            //函数声明
    int a = 8,b = -12,c = 27;
    cout<<"max(a,b,c) = "<<max(a,b,c)<<endl;    //输出 3 个整数中的最大值
    cout<<"max(a,b) = "<<max(a,b)<<endl;        //输出 2 个整数中的最大值
}

int max(int a,int b,int c)           //此 max 函数的作用是求 3 个整数中的最大值
{
    if(b>a) a = b;
    if(c>a) a = c;
    return a;
```

```
    }
    int max(int a,int b)              //此 max 函数的作用是求 2 个整数中的最大值
    {
        if(a>b) return a;
            else return b;
    }
```

运行情况如下：

```
max(a,b,c) = 27
max(a,b) = 8
```

两次调用 max 函数的参数个数不同，系统就根据参数的个数找到与之匹配的函数并调用它。

参数的个数和类型可以都不同。但不能只有函数的类型不同而参数的个数和类型相同。例如：

```
int f(int);              //函数返回值为整型
long f(int);             //函数返回值为长整型
void f(int);             //函数无返回值
```

在函数调用时都是同一形式，如 f(10)。编译系统无法判别应该调用哪一个函数。重载函数的参数个数、参数类型中必须至少有一种不同，函数返回值类型可以相同也可以不同。

在使用重载函数时，同名函数的功能应相同或相近，不要用同一函数名去实现完全不相同或者相反的功能，虽然程序也能运行，但缺乏可读性，也不符合函数重载的设计原则。

此外，在设计重载函数时要避免下面的情形：

```
void add(int x, int y = 2, int z = 3);
void add(int x, int y = 2);
```

在这种情况下，如果调用函数 add(1)，编译器将给出如下的错误：

```
"ambiguous call to overloaded function"
```

原因是此时的编译器无法确定调用第一个函数还是调用第二个函数，出现了二义性问题。

3.5 C++ 系统函数

C++ 支持自定义函数，同时也提供了大量的系统函数供程序员使用。C++ 将不同的函数按照功能的不同放在不同的库中，调用这些函数需要在程序首部将库所对应的头文件用 ♯include 指令嵌入。熟悉并掌握这些系统函数对提高编程的效率具有重要意义。

C++ 对于系统函数的支持可以分成两大类，一类是 C 语言保留下来的，另一类是 C++ 新扩充的系统函数。C 语言保留下来的函数有日期、字符处理、数学函数等，这类函数一般在 C++ 中使用 ctime、cmath、cstdio 等头文件名字，用 ♯include 指令嵌入 C++ 程序中进行使用。同时为了保持对 C 语言程序的兼容性，C++ 也允许使用 C 语言的方式，即用".h"头文件名的形式嵌入这些函数进行调用，如 ♯include<stdio.h>。

【**例 3.9**】　系统函数使用举例。

```cpp
#include<iostream>
#include<cstdio>
using namespace std;
void main()
{
    cout<<"hello world"<<endl;
    printf("hello world\n");
}
```

程序运行结果：

```
hello world
hello world
```

其中 cout 是使用了 C++ 的头文件 iostream，用 C++ 的标准 I/O 输出流对象进行输出字符串；printf 是 C 语言里的基本输出函数，它定义在 C 语言中的 stdio.h，这里为了使用 C++ 的标准名空间，使用了 cstdio 头文件名进行嵌入。

C 从诞生开始，其标准就一直在不断的修订中，比较正式的标准有 C++ 98、C++ 03、C++ 11。不同的编译器，以及同一种编译器的不同版本对 C++ 的标准的支持也不尽相同，在具体使用时，应查清当前编译器对不同函数的定义和功能描述。这里以 VC 6.0 为例，介绍一下如何从 VC 6.0 获取特定函数的相关信息。

如果要从 VC 6.0 系统中获取帮助信息，首先要安装 MSND，安装好后，按 F1 键，遵循以下查询路径得到相关函数的帮助信息：Visual C++　Documentation→Using Visual C++ →Visual C++　Programmer's Guide→Run-Time Library Reference→Run-Time Routines by Category，如图 3.1 所示。

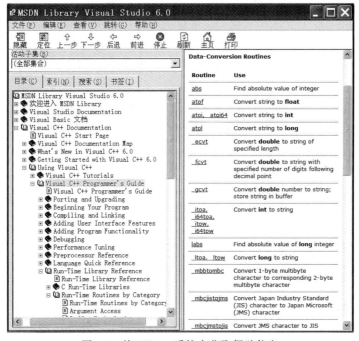

图 3.1　从 VC 6.0 系统中获取帮助信息

通过这种方法，可以查得求绝对值函数 abs 的一些基本信息。

```
abs
Calculates the absolute value.
int abs(int n);
Routine Required Header Compatibility:
abs <stdlib.h> or <math.h> ANSI, Win 95, Win NT
For additional compatibility information, see Compatibility in the Introduction
Libraries:
LIBC.LIB Single thread static library, retail version
LIBCMT.LIB Multithread static library, retail version
MSVCRT.LIB Import library for MSVCRT.DLL, retail version
Return Value: The abs function returns the absolute value of its parameter. There
is no error return.
Parameter: n Integer value
```

读者可以通过查阅 MSDN 获得关于函数的大量有用信息。

3.6　知识扩展

本章的重点是探讨函数的定义及使用的相关知识。对于函数的使用，有两个问题不容忽视，那就是系统栈与递归函数的关系，以及不同类型变量的存储区域与函数执行之间的关系。

3.6.1　递归函数执行过程

先看这样一个例子，要求从键盘上输入一行字符，倒序打印出这行字符。

对于这样的问题，有很多种求解办法，先给出 3 种思路。

（1）将输入的一行字符保存到一个一维数组中，利用数组下标从大到小的方法，倒序输出打印该行字符。

（2）建立一个单链表，把输入的一行字符放在单链表中，逆置这个单链表，输出单链表字符。

（3）建立一个用户栈，利用栈的先进后出特性将输入的一行字符倒序打印。

下面的程序实现了题目的要求，但是程序中仅定义了一个字符变量 ch。

```
#include "stdio.h"
#define LineFeed 10          //定义换行符
void prt();
void main()
{
    prt();
    printf("\n");
}
void prt()
{
    char ch;
    if((ch = getchar())!=LineFeed)prt();
    printf("%c",ch);
}
```

这是一个看似很简单的程序,在 main 程序调用 prt 函数,prt 函数实现了从键盘上输入一行字符、倒序打印的功能,并且 prt 中仅定义了一个字符变量 ch,这是如何实现的呢?

prt 函数是一个递归函数。递归函数的执行需要系统栈的支持,具体体现在:系统栈中的每个元素包含递归函数的每个参数域、每个局部变量域和返回地址域。

每次进行函数递归调用时,需做以下几步工作。

(1) 保护现场,将返回地址、形式参数、局部变量等值压入工作栈中。

(2) 将形参等值传递给被调函数,并转到被调函数入口处开始执行。

每次调用结束,即将返回调用函数时,需做以下几步工作。

(1) 恢复现场,就是从系统栈顶取出被保存的信息赋给相应的变量并退栈。

(2) 转到刚刚取出的返回地址处,继续向下执行。

建立系统栈以及上述操作过程都是由编译系统自动完成的,对用户来说是透明的。

为了分析方便,把上面 prt 函数中的部分语句加上标号。

```
void prt()
{
    char ch;
    if((ch = getchar())!=LineFeed)prt();
    L1: printf("%c",ch);          //printf 语句标号为 L1,是本次递归调用的返回地址
}
```

在 main 函数中调用 prt 函数,输入字符序列 abc 后按回车键,其执行过程可以用系统栈变化过程表示,如图 3.2 所示(本例中,忽略栈对 getchar 函数的支持过程)。

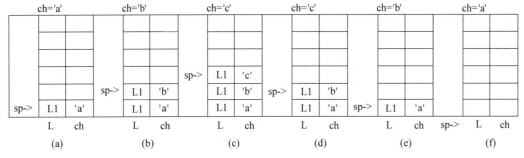

图 3.2　prt 函数执行栈变化过程

程序执行时,ch 变量不断地读入字符。首先读入字符 a,判断(ch = getchar())!= LineFeed 成立,准备递归调用;在递归调用前,保护现场,即将返回地址 L1 和局部变量 ch 的值 a 压入系统栈,转入深一层递归,见图 3.2(a)。再次读入字符 b,判断 if 条件仍然成立,准备下一层递归调用;递归调用前,保护现场,将返回地址 L1 和局部变量 ch 的值 b 压入系统栈,转入更深一层递归调用,见图 3.2(b)。此次读入字符 c,判断此时 if 条件仍然成立,第三次进行递归调用;递归调用前,保护现场,将返回地址 L1 和局部变量 ch 的值 c 压入系统栈,转入更深一层递归调用,见图 3.2(c),转入递归函数首部执行。第四次读入字符 LineFeed(换行符),此时 if 条件不成立,执行 if 语句的下一条语句,即打印语句,打印当前 ch 变量的值,即换行符,本次递归调用结束。向第三层递归调用返回。返回前需要恢复现场,从系统栈顶部恢复出程序的返回地址 L1 和当时 ch 变量的值 c,见图 3.2(d),并转入 L1 语句进行执行,打印此时 ch 的值 c,此时第三层递归调用结束。向第二层递归调用返回,返

回前同样进行恢复现场的工作,从系统栈恢复返回地址 L1 及 ch 的值 b,见图 3.2(e),并转入 L1 语句继续执行,打印此时 ch 的值 b,到此,第二层递归调用结束。向第一层递归调用返回,返回前进行恢复现场的工作,从系统栈恢复返回地址 L1 及 ch 的值 a,见图 3.2(f),此时系统栈保存的数据都已恢复,栈空,此时转入 L1 语句继续执行,打印此时 ch 的值 a。到此为止,递归函数 prt 执行完毕,向主调函数 main 返回,结束调用过程。

这个递归函数的执行,实现了键盘输入一行字符、倒序打印的目的。

通过对这个简单递归函数执行过程的分析,请读者思考递归函数、普通函数在执行时和系统栈的关系,并指导自己在平时的编程中如何运用栈来辅助设计递归函数。

3.6.2　C/C++ 存储分配

在 C/C++ 中,系统为程序员提供了几个存储区,分别是栈、堆、自由存储区、全局/静态存储区和常量存储区。

(1) 栈,就是那些由编译器在需要的时候分配、在不需要的时候自动清除的变量的存储区。栈里面的变量通常是局部变量、函数参数等。

(2) 堆,就是那些由 new 分配的内存块。它们的释放编译器不管,而由应用程序去控制,一般一个 new 就要对应一个 delete。如果程序员没有释放掉,那么在程序结束后,操作系统会自动回收。

(3) 自由存储区,就是那些由 malloc 等分配的内存块。它和堆是十分相似,不过它是用 free 来结束自己的生命的。

(4) 全局/静态存储区,就是分配给全局变量和静态变量的同一块内存。在以前的 C 语言中,全局变量又分为初始化的和未初始化的,在 C++ 里面没有这个区分,它们共同占用同一块内存区。

(5) 常量存储区,就是一块比较特殊的存储区,它们里面存放的是常量,不允许修改(当然,通过非正当手段也可以修改)。

此外,从申请方式上,栈由系统自动分配。例如,在函数中声明一个局部变量"int b;",系统自动在栈中为 b 开辟空间。

堆则需要程序员自己申请,并指明大小,在 C 中用 malloc、calloc、realloc 等函数申请,用 free 函数释放;C++ 中用 new 函数申请,delete 函数释放。

知道了以上这些知识后,就可以针对函数执行过程中需要什么性质的变量进行选择,如递归函数在执行过程中,有保存局部变量和恢复局部变量的操作。如果需要对某个变量避免这种操作,可以把该变量定义为 static 类型或者全局变量,这样该变量的值的变化将不受递归函数执行过程的影响。

3.7　小结

在 C++ 等面向对象的编程语言中,函数是程序的基本构造和功能单位。一个大的程序或者软件系统都是由一个个基本函数组装而成的,因此,写好函数是编程的第一步。

在 C++ 中,函数不仅是基本的功能单位,也是对象封装时描述对象行为能力的基本单位,对象的功能抽象体现在函数上。类是对象的模板,类封装了函数成员和数据成员,从而

提供了更高级别的代码复用,提高了开发效率,保证程序的可靠性,同时便于维护。

C++加强了对函数的功能扩展,函数的定义形式更加丰富。内联函数是一种类似带参数的宏,它用牺牲空间换取时间的方式来提高程序的执行效率。

带默认参数的函数提高了函数调用时的便利性,同时要注意默认参数要居于参数表右侧的原则,还要避免定义和使用时出现二义性的问题。

重载函数是 C++ 中一个非常重要的机制,通过重载,具有相似、相关功能的一组函数能具有相同的函数名,便于程序员编写程序和增强可维护性。重载函数的依据是形参,形参的类型或者个数是重载的依据。

此外,标准 C++ 拥有巨大的函数库,提供了成百上千个不同类别的系统函数给程序员使用。不同类别的系统函数在不同名称的头文件中定义,在使用前只需用 include 指令将此头文件嵌入源程序首部,在程序中即可使用相应的系统函数。

习题

1. C++ 中的函数如何定义? 什么是主调函数? 什么是被调函数? 形参和实参的关系是怎样的?

2. 比较 C++ 参数传递中值传递和引用传递的区别。

3. 什么叫内联函数? 设计内联函数的目的是什么?

4. 什么叫重载函数,重载函数是通过什么实现的?

5. 如何定义带缺省参数值的函数,在使用带缺省值函数时要注意什么?

6. 在 VC++ 中,如何使用 C++ 系统函数?

7. 写一个递归函数,计算 $1+3+5+7+\cdots+99$ 的值。

8. 编写程序,求出 200 以内的所有素数。

9. 写程序,比较参数传递中普通的值传递、指针方式参数和引用作为参数的区别。

10. 递归函数在执行时,同一个局部变量在不同递归深度时的值可能不同,原因是什么?

第 **4** 章

类与对象

传统的面向过程的设计方法注重处理步骤的细节,主要的程序结构由主模块(main())+若干子模块(子函数)构成。在程序中将数据与函数分开,使得程序的可重用性和可维护性都比较差。

面向对象方法对于解决现实世界中的复杂问题具有独到的优势,其思路是将现实世界的问题从组成结构上自然分解成一个个对象,用对象及对象之间的联系建立问题域的模型。这种分解方式同传统的从功能角度对问题进行分解的方法完全不同,它对现实世界的描述更加直接并且更符合人类的思维方式。面向对象方法将数据与函数封装在对象中,使得程序的可重用性和可维护性有了较大改善。

【本章学习要求】

理解:类与对象的概念。

理解:组合类及其构造和析构过程。

掌握:类的定义和对象的使用。

掌握:构造函数、析构函数、拷贝构造函数和组合类的定义及使用。

4.1 面向对象的基本概念

面向对象的方法有 4 个特点:抽象(abstract)、封装(encapsulation)、继承(inheritance)和多态(polymorphism)。

4.1.1 抽象

所谓抽象,就是强调事物中与当前目标有关的本质特征,忽略非本质的次要特征,从而以共性特征作为划分依据并形成概念的过程。在面向对象的方法中,对一个问题的抽象包含两方面:数据抽象和功能抽象。例如,就教务管理系统的开发而言,姓名、学号、班级、成绩等描述了学生的共性属性,这是数据抽象;而选课、学习等描述了学生的共性行为,这是功能抽象。用 C++ 的变量和函数可以将上述抽象结果表示如下。

数据抽象: char * name;char * studentNo;char * studentClass;int score;
功能抽象: selectCourse();study();

为了描述不同对象相同的特征,C++ 引入"类"的概念。类就是对具有相同属性和相同操作的一组相似对象的抽象。实例是某个特定的类所描述的一个具体对象,是类的具体化。

在类中包含两组定义：数据属性的定义和操作的定义。数据属性的定义就是说明数据属性值所属的类型,该类型限定了数据属性的取值范围和运算规则;操作的定义分成两部分:操作的规格说明(说明属于该类的对象能够进行哪些操作以及操作的方式)和操作的过程说明(说明属于该类的对象如何进行这些操作)。

在类定义的基础上,可以具体说明属于该类的对象,例如,可以定义 Student 类,然后定义如 TOM、LI、WANG 等属于 Student 类的对象。在确定对象的属性值时必须遵守该类的属性定义。同样,对象所能进行的操作以及操作的过程也只能遵守该类中的操作定义。

4.1.2　封装

所谓封装就是把对象的属性和行为结合成一个独立的整体,并对外隐藏部分内部细节。封装能带来两个好处:一是把对象的属性和行为结合为一个自治的独立单元,能够把构建系统的颗粒从函数层次提升到类层次;二是隐藏对象的内部细节,并向外界提供一组服务,使对象外部只能通过这些服务去改变对象的状态,而不能直接存取对象的内部属性,从而可以有效避免外部错误向内部传播,并降低程序调试的难度。例如,图 4.1 体现了录音机的封装性——使用者只需要通过外部按键去操纵录音机的功能,无法直接改变录音机内部的状态,这样就避免了内部状态的紊乱。同时,用户也不必关心内部的电子线路是如何实现各种功能的,只需了解它提供哪些功能即可。

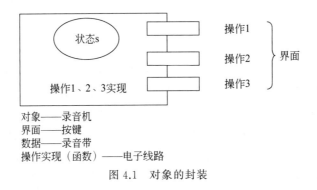

对象——录音机
界面——按键
数据——录音带
操作实现（函数）——电子线路

图 4.1　对象的封装

4.1.3　继承

某些类之间具有结构和行为特征的共性,如教师和学生。但是教师和学生又有自己的特殊属性和操作。于是,可以定义类 People,该类中定义教师和学生在结构和行为方面的共性内容,然后派生出 Teacher 类和 Student 子类,相应的 People 类也称为父类。作为子类的 Teacher 类和 Student 类,只需要在父类的基础上,定义自己特殊的属性和操作即可。

广义地说,继承是指能够直接获得已有的性质和特征,而不必重复定义它们。在面向对象的软件技术中,继承是子类自动地共享父类中定义的数据和方法的机制。

当一个类只允许有一个直接父类时,称类的继承是单重继承;当允许一个类有多个直接父类时,类的继承是多重继承,如图 4.2 和图 4.3 所示。

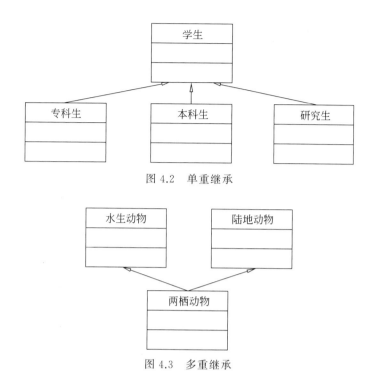

图 4.2　单重继承

图 4.3　多重继承

4.1.4　多态

多态性是指同一消息被不同的对象接收时,可以产生多种不同的行为方式。现实世界中这种多态现象比比皆是。例如,老师要求学生学习(即向学生发一个 study()消息),每个学生接收到这个消息后,由于学习方法的差异,采取的行动也各不相同。具体到面向对象编程语言,多态性是指相同的函数名在不同的对象中有不同的实现方式。也就是说,多态性允许每个对象以个性化的方式去响应共同的消息。以继承性为基础的运行时多态,将继承性带来的共性化和多态性带来的个性化完美地结合起来,父类中定义共性的规范,子类以不同方式实现这一规范。这样,调用者只需按共性特征去管理众多子类对象,每个子类对象以各自的个性化方式去响应。这就大大提高了软件的可扩展性,当需要增加新的响应方式时,只需增加新的子类,不必修改父类以及调用者的使用方式。

4.2　类和对象的定义

类是生成对象的模板,而对象是类的具体实例。例如,学生"张三"和学生"李四"是按类 Student 这个模板生成的两个具体的对象。

4.2.1　类的定义

1. 类的声明

C++ 中,类的声明形式如下。

`class 类名称`

```
{
    public: 公有成员(外部接口)
    private: 私有成员
    protected: 保护型成员
};
```

其中 public、private 和 protected 是类成员的访问控制,类的成员分为数据成员和函数成员。

【例 4.1】 声明 Point 类。

```
class Point{
  public:
    void setPoint(int initX,int initY)        //设置点坐标
    {x = initX; y = initY;}
    int getX() {return x;}                     //获得点的 X 坐标
    int getY() {return y;}                     //获得点的 Y 坐标
  private:
    int x,y;
};
```

2. 类成员的访问控制

在 C++ 中,类成员的访问控制方式有 3 种:公有类型(public)、私有类型(private)和保护类型(protected)。

(1) 公有类型。公有类型在关键字 public 后面声明,它们是类与外部的接口。任何外部函数都可以访问公有类型的数据和函数。

(2) 私有类型。私有类型在关键字 private 后面声明,只允许本类中的函数访问,而类外部的任何函数都不能访问。如果紧跟在类名称的后面声明私有成员,则关键字 private 可以省略。

(3) 保护类型。保护类型与 private 类似,其差别表现在继承与派生时对派生类的影响不同。其内容在介绍继承与派生的章节再做介绍。

3. 类的数据成员

类的数据成员与一般的变量声明相同,但需要将它放在类的声明体中。在类中成员互相访问时可以直接使用成员名。

4. 类的函数成员

函数的原型必须在类中说明,函数体实现可以在类中直接给出(如例 4.1),以形成内联成员函数;也可以在类外给出,但需在函数名前使用类名加以限定。允许声明重载函数和带默认形参值的函数。

【例 4.2】 在类外给出函数体实现。

```
class Point {
  public:
    void setPoint(int initX,int initY);        //设置点坐标
    int getX();                                 //获得点的 X 坐标
    int getY();                                 //获得点的 Y 坐标
  private:
    int x,y;
};
void Point :: setPoint(int initX,int initY)    {x = initX; y = initY;}
```

```
int Point :: getX() {return x;}
int Point :: getY() {return y;}
```

为了提高运行时的效率,对于较简单的函数可以将其声明为内联形式。内联函数体中不要有复杂结构(如循环语句和 switch 语句)。在类中声明内联成员函数有两种方式:第一种是将函数体放在类的声明中;第二种是类外使用 inline 关键字。

【例 4.3】 使用 inline 声明内联成员函数。

```
class Point {
  public:
    void setPoint(int initX,int initY);          //设置点坐标
    int getX();                                   //获得点的 X 坐标
    int getY();                                   //获得点的 Y 坐标
  private:
    int x,y;
};
inline void Point :: setPoint(int initX,int initY)  {x = initX; y = initY;}
 inline int Point :: getX() {return x;}
 inline int Point :: getY() {return y;}
```

4.2.2 对象的定义

类的对象是该类的某一特定实体,即该类型的变量,其声明形式如下。

类名　对象名;

例如:

Point p1,p2;

对象访问类中的成员,属于类的外部访问,只能访问 public 属性的成员,访问的方式是

对象名.成员名

例如:

p1.getX();

读者可以对比其与调用普通函数有什么不同?"."操作符指出调用所发起的对象。

【例 4.4】 完整的类与对象例子。

```
#include<iostream>
using namespace std;
class Point {
  public:
    void setPoint(int initX,int initY);          //设置点坐标
    int getX();                                   //获得点的 X 坐标
    int getY();                                   //获得点的 Y 坐标
  private:
    int x,y;
};
void  Point :: setPoint(int initX, int initY)    {x = initX; y = initY;}
int   Point :: getX() {return x;}
int   Point :: getY() {return y;}

int main(){
```

```
    Point p1,p2;
    p1.setPoint(30, 50);
    p2.setPoint(10, 20);
    cout<<"p1 的坐标:"<<p1.getX()<<","<< p1.getY()<<endl;
    cout<<"p2 的坐标:"<<p2.getX()<<","<< p2.getY()<<endl;
    return 1;
}
```

运行结果：

```
p1 的坐标:30,50
p2 的坐标:10,20
Press any key to continue
```

4.3　构造函数和析构函数

在例 4.4 中，Point p1,p2 创建了两个对象，但它们的状态（x,y 的取值）是不确定的，必须通过 setPoint 函数进一步进行设置。这种方式极易导致对象初始化（或赋值）工作的遗漏。C++ 为对象初始化提供了更有效的方法。

4.3.1　构造函数

构造函数在对象创建时由系统自动调用。它的作用是在对象被创建时使用特定的值构造对象，或者将对象初始化为一个特定的状态。构造函数允许是内联函数、重载函数、带默认形参值的函数。

构造函数的名字与它所属的类名相同，一般被声明为公有函数（如果不希望类外直接调用构造函数，也可声明为私有函数或保护函数）。构造函数没有返回类型，即使写 void 也不可以。

【例 4.5】　构造函数举例。

```
#include<iostream>
using namespace std;
class Point {
  public:
    Point(int X,int Y);               //构造函数
    void setPoint(int X,int Y);       //设置点坐标
    int getX();                       //获得点的 X 坐标
    int getY();                       //获得点的 Y 坐标
  private:
    int x,y;
};
Point :: Point(int X, int Y)    {x = X; y = Y;}
void Point :: setPoint(int X, int Y)    {x = X; y = Y;}
int Point :: getX() {return x;}
int Point :: getY() {return y;}

int main(){
    Point p1(0,0),p2(0,0);            //自动调用构造函数
    cout<<"p1 的坐标:"<<p1.getX()<<", "<< p1.getY()<<endl;
    cout<<"p2 的坐标:"<<p2.getX()<<", "<< p2.getY()<<endl;
```

```
        p1.setPoint(30, 50);
        p2.setPoint(10, 20);
        cout<<"p1 的坐标:"<<p1.getX()<<", "<< p1.getY()<<endl;
        cout<<"p2 的坐标:"<<p2.getX()<<", "<< p2.getY()<<endl;
        return 1;
    }
```

运行结果：

```
p1 的坐标:0, 0
p2 的坐标:0, 0
p1 的坐标:30, 50
p2 的坐标:10, 20
Press any key to continue
```

读者可以思考并验证一下，将例 4.5 的 main() 中的语句"Point p1(0,0),p2(0,0);"改为"Point p1,p2;"会有问题吗？为什么？

构造函数可以重载。

【例 4.6】 重载构造函数例子。

```
#include<iostream>
using namespace std;
class Point {
  public:
    Point();                        //缺省样式的构造函数
    Point(int X, int Y);            //带参数的构造函数
    void setPoint(int X,int Y);     //设置点坐标
    int getX();                     //获得点的 X 坐标
    int getY();                     //获得点的 Y 坐标
    void setX(int X);               //设置点的 X 坐标
    void setY(int Y);               //设置点的 Y 坐标
  private:
    int x,y;
};
Point :: Point()    {x = 0; y = 0; cout<<"缺省样式的构造函数调用完毕"<<endl;}
Point :: Point(int X, int Y)      {x = X; y = Y;cout<<"带参构造函数调用完毕"<<endl;}
void Point :: setPoint(int X, int Y)   {x = X; y = Y;}
int Point :: getX() {return x;}
int Point :: getY() {return y;}
void Point :: setX(int X) {x = X;}
void Point :: setY(int Y) {y = Y;}
int main() {
    Point   p1,p2(0,0);             //读者思考这时分别自动调用哪个构造函数
    cout<<"p1 的坐标:"<<p1.getX()<<", "<< p1.getY()<<endl;
    cout<<"p2 的坐标:"<<p2.getX()<<", "<< p2.getY()<<endl;
    p1.setPoint(30, 50);
    p2.setX(10);
    p2.setY(20);
    cout<<"p1 的坐标:"<<p1.getX()<<", "<< p1.getY()<<endl;
    cout<<"p2 的坐标:"<<p2.getX()<<", "<< p2.getY()<<endl;
    return 1;
}
```

运行结果：

```
缺省样式的构造函数调用完毕
带参构造函数调用完毕

p1 的坐标:0, 0
p2 的坐标:0, 0
p1 的坐标:30, 50
p2 的坐标:10, 20
Press any key to continue
```

如果程序中未声明构造函数,则系统自动产生一个默认形式的构造函数,称为缺省构造函数。缺省构造函数不能对对象中的数据进行有效的初始化,只能给对象开辟一个存储空间。在例 4.4 中,由于没有声明构造函数,所以系统自动提供了一个缺省构造函数,其具体实现是 Point : : Point() {},主程序的第一句"Point p1,p2;"将导致该函数自动执行两次。

一旦在程序中声明了构造函数,系统将不再提供缺省构造函数。因此,在例 4.5 中,如果将主程序中的"Point p1(0,0),p2(0,0);"改为"Point p1,p2;",编译时将报错,因为系统找不到不带参数的构造函数。

为解决这一问题,可以模仿缺省构造函数的样式,声明一个不带参数的构造函数(例 4.6 的第 5 行),称为"缺省样式的构造函数"。"缺省样式的构造函数"与"缺省构造函数"的函数原型完全一致,但可以有不同的函数体(例 4.6 的第 15 行)。例 4.6 的第 23 行"Point p1,p2 (0,0);"p1 初始化时调用的就是该函数。

4.3.2　析构函数

析构函数完成对象被删除前的一些清理工作,如释放由构造函数分配的内存等。在对象的生存期结束之前系统自动调用它。如果程序中未声明析构函数,编译器将自动产生一个默认的析构函数。析构函数本身并不实际删除对象。

析构函数与类同名,之前冠以"～",以区别于构造函数。析构函数必须是公有函数,且不能指定返回类型,也不能指定参数。

【例 4.7】　析构函数例子。

```
#include<iostream>
using namespace std;
class Point {
  public:
    Point();                       //缺省样式的构造函数
    Point(int X, int Y);           //带参数的构造函数
    ~Point();                      //析构函数
    void setPoint(int X,int Y);    //设置点坐标
    int getX();                    //获得点的 X 坐标
    int getY();                    //获得点的 Y 坐标
    void setX(int X);              //设置点的 X 坐标
    void setY(int Y);              //设置点的 Y 坐标
  private:
    int x,y;
};
Point : : Point()      {x = 0; y = 0; cout<<"缺省样式的构造函数调用完毕"<<endl;}
Point : : Point(int X, int Y)     {x = X; y = Y;cout<<"带参构造函数调用完毕"<<endl;}
Point : : ~Point()
    {cout<<"点("<<x<<","<<y<<")"<<"析构函数调用完毕"<<endl;}
```

```
void   Point :: setPoint(int X, int Y)     {x = X; y = Y;}
int    Point :: getX() {return x;}
int    Point :: getY() {return y;}
void   Point :: setX(int X) {x = X;}
void   Point :: setY(int Y) {y = Y;}
int main() {
    Point  p1,p2(0,0);
    cout<<"p1 的坐标:"<<p1.getX()<<", "<< p1.getY()<<endl;
    cout<<"p2 的坐标:"<<p2.getX()<<", "<< p2.getY()<<endl;
    p1.setPoint(30, 50);
    p2.setX(10);
    p2.setY(20);
    cout<<"p1 的坐标:"<<p1.getX()<<", "<< p1.getY()<<endl;
    cout<<"p2 的坐标:"<<p2.getX()<<", "<< p2.getY()<<endl;
    return 1;
}
```

运行结果：

缺省样式的构造函数调用完毕
带参构造函数调用完毕

p1 的坐标:0, 0
p2 的坐标:0, 0
p1 的坐标:30, 50
p2 的坐标:10, 20
点(10,20)析构函数调用完毕
点(30,50)析构函数调用完毕
Press any key to continue

从运行结果可以看出，析构函数是在对象即将销毁前自动执行的，其执行顺序与构造函数的执行顺序相反。

4.3.3 拷贝构造函数

拷贝构造函数是一种特殊的构造函数，其形参为本类的对象引用，形式如下。

```
class 类名
{  public :
        类名(形参);                    //构造函数
        类名(类名 & 对象名);           //拷贝构造函数
        …
};
类名:: 类名(类名 & 对象名)            //拷贝构造函数的实现
{      函数体      }
```

【例 4.8】 拷贝构造函数例子。

```
#include<iostream>
using namespace std;
class Point {
    public:
    Point();                        //缺省样式的构造函数
    Point(int X, int Y);            //带参数的构造函数
    ~Point();                       //析构函数
```

```
        Point(Point &P);                  //拷贝构造函数声明
        void setPoint(int X,int Y);       //设置点坐标
        int getX();                       //获得点的 X 坐标
        int getY();                       //获得点的 Y 坐标
        void setX(int X);                 //设置点的 X 坐标
        void setY(int Y);                 //设置点的 Y 坐标
    private:
        int x,y;
    };
    Point :: Point()     {x = 0; y = 0; cout<<"缺省样式的构造函数调用完毕"<<endl;}
    Point :: Point(int X, int Y)     {x = X; y = Y;cout<<"带参构造函数调用完毕"<<endl;}
    Point :: ~Point()
        {cout<<"点("<<x<<","<<y<<")"<<"析构函数调用完毕"<<endl;}
    Point :: Point(Point   &P)     {x = P.x;y = P.y;cout<<"拷贝构造函数调用完毕"<<endl;}
    void Point :: setPoint(int X, int Y)     {x = X; y = Y;}
    int Point :: getX() {return x;}
    int Point :: getY() {return y;}
    void Point :: setX(int X) {x = X;}
    void Point :: setY(int Y) {y = Y;}
    int main(){
        Point p1(10,10),p2(p1);
        p1.setPoint(1,1);
        return 1;
    }
```

运行结果：

```
带参构造函数调用完毕
拷贝构造函数调用完毕
点(10,10)析构函数调用完毕
点(1,1)析构函数调用完毕
Press any key to continue
```

如果程序员没有为类声明拷贝构造函数，则编译器自己生成一个拷贝构造函数。这个拷贝构造函数执行的功能是：用作为初始值的对象的每个数据成员的值，初始化将要建立的对象的对应数据成员。

拷贝构造函数的调用场合有 3 种。

(1) 在声明语句中用一个对象初始化另一个对象。例如：

```
Point p1;
Point p2 = p1, p3(p1);          //自动调用拷贝构造函数初始化对象 p2,p3
```

(2) 若函数的形参为类对象，调用函数时，实参赋值给形参，系统自动调用拷贝构造函数。例如，将一个对象作为参数按值调用方式传递给另一个对象时生成对象副本。

```
void fun1(Point p) {cout<<p.getX()<<endl;}
void main() {
    Point A(1,2);
    fun1(A);                    //调用拷贝构造函数
}
```

(3) 当函数的返回值是类对象时，系统先在函数内部自动调用拷贝构造函数，并创建一个临时对象。该临时对象生存期结束时，自动调用析构函数。例如：

```
point func2()
```

```
{
    point pt(1,2);
    return pt;
}
void main()
{
    Point B;
    B=fun2();
}
```

【例 4.9】 拷贝构造函数各种调用场合举例。

```
#include<iostream>
using namespace std;
class Point {
    public:
    Point();                      //缺省样式的构造函数
    Point(int X, int Y);          //带参数的构造函数
    ~Point();                     //析构函数
    Point(Point &P);              //拷贝构造函数声明
    void setPoint(int X,int Y);   //设置点坐标
    int getX();                   //获得点的 X 坐标
    int getY();                   //获得点的 Y 坐标
    void setX(int X);             //设置点的 X 坐标
    void setY(int Y);             //设置点的 Y 坐标
  private:
      int x,y;
};
Point :: Point()     {x = 0; y = 0; cout<<"缺省样式的构造函数调用完毕"<<endl;}
Point :: Point(int X, int Y)      {x = X; y = Y;cout<<"带参构造函数调用完毕"<<endl;}
Point :: ~Point()
    {cout<<"点("<<x<<","<<y<<")"<<"析构函数调用完毕"<<endl;}
Point :: Point(Point  &P)    {x = P.x;y = P.y;cout<<"拷贝构造函数调用完毕"<<endl;}
void Point :: setPoint(int X, int Y)     {x = X; y = Y;}
int Point :: getX() {return x;}
int Point :: getY() {return y;}
void Point :: setX(int X) {x = X;}
void Point :: setY(int Y) {y = Y;}
void f(Point p)                       //函数的形参是类的对象
{  cout<<"函数 f 之中: "<<p.getX()<<", "<<p.getY()<<endl;   }
Point g()                             //函数的返回值是类的对象
{  Point a(7,33);cout<<"函数 g 之中: "<<endl;return a;}

int main(){
    Point  p1,p2(15,10),p3(p1),p4 = p2;
    f(p2);
    p2=g();
    return 1;
}
```

运行结果：

缺省样式的构造函数调用完毕
带参构造函数调用完毕
拷贝构造函数调用完毕
拷贝构造函数调用完毕

拷贝构造函数调用完毕
函数 f 之中: 15, 10
点 (15,10) 析构函数调用完毕
带参构造函数调用完毕

函数 g 之中:

拷贝构造函数调用完毕
点 (7,33) 析构函数调用完毕
点 (7,33) 析构函数调用完毕
点 (15,10) 析构函数调用完毕
点 (0,0) 析构函数调用完毕
点 (7,33) 析构函数调用完毕
点 (0,0) 析构函数调用完毕
Press any key to continue

4.4　类的组合

类之间的静态结构关系有两种: 组合关系和继承关系。组合关系是对象间"is a part of"(是一部分)关系的抽象。例如,"张三"是"软件 101 班"的一员,"李四"是"软件 101 班"的一员。将对象间的这种关系抽象出来,就是学生类与班级类之间的组合关系。

4.4.1　组合

组合可以在已有类的基础上实现更大粒度的抽象,例如,计算机系统由主机、显示器、键盘构成。在 C++ 中,一个类内嵌其他类的对象作为成员,它们之间的关系是一种包含与被包含的关系,就是类的组合。

例如:

```
Class  A
{
    …
};
Class  B
{
  private:
    A  a;          //B类中内嵌A类的对象
  public:
    …
};
```

当创建类的对象时,如果这个类有内嵌对象成员,那么各个内嵌对象将首先被自动创建。

组合类构造函数定义的一般形式如下。

类名::类名(对象成员所需的形参,基本数据类型成员所需的形参)
　　　　:内嵌对象 1(参数表),内嵌对象 2(参数表),…　　　　//初始化列表
{
　　　　类的初始化程序体
}

其中内嵌对象的初始化必须写在初始化列表中,而基本类型数据成员的初始化既可以写在

函数体中,也可以采用初始化列表的方式。例如,在例 4.5 中,Point 类的构造函数可以有两种实现方式:

(1) Point :: Point(int X,int Y){x=X; y=Y;}。

(2) Point :: Point(int X,int Y) :x(X),y(Y){   }。

组合类构造函数的调用次序如下。

(1) 调用内嵌对象的构造函数,调用次序与这些内嵌对象在类中的声明次序一致。若组合类调用默认构造函数(即无形参的),则内嵌对象的初始化也将调用相应的默认构造函数。注意:与构造函数初始化列表中给出的次序无关。

(2) 执行本类构造函数的函数体。

(3) 析构函数调用次序与构造函数正好相反。

【例 4.10】 组合类中构造函数的调用次序。

```cpp
#include<iostream>
#include<cmath>
using namespace std;
class Point
{
    public:
      Point(int X, int Y)
      {x = X; y = Y;cout<<"Point 带参构造函数调用完毕"<<x<<ends<<y<<endl;}
      ~Point(){cout<<"Point 析构函数调用完毕"<<x<<ends<<y<<endl;}
      Point(Point &P){x = P.x;y = P.y;cout<<"Point 拷贝构造函数调用完毕<<x<<ends
      <<y<<endl;}
      int getX()   {return x;}
      int getY()   {return y;}
    private:
        int x,y;
};

class Line
{
  private:
      Point p1, p2;
      double dist;
  public:
    Line(Point P1, Point P2);         //组合类构造函数
    Line(Line &L);                    //组合类拷贝构造函数
    ~Line() {cout<<" Line 析构函数被调用"<<endl;}
    double getDist()   {return dist;}
};
Line :: Line(Point P1, Point P2): p1(P1), p2(P2)
{
    cout<<" Line 构造函数被调用"<<endl;
    double dx = double(p1.getX() - p2.getX());
    double dy = double(p1.getY() - p2.getY());
    dist = sqrt(dx * dx + dy * dy);
}
Line :: Line(Line & L):p1(L.p1),p2(L.p2)
{   cout <<" Line 拷贝构造函数被调用\n";    dist = L.dist;
}
```

```
int main(){
    Point myp1(1, 1), myp2(4, 5);
    Line myL(myp1, myp2);
    cout<<"the distance is:"<<myL.getDist()<<endl;
    Line youL(myL);
    cout<<"the distance is:"<<youL.getDist()<<endl;
    return 1;
}
```

运行结果：

```
Point 带参构造函数调用完毕 1 1
Point 带参构造函数调用完毕 4 5
Point 拷贝构造函数调用完毕 4 5
Point 拷贝构造函数调用完毕 1 1
Point 拷贝构造函数调用完毕 1 1
Point 拷贝构造函数调用完毕 4 5
Line 构造函数被调用
Point 析构函数调用完毕 1 1
Point 析构函数调用完毕 4 5
the distance is:5
Point 拷贝构造函数调用完毕 1 1
Point 拷贝构造函数调用完毕 4 5
Line 拷贝构造函数被调用
the distance is:5
Line 析构函数被调用
Point 析构函数调用完毕 4 5
Point 析构函数调用完毕 1 1
Line 析构函数被调用
Point 析构函数调用完毕 4 5
Point 析构函数调用完毕 1 1
Point 析构函数调用完毕 4 5
Point 析构函数调用完毕 1 1
```

请思考，如果将例 4.10 中"Line :: Line(Point P1, Point P2):p1(P1),p2(P2)"函数修改为如下内容。

```
Line :: Line(Point P1, Point P2)
{
    p1 = P1;
    p2 = P2;
    cout<<" Line 构造函数被调用"<<endl;
    double dx = double(p1.getX() - p2.getX());
    double dy = double(p1.getY() - p2.getY());
    dist = sqrt(dx * dx + dy * dy);
}
```

运行结果会如何？为什么？

4.4.2 前向引用声明

类应该先声明，后使用。如果需要在某个类的声明之前引用该类，则应进行前向引用声明。前向引用声明只为程序引入一个标识符，但具体声明在其他地方。例如：

```
class B;                        //前向引用声明
```

```
class A
{  public: void f(B b);
};
class B
{  public: void g(A a);
};
```

使用前向引用声明虽然可以解决一些问题,但它并不是万能的。使用前向引用声明要注意:在提供一个完整的类声明之前,不能声明该类的对象,也不能在内联成员函数中使用该类的对象,但可以声明指向该类的指针。应该记住:当使用前向引用声明时,只能使用被声明的符号,而不能涉及类的任何细节。例如:

```
class Fred;                        //前向引用声明
class Barney
{
    Fred  x;                       //错误:类 Fred 的声明尚不完善
};
```

又如:

```
class Fred;                        //前向引用声明
class Barney
{private:
    Fred * x;                      //正确,经过前向引用声明,可以声明 Fred 类指针
public:
    void method() {
      x->yabbaDabbaDo();          //错误:Fred 类的对象在定义之前被使用
    }
};
class Fred
{  public: void yabbaDabbaDo();
   private: Barney * y            //可以吗? 请思考;
};
```

4.5 知识扩展

4.5.1 class 与 struct

在 C++ 语言中,class 与 struct 是两个不同的概念。struct 是结构体,是单纯数据的组合和捆绑,目的是描述一个更复杂和实用的数据单位,是过程化语言的产物;而 class 是表示一类对象的模板,其对象描述的现实实体不仅具有静态的属性特征,而且有动态的行为特征,能响应外界的消息,这是结构体难以描述的内容。

但是,在 C++ 中,编译系统的设计者对 struct 的功能进行了扩展,几乎达到和 class 一样的功能,甚至可以将程序里所有的 class 全部替换成 struct。但是,如果描述的事物更像是一种数据结构的话,那么用 struct;如果描述的更像是一种对象的话,那么用 class。

例如:

(1) struct 能包含成员函数。

(2) struct 能继承。

(3) struct 能实现多态。

但是，class 与 struct 在默认的访问控制上是不同的：struct 是 public 的，class 是 private 的。

在继承上，struct 默认的继承模式也是 public 的。

【例 4.11】 struct 的继承。

```
struct Point_plane
{
    int x,y
};
struct Point_solid : Point_plane
{
    int z;
};
```

在本例中，Point_plane 描述平面上的一个点，Point_solid 描述立体空间的一个点。Point_plane 类中的数据成员被公有继承到 Point_solid 类中，x、y 在 Point_solid 类中的访问属性是 public。

如果都将上面的 struct 改成 class，那么 Point_solid 是 private 继承 Point_plane 的。这就是默认的继承访问权限。

平时写类继承的时候，通常会这样写：

```
class Point_solid : public Point_plane
```

这样写就是为了指明是 public 继承，而不是用默认的 private 继承。

struct 作为数据结构的实现体，它默认的数据访问控制是 public 的；而 class 作为对象的实现体，它默认的成员变量访问控制是 private 的。本质上，struct 是一种数据结构的实现体，虽然它可以像 class 一样使用。但 struct 里的变量叫数据，class 里的变量叫成员，虽然它们并无实质性区别，但是从概念上，仍然需要区分它们。

此外，C++ 中的 struct 是对 C 中的 struct 的扩充，它兼容 C 中 struct 应有的所有特性。例如，可以这样写：

```
struct A                         //定义一个 struct
{
    char c;
    int n;
    double db;
};
A a = {'p', 7, 3.1415926};       //定义时直接赋值
```

也就是说，struct 可以在定义的时候用{}赋初值。但如果将 struct 改成 class 编译时会报错。

但如果这样定义 A：

```
struct A                         //定义一个 struct
{
    A(){}
    char c;
    int n;
    double db;
};
```

向上面的 struct 中加入一个构造函数后,struct 也不能用{}赋初值了。

用{}的方式来赋初值,只是用一个初始化列表来对数据进行按顺序的初始化。按上面没有加入构造函数的 struct A 的定义,如果写成 A a={'p',7};则 c,n 被初始化,而 db 没有。这种单纯的复制操作,只能用在简单的数据结构上,而不可以用在对象上。加入一个构造函数会使 struct 体现出一种对象的特性,而使此{}操作不再有效。

事实上,就是因为加入这样的函数,才使 struct 的内部结构发生了变化。而加入一个普通的成员函数呢? 会发现用{}赋值的方式依旧可用。其实可以将普通的函数理解成对数据结构的一种算法,这并不打破其数据结构的特性。

【例 4.12】 结构体内定义函数。

```
#include<iostream>
using namespace std;
struct A                          //定义一个 struct
{
    void prt(){cout<<c<<endl;}
    char c;
    int n;
    double db;
};

void main(){
A a = {'p', 7, 3.1415926};
a.prt();
}
```

这样的程序编译通过,也可以正常运行。

因此,可以这样认为,即使是针对 struct 用{}来赋初值,它也必须满足很多的约束条件,这些条件实际上就是让 struct 更体现出一种数据结构,而不是类的特性。

但如果将上面的 struct 改成 class,{}方式赋值就不可以用了。其原因是访问控制! 将 struct 改成 class 的时候,访问控制由 public 变为 private 了,当然就不能用{}来赋初值了。在 class 定义的首部加上一个 public,可以发现 class 也能用{}赋值,和 struct 一样!

结论:struct 更适合看成一个数据结构的实现体,class 更适合看成一个对象的实现体。

4.5.2　非 public 构造函数

构造函数是类成员函数中一种具有特殊使命的函数,它肩负着实例化对象时对对象进行初始化的任务。正因为其使命的特殊性,构造函数在外观和调用上和普通的成员函数不同。

构造函数与类名相同,没有返回值,甚至不能写 void 作为其返回值类型。构造函数由系统自动调用,程序只负责编写它,一个类可以具有多个构造函数,以构成构造函数重载。

一般情况下,构造函数的访问属性是 public,以方便实例化对象。是不是所有的类的构造函数的访问属性都必须是 public 呢?

例如,在 VC 6.0 的 AFX.H 头文件中,CObject 类的定义如下:

```
#ifdef _AFXDLL
class CObject
#else
```

```
class AFX_NOVTABLE CObject
#endif
{
public:
//Object model (types, destruction, allocation)
    virtual CRuntimeClass * GetRuntimeClass() const;
    virtual ~CObject();      //virtual destructors are necessary
   //Diagnostic allocations
    void * PASCAL operator new(size_t nSize);
    void * PASCAL operator new(size_t, void * p);
    void PASCAL operator delete(void * p);
#if _MSC_VER >= 1200
    void PASCAL operator delete(void * p, void * pPlace);
#endif

#if defined(_DEBUG) && !defined(_AFX_NO_DEBUG_CRT)
    //for file name/line number tracking using DEBUG_NEW
    void * PASCAL operator new(size_t nSize, LPCSTR lpszFileName, int nLine);
#if _MSC_VER >= 1200
    void PASCAL operator delete(void * p, LPCSTR lpszFileName, int nLine);
#endif
#endif
protected:
    CObject();
private:
    CObject(const CObject& objectSrc);            //no implementation
    void operator = (const CObject& objectSrc);   //no implementation

//Attributes
public:
    BOOL IsSerializable() const;
    BOOL IsKindOf(const CRuntimeClass * pClass) const;

//Overridables
    virtual void Serialize(CArchive& ar);

#if defined(_DEBUG) || defined(_AFXDLL)
    //Diagnostic Support
    virtual void AssertValid() const;
    virtual void Dump(CDumpContext& dc) const;
#endif

//Implementation
public:
    static const AFX_DATA CRuntimeClass classCObject;
#ifdef _AFXDLL
    static CRuntimeClass * PASCAL _GetBaseClass();
#endif
};
```

从中会发现 CObject 类的构造函数放在了 protected 或者 private 中,也就是说,CObject 类是不可以实例化对象的,其原因是什么呢?

CObject 类位于 MFC 类库的顶层,其重要性不容小觑,担负着:对运行时类信息的支

持,对动态创建的支持,对串行化的支持,对象诊断输出等职责。MFC 从 CObject 派生出许多派生类,实现其中的一个或者多个特性。但 CObject 类中存在不少虚函数,其具体功能的实现将由继承它的派生类来完成。CObject 类只是定义了这些虚函数,实际上类似于 Java 中的接口,如果在程序中直接写:

```
CObject CO1;
```

编译会报错,其原因在于设计者将 CObject 的构造函数定义在 protected 区域,禁止直接使用 CObject 类来构建对象。

这样的现象在某些情形下还会存在,如抽象类是不允许实例化对象的,其构造函数也可以放在非 public 区域。还有一种情形,C++ 设计模式中有一种模式叫作 Singleton 模式,其代码框架如下。

```cpp
//Singleton.h
#ifndef _SINGLETON_H_
#define _SINGLETON_H_
#include<iostream>
using namespace std;
class Singleton
{
    public:
      static Singleton * Instance();
    protected:
      Singleton();
    private:
      static Singleton * _instance;
};
#endif //~_SINGLETON_H_

Singleton.cpp
//Singleton.cpp
#include "Singleton.h"
#include<iostream>
using namespace std;
Singleton * Singleton::_instance = 0;

Singleton::Singleton()
{
  cout<<"Singleton..."<<endl;
}
Singleton * Singleton::Instance()
{
    if(_instance == 0)
      {
        _instance = new Singleton();
      }
      return _instance;
}
```

Singleton 模式的目的在于,在整个系统中仅仅存在类 Singleton 的唯一的一个实例对象,这个对象不是直接由类实例化产生的,是通过维护一个 static 的成员变量 _instance 来记录的,并通过一个 static 的接口 Instance() 来获得。它适用于整个系统中某种对象存在并且

只能存在唯一的一个对象的情形。

4.6 小结

面向对象方法的 4 个特点是抽象、封装、继承和多态。

类的成员分为数据成员和函数成员,类成员的访问控制有 public、private 和 protected 三种。对象访问类中的成员,属于类的外部访问,只能访问 public 属性的成员。

构造函数在对象创建时由系统自动调用。它的作用是在对象被创建时使用特定的值构造对象,或者将对象初始化为一个特定的状态。构造函数允许为内联函数、重载函数、带默认形参值的函数。构造函数的名字与它所属的类名相同,一般被声明为公有函数。构造函数没有返回类型,即使标 void 也不可以。析构函数完成对象被删除前的一些清理工作,如释放由构造函数分配的内存等。析构函数在对象的生存期结束前系统自动调用它。如果程序中未声明析构函数,编译器将自动产生一个默认的析构函数。析构函数本身并不实际删除对象。析构函数与类同名,之前冠以"~",以区别于构造函数。析构函数必须是公有函数,不能指定返回类型,不能指定参数。拷贝构造函数是一种特殊的构造函数,其形参为本类的对象引用。

组合可以在已有类的基础上实现更复杂的抽象。当创建类的对象时,如果这个类有内嵌对象成员,那么各个内嵌对象将首先被自动创建。

类应该先声明,后使用。如果需要在某个类的声明之前引用该类,则应进行前向引用声明。

习题

1. 指出下面类定义中的错误。

```
class a{
    int i = 0;
    int j = i;
    void a(){i = 0;j = 0;};
    void ~a(int ii,int jj);
}
```

2. 构造函数和析构函数的主要作用是什么? 它们各有什么特性?

3. 什么是拷贝构造函数? 拷贝构造函数在什么时候被调用?

4. 编写 Circle 类,有数据成员 Radius,成员函数 get_area 用于计算面积,get_perimeter 用于计算周长,disp 用于显示面积和周长,set_radius 用于设置半径,get_radius 用于获取半径。完善必要的构造函数,构造一个 Circle 的对象进行测试,对构造函数和析构函数的调用情况进行分析。

5. 编写圆柱体类 Cylinder,有数据成员 Circle 对象和长度 Len,成员函数 get_vol 用于计算体积,get_area 用于计算表面积。完善必要的构造函数和拷贝构造函数,并构造 Cylinder 的对象进行测试。对构造函数、拷贝构造函数和析构函数的调用情况进行分析。

第 5 章
数据的共享与保护

C++ 语言适合编写大型、复杂的软件系统,当程序的规模变大时,数据的共享与保护显得尤其重要。本章的主要内容包括标识符的作用域、可见性、生存期等重要的变量属性概念;C++ 中类成员的共享与保护的实现机制(主要包括静态成员、友元以及常成员等);多源程序文件结构与编译预处理等。

【本章学习要求】

理解:对象作用域与可见性的含义;作用域与生存期的区别和联系;存储类型和生存期的关系。

理解:程序模块间数据共享和保护的作用,C++ 工程的多文件结构和编译预处理。

理解:静态成员函数和常成员函数的调用规则。

掌握:静态成员的定义及使用,友元函数和友元类的定义和使用。

掌握:共享数据的保护机制,常对象,常类成员和常引用。

5.1 标识符的作用域与可见性

本节与 5.2 节的内容主要讨论标识符的几个重要属性,即作用域、可见性、生存期等。本节首先介绍作用域与可见性的概念。

作用域表示一个标识符(变量)的有效范围,即起作用的范围;可见性表示一个标识符是否可以被引用,即在编写程序的位置是否可以看到该标识符。两者之间既相互联系,又有很大的区别。

5.1.1 作用域

C++ 语言中的标识符作用域主要有局部作用域(包括函数原型作用域、块作用域),类作用域和全局作用域(命名空间)。标识符的作用域属性描述了在程序文件中一个标识符的有效区域。

1. 函数原型作用域

函数原型作用域是 C++ 程序中范围最小的作用域,仅存在于函数原型声明的括号中。例如:

```
double getArea(double radius);
```

上例声明了一个计算圆面积的函数原型,其形参 radius 是 double 类型,表示需要计算

面积的圆的半径,其作用范围起止于形参列表的左右括号之间。程序的其他任何地方不可以引用该标识符,其目的只是增加程序的可读性,可以省略不写。

上例的声明也可这样进行:

```
double getArea(double);
```

2. 块作用域

程序块一般指的是具有独立功能的小程序片段,如一个分支语句、一个循环结构的结构体或者一个函数体等,一般用"{"与"}"括起来,有时候也可以人为地使用一对花括号将一段代码括起来构成程序块。

在程序块中声明的标识符只能在该块内起作用,例如:

```
void fun(int x){
    int y = x;
    cin>>y;
    if(y>0){
        int z;
        ...
    }
        ...
}
```

上例是一个函数的定义,共声明了 3 个变量 x、y、z。其中,x 是函数的形参,可以在函数体中使用(形参 x 的作用域非函数原型作用域,注意函数的定义与声明的区别);y 是在函数体内声明的局部变量,其作用域是从声明的位置开始,直到函数块结束为止(函数结束的右花括号为标志);变量 z 也是一个局部变量,是在 if 语句后面的块中声明的。变量 z 的作用域从声明的位置开始,到 if 语句块结束为止,即使 if 语句后面还有函数体的其他语句,但是变量 z 已经不起作用了。

3. 类作用域

从作用域的角度可以把类理解为一组数据成员与函数成员的集合。类中的成员都具有类作用域,表示这些成员是属于该类的,因此在访问类的成员时需要通过类名限定。例如,类 X 有一个成员名称为 M,则程序中访问 M 的方式有以下几种情况。

(1) 如果在 X 的成员函数中没有声明同名的局部作用域标识符,那么在该成员函数内可以直接访问成员 M。

(2) 通过表达式 x.M 或者 X::M 访问。其中 x 是类 X 的对象,通过这种方式可访问类的静态成员。

(3) 通过表达式 ptr->M 访问,其中 ptr 是指向类 X 的某个对象的指针。

有关类的静态成员以及指向类对象的指针及对象成员的指针等概念,后续章节会详细介绍。

4. 命名空间作用域

与局部作用域相对应的是文件作用域,也称为全局作用域,即在程序文件中全局位置声明的标识符在整个文件中都可以引用。定义在所有函数之外的标识符具有文件作用域,作用域从定义处开始到整个源文件结束。文件中定义的全局变量和函数都具有文件作用域。如果某个文件中说明了具有文件作用域的标识符,该文件又被另一个文件包含,则该标识符

的作用域将会延伸到新的文件中。

　　但是,如果一个大型的程序由多个程序文件(模块)构成,且这些程序文件中有同名的标识符,此时引用标识符会产生冲突,为此先介绍命名空间的概念。

　　C++ 标准中引入命名空间的概念,是为了解决不同模块或者函数库中相同标识符冲突的问题。有了命名空间的概念,标识符就被限制在特定的范围(函数)内,不会引起命名冲突。最典型的例子就是标准命名空间,即 std 命名空间。C++ 标准库中所有标识符都包含在该命名空间中。本书之前的例程中都使用语句 using namespace std,表示采用标准的命名空间。

　　如果确信在程序中引用某个标识符或者某些程序库不会引起命名冲突(即库中的标识符不会在程序中代表其他函数名称),那么可以通过 using 操作符来简化对程序库中标识符(通常是函数)的使用,例如:

```
#include<iostream>
using namespace std;
void main()
{
    cout<< "hello!"<<endl;
}
```

如果不用"using namespace std;",那么用如下语句实现输出:

```
std::cout << "hello!"<<std::endl;
```

　　注意:<iostream>和<iostream.h>之间的区别。前者没有后缀,实际上,在编译器 include 文件夹里,二者是两个文件,里面的代码是不一样的。对于后缀为.h 的头文件,C++ 标准已经明确提出不支持了,早些时候的实现将标准库功能定义在全局空间里,声明在带.h 后缀的头文件里。C++ 标准为了和 C 区别,也为了正确使用命名空间,规定头文件不使用后缀.h。因此,当使用<iostream.h>时,相当于在 C 中调用库函数,使用的是全局命名空间,也就是早期的 C++ 实现;当使用<iostream>的时候,该头文件没有定义全局命名空间,必须使用 namespace std;这样才能正确使用 cin、cout 等输入输出流的功能。实际上,C++ 标准程序库的所有标识符都被声明在标准命名空间,即 std 命名空间内,如 cin、cout、endl 等标识符。

　　【例 5.1】 标识符作用域示例。

```
#include<iostream>
using namespace std;
int x;                          //在全局命名空间中声明的全局变量
namespace ns1{
  int y;                        //在 ns1 命名空间中声明的全局变量
}
int main(void){
    x = 5;                      //为全局变量 x 赋值
    ns1::y = 6;                 //为全局变量 y 赋值
{
using namespace ns1;            //表示在当前块中可以引用 ns1 空间的标识符
    int x;                      //声明局部变量 x
    x = 7;
    cout<<"x = "<<x<<endl;      //输出为 7
```

```
    cout<<"y = "<<y<<endl;            //输出为 6
    return 1;
  }
cout<<"x = "<<x<<endl;               //输出为 5
}
```

运行结果：

```
x = 7
y = 6
x = 5
Press any key to continue
```

5.1.2　可见性

标识符的可见性是从引用该标识符的角度考察一个变量在当前位置能否被使用。如果标识符在某个位置可见，则表示此时可访问该标识符的值，该标识符一定在其作用域内，但有时候标识符尽管在其作用域内，也不可见，即不能够引用。

【例 5.2】　显示同名变量可见性的例子。

```
#include<iostream>
using namespace std;
int n = 100;
int main()
{
  int i = 200,j = 300;
  cout<<n<<'\t'<<i<<'\t'<<j<<endl;      //输出全局变量 n 和外层局部变量 i、j
  {
    int i = 500,j = 600,n;             //内层块
    n = i+j;
    cout<<n<<'\t'<<i<<'\t'<<j<<endl;    //输出内层局部变量 n 和 i、j
    cout<<::n<<endl;                    //输出全局变量 n
  }
  n = i+j;                             //修改全局变量
  cout<<n<<'\t'<<i<<'\t'<<j<<endl;      //输出全局变量 n 和外层局部变量 i、j
  return 0;
}
```

运行结果：

```
100     200     300
1100    500     600
100
500     200     300
Press any key to continue
```

上例在局部块中声明了与全局变量 i、j 同名的变量，因此在局部块中尽管全局变量 i、j 在其作用域内，但访问的变量 i、j 却是局部块中声明的，即全局变量 i、j 在局部块中不可见，被同名的局部变量屏蔽了。

作用域与可见性的特征不仅适用于变量，也适用于常量、用户定义类型名、函数名以及枚举类型等。

5.2　对象的存储类型与生存期

1. 对象的存储类型

存储类型决定了变量的生命期。变量生命期是指从获得内存空间到释放空间经历的时间。存储类型的说明符有 4 个：auto、register、static 和 extern。前两者称为"自动"类型，后两者分别为"静态"和"外部"类型。

（1）自动存储类型。

自动存储类型包括自动变量和寄存器变量两种。

自动变量：用 auto 说明的变量，通常省略 auto。前面提到的局部变量都是自动类型，其生命期开始于块的执行，结束于块的结束。自动变量的空间分配在栈中，在程序运行过程中，块开始执行时系统自动分配空间（未初始化时值为随机数），块执行结束时系统自动释放空间。因此，自动变量的生命期和作用域是一致的。

寄存器变量：说明时用 register 修饰，如"register int i;"。系统将这样说明的变量尽可能保存在寄存器中，以提高程序的运行速度。但不同的编译器对哪些变量可以说明为寄存器变量有不同的规定，而且一般的编译器都会对寄存器的使用进行优化，因此，不提倡使用寄存器变量。

（2）静态存储类型。

使用 static 关键字声明的变量称为"静态变量"。静态变量均存储在全局数据区，如果程序未显式给出初始化值，系统自动初始化为全 0，且初始化只进行一次。

静态变量占有的空间要到整个程序执行结束才释放，故静态变量具有全局生命期。根据定义的位置不同，还分为"局部静态变量"和"全局静态变量"，也称为"内部静态变量"和"外部静态变量"。其中，局部静态变量是定义在块中的静态变量，当块第一次被执行时，编译器在全局数据区为其开辟空间并保存数据，该空间一直到整个程序结束才释放。该变量具有局部作用域，但却具有全局生命期。

【例 5.3】　自动变量与局部静态变量的区别。

```
#include<iostream>
using namespace std;
st();
at();
int main() {
  int i;
  for(i = 0;i<5;i++)  cout<<at()<<'\t';
  cout<<endl;
  for(i = 0;i<5;i++)  cout<<st()<<'\t';
  cout<<endl;
  return 0;
}
st() {
  static int t = 100;          //局部静态变量
  t++;
  return t;
}
at() {
```

```
    int t = 100;                  //自动变量
    t++;
    return t;
}
```

请读者运行上例程序,分析程序的输出结果。

（3）外部存储类型。

外部存储类型是用 extern 关键字声明的变量。在程序文件中定义的全局变量和函数默认为外部的,其作用域可以延伸到程序的其他文件中。

一个 C++ 程序可以由多个源程序文件组成。多文件程序系统可以通过外部存储类型的变量和函数来共享某些数据和操作。其方法是:其他文件如果要使用某个文件中定义的全局变量和函数,应该在使用前用 extern 做外部声明,表示该全局变量或函数不是在本文件中定义的。

外部声明通常放在文件的开头(函数总是省略 extern)。

在同一个文件中,如果函数使用到定义在该函数之后的全局变量,就必须对使用到的全局变量进行外部变量声明,以满足先定义后使用的原则。因此,全局变量最好集中定义在文件的起始部分。

外部变量声明不同于全局变量定义。变量定义时,编译器为其分配内存空间,而变量声明则表示该全局变量已在其他地方定义过,编译器不再分配内存空间,直接使用变量定义时所分配的空间。因此,所声明变量的变量名和类型必须与定义的完全相同。

2. 标识符的生存期

生命期(life time)也叫作生存期。生命期与存储区域相关,C++ 编译的程序占用的内存分为以下几个存储区域:栈区,由编译器自动分配释放,存放函数的参数值、局部变量的值等,其操作方式类似于数据结构中的栈;堆区,一般由程序员分配释放,若程序员不释放,程序结束时可能由操作系统回收;全局区(静态区),全局变量和静态变量的存储是放在一块的,初始化的全局变量和静态变量在一块区域,未初始化的全局变量和未初始化的静态变量在相邻的另一块区域,程序结束后由系统释放;文字常量区,常量字符串就是放在这里的,程序结束后由系统释放该区域内存;程序代码区,存放函数体的二进制代码。相应地,标识符的生命期分为静态生命期、局部生命期和动态生命期。

（1）静态生命期。

静态生命期指的是标识符从程序开始运行时存在,即具有存储空间,到程序运行结束时消亡,即释放存储空间。具有静态生命期的标识符存放在静态数据区,属于静态存储类型,如全局变量、静态全局变量、静态局部变量。

具有静态生命期的标识符在未被用户初始化的情况下,系统会自动将其初始化为全 0。函数驻留在代码区,也具有静态生命期。所有具有文件作用域的标识符都具有静态生命期。

（2）局部生命期。

在函数内部或块中定义的标识符具有局部生命期,其生命期开始于执行到该函数或块的标识符声明处,结束于该函数或块的结束处。

具有局部生命期的标识符存放在栈区。具有局部生命期的标识符如果未被初始化,其内容是随机的、不可用的。具有局部生命期的标识符必定具有局部作用域;但静态局部变量具有局部作用域,却具有静态生命期。

（3）动态生命期。

具有动态生命期的标识符由特定的函数调用或运算来创建和释放，如调用 malloc() 或用 new 运算符为变量分配存储空间时，变量的生命期开始；而调用 free() 或用 delete 运算符释放空间或程序结束时，变量生命期结束。

具有动态生命期的变量存放在堆区。关于 new 运算和 delete 运算将在第 6 章中介绍。

【例 5.4】　不同内存存储区域示例。

```
#include<iostream>
using namespace std;
int a = 0;                    //全局初始化区
char * p1;                    //全局未初始化区
void main(void) {
    int b;                    //栈区
    char s[] = "abc";         //栈区
    char * p2;                //栈区
    char * p3 = "123456";     //123456 在常量区,p3 在栈上
    static int c = 0;         //全局(静态)初始化区
    p1 = (char *)malloc(10);
    p2 = (char *)malloc(20);  //分配得来的 10 和 20 字节的区域就在堆区
    strcpy(p1, "123456");     //123456 放在常量区,编译器可能会将它与 p3 所指向的
                              //"123456"优化成一个地方
}
```

5.3　类的静态成员

本节主要讨论通过类的静态成员来实现数据的共享。实现数据共享有许多方法，设置全局性的变量或对象是一种方法。但是，全局变量或对象是有局限性的。类的静态成员的提出是为了解决同类对象之间的数据共享问题。

考虑如下学生类中，如果要统计当前学生总数 totalNumber，这个数据应该存放在什么地方合适？如果将该数据放在类外部的全局变量，则无法实现数据的隐藏；若在类中增加一个数据成员存放学生总数信息，则每个学生对象的存储空间都会存在这样一个数据副本，不仅冗余，还会造成数据的不一致性，给数据维护带来不便。

```
class Student{
    private:
        int StuNo;
        char * name;
        ...
        int totalNumber;
        //其他成员略
}
```

实际上学生总数 totalNumber 应该是学生类 Student 的所有对象所共享的，比较理想的方案是类的所有对象共享这一数据，程序运行时内存中只允许存在一个副本。

5.3.1　静态数据成员

首先需要明确一个原则：类的什么样的数据成员可以定义为静态数据成员？通过前面

章节的学习,我们了解到类的数据成员描述的是该类所有对象共有的特征,如学生类中的数据成员学号、姓名等。每个学生对象都具有这样的属性,这些数据成员在每个学生对象的内存空间都有一个副本,用于区分每个不同学生对象的状态。但对象学生总数 totalNumber 这样的数据成员,其描述的特征不属于某个具体的学生对象,而是描述整个学生类别的特征。对于某个学生对象来说,学生总数是无意义的,totalNumber 这一成员只用来描述整个学生类的所有对象的个数,即学生总数。这样的属性是专门用于描述类别而非用于描述具体类对象的。

类中用于描述类的属性的数据成员,定义时通过使用 static 关键字区分,表示这是一个类的静态成员。使用静态数据成员可以节省内存,因为它是所有对象所公有的,因此,对多个对象来说,静态数据成员只存储在一处,并供所有对象共用。静态数据成员的值对每个对象都是一样,但它的值是可以更新的。只要对静态数据成员的值更新一次,保证所有对象存取更新后的相同的值,这样就可以提高时间效率。由于静态数据成员不属于任何一个对象,因此可以通过类名对它进行访问,一般用法是"类名::标识符"。在类的定义中仅仅对静态数据成员进行了引用性声明,还必须在类外部进行初始化。

静态数据成员的使用方法和注意事项如下。

(1)静态数据成员在定义或说明时前面加关键字 static。

(2)静态成员初始化与一般数据成员初始化不同。静态数据成员初始化需要在全局作用域范围使用如下格式进行:

<数据类型><类名>::<静态数据成员名> = <值>

(3)静态数据成员是静态存储的,它是静态生存期,必须对它进行初始化。

(4)引用静态数据成员时,采用如下格式:

<类名>::<静态成员名>

【例 5.5】　具有静态成员的 Point 类。

```
#include<iostream>
using namespace std;
class Point {
  public:
      Point(int xx = 0, int yy = 0) {
        X = xx;
        Y = yy;
        countP++;
      }
    ~Point() {
      countP--;
}
Point(Point &p);
int GetX() {return X;}
int GetY() {return Y;}
void GetCount() {cout<<" countP = "<<countP<<endl;}
private:
  int X,Y;
  static int countP;              //此处不可赋值
};
Point::Point(Point &p)
```

```
{
    X = p.X;
    Y = p.Y;
    countP++;
}
int Point::countP = 0;              //在文件作用域内初始化
void main()
{
    Point A(4,5);
    cout<<"Point A,"<<A.GetX()<<","<<A.GetY();
    A.GetCount();
    Point B(A);
    cout<<"Point B,"<<B.GetX()<<","<<B.GetY();
    B.GetCount();
}
```

运行结果：

```
Point A,4,5 countP = 1
Point B,4,5 countP = 2
Press any key to continue
```

例 5.5 中 Point 类有一个静态数据成员名为 countP，表示当前系统中当前点对象的个数。因此在 Point 类的构造函数与拷贝构造函数中都将该静态成员值加 1。因为构造函数与拷贝构造函数被调用时系统中点对象个数会增加，相应地，在 Point 类的析构函数中将该静态成员值减 1，表示系统中点对象的个数减 1。注意在主程序中，不管构造多少点对象，系统中只有一个 countP 的副本，Point 类的所有对象共享这一静态数据。

5.3.2 静态函数成员

例 5.5 存在一个小小的问题。当需要知道程序运行时系统有多少个点对象时，通过调用成员函数 GetCount 可以获取。但该方法是一个普通的函数成员，必须通过对象名才能够调用。如果当前系统中点对象的个数是零，即还没有构造出任何点对象的时候，则无法通过对象名来访问该方法以获取点对象的个数。那么应该如何解决这个问题呢？

实际上，静态成员 countP 是属于类的属性，与具体的某个对象无关，因此即使系统没有初始化任何对象的时候，也是可以访问静态属性 countP 的。问题在于访问 countP 的程序代码应该放在什么地方合适呢？由于普通的成员函数必须通过对象名才能够访问，那么是否存在一种类的成员函数可以不通过对象名就可以直接访问呢？答案是肯定的，与静态数据成员对应的一种类成员是静态函数成员。静态函数成员在定义的时候加上 static 关键字即可。与静态数据成员一样，静态函数成员也是属于整个类的，可通过类名直接访问静态函数成员。因此可以将访问静态数据成员的代码写在类的静态成员函数中，再通过类名直接访问就可以了。

【例 5.6】 具有静态数据成员与静态函数成员的 Point 类。

```
#include<iostream>
using namespace std;
class Point {
    public:
        Point(int xx = 0, int yy = 0){
```

```
        X = xx;
        Y = yy;
        countP++;
    }
    ~Point() {
      countP--;
    }
    Point(Point &p);
    int GetX() {return X;}
    int GetY() {return Y;}
    static void GetCount() {cout<<" countP = "<<countP<<endl;}
private:
    int X,Y;
    static int countP;              //此处不可赋值
};
Point::Point(Point &p)
{
    X = p.X;
    Y = p.Y;
    countP++;
}
int Point::countP = 0;              //在文件作用域内初始化
void main()
{
    Point::GetCount();
    Point A(4,5);
    cout<<"Point A,"<<A.GetX()<<","<<A.GetY();
    Point::GetCount();
    Point B(A);
    cout<<"Point B,"<<B.GetX()<<","<<B.GetY();
    Point::GetCount();
}
```

运行结果：

```
Object id = 0
Point A,4,5 countP = 1
Point B,4,5 countP = 2
Press any key to continue
```

与例 5.5 相比,本例只是在定义成员函数 GetCount 的时候添加了关键字 static,使其成为类的静态函数成员,这样就可通过类名直接访问静态成员函数,并可以不用依赖任何对象直接访问类的静态数据成员。

下面列出几点有关类的静态数据成员与静态成员函数比较容易出错的地方,请大家通过实验验证。

(1) 不能通过类名来调用类的非静态成员函数,例如：

```
void main()
{
    Point::GetCount();
    Point ::GetX();
}
```

编译出错：

```
error C2352: ' Point ::GetX ': illegal call of non-static member function
```

（2）通过类的对象可以调用静态成员函数和非静态成员函数，例如：

```
void main()
{
    Point p1(1,2);
    p1.GetCount();
    p1.GetX();
}
```

编译通过。

（3）静态成员函数中不能引用非静态成员。因为静态成员函数属于整个类，在类实例化之前就已经分配空间了，而类的非静态成员必须在类实例化之后才有内存空间。

（4）类的非静态成员函数可以调用静态成员函数，但反之不能。

（5）类的静态成员变量必须先初始化，再使用。

5.4 类的友元

封装是面向对象程序设计的重要特征之一，通过将数据与处理数据的函数封装在类中，可以实现数据的隐藏。但有时候封装会带来一些不便，需要在设计时做一些妥协。考虑如下的场景：在前面的例子里定义的点类 Point 描述了平面直角坐标系里的点，如果现在需要定义一个 Distance 函数计算两个点的距离，应该如何实现？如果把 Distance 函数作为 Point 类的成员函数似乎不合适，因为对于一个点来说，计算其距离是无意义的，也就是说，Point 类不需要计算距离的功能；如果把 Distance 函数作为 Point 类的外部函数，则在计算距离时需要知道两个 Point 的坐标 X、Y，而坐标 X、Y 是 Point 类的私有成员，在类的外部无法直接访问。

为了解决上述问题，C++ 中引入了友元机制，可以实现在类的外部访问类的私有成员。对于上述的全局函数 Distance，可以在声明 Point 类的时候使用 friend 关键字将其声明为 Point 类的友元函数，具体方法如下。

```
friend float Distance(Point &a, Point &b);
```

这表示 Distance 函数与 Point 类之间具备友元关系，在 Distance 函数里面就可以通过直接访问 Point 类的私有成员 X、Y 来计算两个点的坐标了。友元代表着不同类或对象的成员函数之间或者成员函数与一般函数之间进行数据共享的机制。友元关系就是在一个类中主动声明一个函数或者类是自己的朋友，并为其提供访问本类封装数据的特权。通过友元关系，一个普通函数或者类的成员函数可以直接访问另一个类中封装的数据。如果在类中声明的友元是一般函数或者类的成员函数，则称为友元函数；如果声明的友元是一个类，则称为友元类，该类的所有成员函数都自动成为友元函数。

由此可见，友元机制是对封装机制的破坏。为了确保数据的完整性，避免破坏数据封装与隐藏的原则，建议尽量不使用或少使用友元。

5.4.1 友元函数

友元函数是可以直接访问类的私有成员的非成员函数。它是定义在类外的普通函数，

也可以是其他类的成员函数,但需要在类的定义中加以声明,声明时只需在友元的名称前加上关键字 friend 即可,其格式如下。

　　friend 类型 函数名(形式参数);

友元函数的声明可以放在类的私有部分,也可以放在公有部分,它们是没有区别的,都说明是该类的一个友元函数,在其函数体内可通过对象名访问类的私有成员。

一个函数可以是多个类的友元函数,但需要在各个类中分别声明。友元函数的调用与一般函数的调用方式和原理一致。

【例 5.7】　使用友元函数计算两个点之间的距离。

```cpp
#include<iostream>
#include<cmath>
using namespace std;
class Point                     //Point 类声明
{
  public:                       //外部接口
    Point(int xx = 0, int yy = 0) {X = xx; Y = yy;}
    int GetX() {return X;}
    int GetY() {return Y;}
    friend double Distance(Point &a, Point &b);
  private:                      //私有数据成员
    int X, Y;
};
double Distance(Point& a, Point& b)
{
    double dx = a.X-b.X;
    double dy = a.Y-b.Y;
    return sqrt(dx * dx+dy * dy);
}
int main()
{
    Point p1(3, 5), p2(4, 6);
    double d = Distance(p1, p2);
    cout<<"The distance is "<<d<<endl;
    return 0;
}
```

运行结果:

```
The distance is 1.41421
Press any key to continue
```

例 5.7 中计算两个点的距离函数 Distance 是一个外部函数,在计算两点的距离时需要访问点的坐标 X、Y。而点的坐标数据是 Point 类的私有成员,不允许在 Point 类的外部直接访问。因此,需要将 Distance 函数声明为类 Point 的友元函数,相当于授权使其可以访问自己的私有成员。

友元函数既可以是普通的外部函数,也可以是一个类的成员函数。友元成员函数的声明与使用方法与一般友元函数完全相同。

5.4.2　友元类

一个类可以声明自己的友元函数,还可以声明自己的友元类。友元类的所有成员函数

都是另一个类的友元函数,都可以直接访问另一个类中的私有成员和保护成员。当希望一个类可以存取另一个类的私有成员时,可以将该类声明为另一类的友元类。声明友元类的语法格式如下。

```
friend class 类名;
```

其中,friend 和 class 是关键字,类名必须是程序中的一个已定义过的类。

```
class A
{
    friend class B;
    public:
      void Display()    {cout<<x<<endl;}
    private:
      int x;
};
class B
{
  public:
    void Set(int i);
    void Display();
  private:
    A a;
};
void B::Set(int i)
{
    a.x = i;
}
void B::Display()
{
    a.Display();
}
```

在上述代码片段中,类 A 将类 B 声明为其友元类,则类 B 的两个成员函数 Set(int i)与 Display 自动成为类 A 的友元函数,它们都可以直接访问类 A 的私有成员和保护成员。

友元关系有以下几点注意事项。

(1)友元关系是单向的。如果声明 B 类是 A 类的友元,B 类的成员函数就可以直接访问 A 类的私有数据和保护数据,但 A 类的成员函数却不能直接访问 B 类的私有数据和保护数据。

(2)友元关系不可传递。

(3)友元关系不可继承。

5.5   共享数据的保护

在 C++ 程序设计过程中,如果既想要数据能在一定范围内被共享,又要保证它不被任意修改,可以将共享的数据声明为常量,因为常量在程序运行期间是不可改变的,可以有效地保护数据。本节主要介绍 C++ 中常见的几种常量,包括常对象、类成员(常数据成员与常成员函数)、常引用等。

5.5.1　常对象

如果在创建对象的时候使用 const 关键字,则该对象称为常对象。常对象的状态在程序运行期间不允许改变,即该对象的数据成员值在整个生存期内不能被修改,因此常对象必须进行初始化且不能被更新。声明常对象的语法形式如下。

```
const 类型说明符 对象名;            //其中 const 关键字也可放在类型说明符后面
```

例如:

```
class Point{
  public:
    Point(int xx = 0, int yy = 0)  {
      X = xx;
      Y = yy;
    }
    ~Point() {}
    …
};
const Point p1(1,2);             //p1 是常对象,不能被更新
```

与 C++ 基本数据类型的常量一样,经过上述声明的常对象 p1 在整个生存期内的状态不能被改变。C++ 编译程序对基本数据类型的常量提供了保护机制,如下的两条语句在编译时会报错,以确保常量的值不被修改:

```
const int x = 10;               //声明整型常量 x 并进行初始化
x = 20;                         //编译不通过,不能对常量赋值
```

那么如何确保常对象的状态在程序运行过程中不被修改呢? 对象的状态体现为该对象的数据成员的值,而要改变对象数据成员的值有两种途径:第一,通过对象名访问对象的私有成员,在 C++ 中规定常对象的数据成员都被视为常量,此时语法自动限制通过对象名修改其私有成员的值;第二,通过对象名调用类的成员函数来实现对私有成员的修改,对此,语法规定通过常对象不能够调用类的普通成员函数,以确保常对象的状态不被修改。那么,请大家思考一下,程序中声明一个常对象有什么意义呢?

补充一点例外情况,当要对常对象中的某个数据进行更改的时候(如常对象中的计数器变量 count),可以在声明该成员的时候使用关键字 mutable。当常对象的某数据成员声明为 mutable int count 的时候,说明这个变量是可以改变的。

5.5.2　用 const 修饰的类成员

1. 常数据成员

用 const 关键字声明的类的数据成员称为常数据成员,它有两种声明形式。

```
const int a;
int const b;
```

有关常数据成员有以下几点注意事项。

(1) 任何函数都不能对常数据成员赋值。

(2) 构造函数对常数据成员进行初始化时只能通过初始化列表进行。

(3) 如果类有多个构造函数,必须都初始化常数据成员。

【例 5.8】 常数据成员的初始化。

```cpp
#include<iostream>
using namespace std;
class Date{
    public:
      Date(int y,int m,int d);
      void showDate();
      void setDate(int y,int m,int d);
    private:
      const int year;
      const int month;
      const int day;
};
Date::Date(int y,int m,int d):year(y),month(m),day(d)
/*注意:常数据成员只能用初始化列表进行初始化*/
{}
/* void Date::setDate(int y,int m,int d)        //试图对常数据成员进行修改
{
  year = y;
  month = m;
  day = d;
} */
void Date::showDate()
{
  cout<<year<<"."<<month<<"."<<day<<endl;
}
int main()
{
  Date date(2012,11,16);
  /*建立对象 date 时,以 2012、11、16 为初始值,通过构造函数的初始化列表给常数据成员赋
值*/
  date.showDate();
  //date.setDate(2013,2,25);   //是错的,常数据成员初始化后不能对其进行修改
  //date.showDate();
  return 0;
}
```

运行结果:

```
2012.11.16
Press any key to continue
```

例 5.8 中先定义一个简单的日期类 Date,有 3 个常数据成员 year、month、day,它们只能通过构造函数的初始化列表进行赋值。

注意:不能够在函数体中直接赋值。Date 类有一个成员函数 setDate 试图通过给 3 个常数据成员赋值修改日期的值(相应的函数代码被注释掉了),但在编译时会产生错误。读者可以把注释去掉,编译并运行程序看看错误提示信息是什么?

下面再补充两个简单的示例,请大家找出其中存在的问题。

示例一:

```cpp
class A
{
  private:
```

```
        int x,y;
        const int z = 5;
    public:
                                //其他成员定义省略
};
void main()
{
    A a;
    cout<< "test.";
    system("pause");
}
```

分析：示例一中的错误已经用粗体字标出，第一个错误是不能在类中对常数据成员进行初始化，必须要通过类的构造函数在初始化列表中进行，静态常量除外；第二个错误是没有给类 A 添加合适的默认构造函数，因为有常量 z 没有被初始化。对于类的常数据成员，必须要进行初始化。

更正后的结果如下。

```
class A{
    private:
        int x,y;
        const int z;
    public:
        const int t;            //常数据成员可以是公有访问权限,也可以是私有访问权限
        A():z(5),t(8){};        //通过构造函数初始化列表初始化常数据成员
};
```

示例二：

```
class B{
    private:
        int x,y;
        const int  z;
    public:
        const int t;
        B():z(5),t(6){};
        B(int a,int b)
        {
            x = a;
            y = b;
        }
};
void main()
{
    B b;
    B b2(3,8);
    cout<< "test2";
    system("pause");
}
```

分析：示例二中的类 B 有多个构造函数且有常数据成员，因此，每个构造函数都要在初始化列表中对常数据成员进行初始化，类 B 中带参数的构造函数改正后的结果如下。

```
B(int a,int b):c(7),t(8)
```

```
{
    x = a;
    y = b;
}
```

2. 常成员函数

使用 const 关键字修饰的函数称为类的常成员函数,声明格式如下。

`<类型标识符>函数名(参数表)const;`

关于常成员函数的几点说明如下。

(1) const 关键字是函数类型的一部分,在常成员函数实现部分也要带上该关键字。

(2) const 关键字可以用于对重载函数的区分。如果某类中声明了如下两个函数:

```
void print();
void print() const;
```

则是对 print 函数的有效重载。

(3) 在常成员函数的函数体中不能更新任何数据成员,也不能调用该类中没有用 const 修饰的成员函数,只能调用常成员函数和常数据成员。

下面通过几个示例演示常成员函数的用法。

示例一:常成员函数实现重载。

```cpp
#include<iostream>
using namespace std;
class C{
    private:
    int x,y;
    public:
    int getValue() const;
    int getValue(){
        return x+y;
    }
    C(int a,int b)
    {
        x = a;
        y = b;
    }
    C(){}
};
int C::getValue() const            //实现部分也带该关键字
{
    return x * y;
}
void main()
{
    C const c(3,4);
    C c2(2,6);
    cout<<c.getValue()<<","<<c2.getValue()<<"constTest";    //输出 12 和 8
    system("pause");
}
```

运行结果:

```
12,8constTest
Press any key to Continue
```

注意：本例中在类 C 的定义中声明了常成员函数，在类 C 的外部实现了常成员函数，在实现常成员函数时，不要漏掉关键字 const。在主程序中声明了两个类 C 的对象 c 与 c2，其中对象 c 是常对象，通过常对象只能调用常成员函数。

示例二：通过常成员函数更新数据成员。

```
class D{
  private:
  int x,y;
  public:
    int getValue() const;
    int getValue();
    D(int a,int b)
    {
        x = a;
        y = b;
    }
    D(){}
};
int D::getValue() const
{
    x = 10;
    y = 10;                 //错误,常成员函数不能更新数据成员
    return x * y;
}
int D::getValue()
{
    x = 10;
    y = 10;                 //可以更新数据成员
    return x+y;
}
void main()
{
    D const d(3,4);
    D d2(2,6);
    cout<<d.getValue()<<endl<<dz.getValue()<<"constTest";
    system("pause");
}
```

请大家运行上例，分析程序结果。

常成员函数可以被其他成员函数调用，也可以调用其他常成员函数，但是不能调用其他非常成员函数。例 5.9 演示了常成员函数可以被其他成员函数调用。

【例 5.9】　常成员函数的调用。

```
#include<iostream>
using namespace std;
class E   {
    private:
        int x,y;
    public:
        int getValue() const
```

```
        {
            return x * y + getValue1();
            //return x * y + getValue2();        //错误,常成员函数不能调用其他非常成员函数
        }
        int getValue1() const
        {
            return x * y;
        }
        int getValue2()
        {
            return x+y+getValue();              //正确,可以调用常成员函数
        }
        E(int a,int b)
        {
          x = a;
          y = b;
        }
        E(){}
};
void main()
{
    E const e(3,4);
    E e2(2,6);
    cout<<e.getValue()<<endl<<e2.getValue2()<<"constTest";
    system("pause");
}
```

运行结果：

```
24
32constTest
Press any key to continue
```

其实常成员函数并非不可以修改类的成员,那么哪些类的成员可以通过常成员函数修改呢？请看例 5.10。

【例 5.10】 常成员函数修改静态数据成员。

```
#include<iostream>
using namespace std;
class CM  {
    public:
        static int i;
        int value()const
        {
            i+ = 1;
            return i;
        }
        void getValue()  {  cout<<"i = "<<i<<endl;  }
};
int CM::i = 0;
int main()
{
    CM cm;
    cm.value();
    cm.getValue();
```

```
    cm.value();
    cm.getValue();
    return 0;
}
```

运行结果：

```
i = 1
i = 2
Press any key to continue
```

例 5.10 中的常成员函数为什么可以修改类的成员 i 呢？首先，静态数据成员描述的是类的属性，不属于任何类对象；其次，常成员函数的关键字 const 其实是修饰成员函数的 this 指针，即表示 this 指针指向的对象是常对象，也就是说调用常成员函数的对象是一个常对象。而类的静态成员不属于任何对象，不需要靠 this 指针寻址，但可以通过常成员函数进行修改。

常成员函数可以修改的数据除了类的静态成员之外，还有全局变量、其他对象的成员变量、被定义成 mutable 的成员变量等。

5.5.3　常引用

在介绍常引用的概念之前先回顾一下 C++ 中引用的概念。

C++ 的引用具备指针的所有功能，不过引用与指针的区别在于，引用在定义时必须要初始化，因为引用对象不允许为空。

```
int i = 9;
int &s = i;                 //定义引用时必须要初始化
```

上例定义引用 &s 指向了变量 i。其实引用相当于"别名"，是所指向的变量的别名，引用与变量共用一个内存地址，如上例中变量 i 与引用变量 s 在内存块中的地址是完全一样的，只要该内存地址对应的存储单元的值发生改变，这两个变量的值都会改变，可以用下面的程序代码段来验证。

```
#include<iostream>
using namespace std;
int main()
{
    int a;
    int &b = a;
    a = 100;            //内存地址值的改变,变量 b 的值也改变
    cout << "b = " << b <<endl;
    b = 200;            //a 的值也变
    cout << "a = " << a <<endl;
    return 0;
}
```

当一个引用初始化时指定到了一个变量，则这个引用的地址永远是该变量的地址，不会再改变。如果该引用再次"指向"别的变量，则只是把这个变量的值赋给该引用。

【例 5.11】　引用举例。

```
#include<iostream>
using namespace std;
```

```
int main()
{
    int a;
    int &ra = a;
    a = 100;
    cout<<"a 的值"<<a<<endl;
    cout<<"a 的地址"<<&a<<endl;
    cout<<"引用 ra 的值"<<ra<<endl;
    cout<<"引用 ra 的地址"<<&ra<<endl;
    int b = 200;
    ra = b;                    //对引用再次赋值
    cout<<"b 的地址"<<&b<<endl;
    cout<<"a 的地址"<<&a<<endl;
    cout<<"引用 ra 的地址"<<&ra<<endl;

    cout<<"b 的值"<<b<<endl;
    cout<<"a 的值"<<a<<endl;
    cout<<"引用 ra 的值"<<ra<<endl;
    ra = 10;
    cout<<"b 的值"<<b<<endl;
    cout<<"a 的值"<<a<<endl;
    cout<<"引用 ra 的值"<<ra<<endl;
    return 0;
}
```

运行结果：

```
a 的值 100
a 的地址 0012FF7C
引用 ra 的值 100
引用 ra 的地址 0012FF7C
b 的地址 0012FF74
a 的地址 0012FF7C
引用 ra 的地址 0012FF7C
b 的值 200
a 的值 200
引用 ra 的值 200
b 的值 200
a 的值 10
引用 ra 的值 10
Press any key to continue
```

通过上例可得出结论：引用的地址永远不会改变，如果重新给引用赋值，则引用初始化时指向的变量的值也会改变。

在 C++ 中还可以定义一个类的对象的引用，这时引用与对象共享一块地址。但是不能定义一个类的引用，因为类只是一种自定义的构造数据类型，没有内存地址，而引用必须指向一块具体的内存地址，因此可以将对象赋值给引用。

如果在声明引用时使用 const 进行修饰，被声明的引用就是常引用。常引用所引用的对象不能被更新，一般用于函数只读参数的传递，可确保被引用的对象不会意外地被修改。常引用声明格式如下。

```
const <类型说明>&<引用名>
```

注意：引用与常引用的区别，引用指向的变量或对象的值可以被改变，而常引用指向的变量或对象的值不能被改变。常引用中的"常"不是针对引用本身说的，因为不论是引用还是常引用，一旦绑定到某个变量或对象，这个引用就不能再改变了，无法再将这个引用绑定到别的变量上面，即该引用的地址不会再改变。常引用准确地说是被引用的变量或对象为常量。

常引用的一个主要用途就是用作函数形参传递，如果函数形参是普通引用，那么常变量就不能传递给这个函数了，因为不能把 const 去掉。但如果函数形参是常引用，那么无论普通变量还是常变量都可以传递给函数，因为非 const 引用可以匹配 const 引用。

【例 5.12】　常引用作为函数形参。

```
#include<iostream>
using namespace std;
void display(const float& r)
{
    //r = r * 2;                //错误,不能修改 r
    cout<<r * 2<<endl;
}
int main()
{
    float f = 5.0f;
    display(f);
    return 1;
}
```

运行结果：

```
10
Press any key to continue
```

同样，非 const 修饰的引用只能绑定到普通的对象，不能绑定到常对象；const 修饰的引用可以绑定到常对象，也可以绑定到普通的对象。但通过常引用访问其绑定的对象时只能将其视为常对象，不能修改其数据成员，也不能调用其非 const 修饰的成员函数。

5.6　多文件结构和编译预处理命令

在规模较大的程序中经常会出现多个源程序文件，每个源程序文件称为一个编译单元。本节主要介绍多源程序文件的结构以及与之相关的常用编译预处理命令。

5.6.1　C++ 程序的一般组织结构

在之前的示例中，大家已经学习了很多完整的 C++ 源程序文件，分析这些源程序文件的结构，基本上包含 3 部分内容：C++ 中类的定义、类中成员函数的实现以及实现测试成员函数的主函数。由于所涉及的示例比较简单，这 3 部分内容一般都写在一个源程序文件中，例如，实现时钟类并测试的简单程序实例如下。

【例 5.13】　时钟类的实现并测试。

```
#include<iostream>
using namespace std;
```

```
class Clock
{
    public:
       void SetTime(int NewH, int NewM, int NewS);
       void ShowTime();
    private:
       int Hour, Minute, Second;
};
void Clock :: SetTime(int NewH,int NewM,int NewS)
{
   Hour = NewH;
   Minute = NewM;
   Second = NewS;
}
void Clock :: ShowTime()
{
   cout<<Hour<<":"<<Minute<<":"<<Second<<endl;
}
void main(void)
{
   Clock myClock;
   myClock.SetTime(8,30,30);
   myClock.ShowTime();
}
```

运行结果：

```
8:30:30
Press any key to continue
```

当程序的规模变大时，可能需要定义大量这样的 C++ 类，而且类之间会存在复杂的关联关系，如一个类继承另一个类或者一个类的成员是另一个类的对象等。此时需要将类的定义与类的实现分别写在两个文件里，如例 5.13 中的时钟类的定义放在 clock.h 头文件中，时钟类的实现放在 clock.cpp 文件中，主程序代码放在 clockTest.cpp 文件中。此时每个源程序文件都是一个独立的编译单元，如果某个类的定义中需要使用 Clock 类，则使用 include 指令将该类的头文件 clock.h 包含进来即可使用时钟类。因此，一个 C++ 程序至少包含 3 个文件：一个用于定义类的头文件、一个用于实现类功能（成员函数）的 CPP 文件、一个用于实现程序功能的主程序文件。采用这样的结构，有利于不同文件的独立编写、编译、调试与修改，最终通过链接生成一个可执行程序。

按此结构，将例 5.13 的程序改写，如例 5.14 所示。

【例 5.14】 多文件结构示例。

```
//时钟类的定义文件 clock.h
class Clock
{
    public:
       void SetTime(int NewH, int NewM, int NewS);
       void ShowTime();
       private:
       int Hour, Minute, Second;
};
```

```
//时钟类的实现文件 clock.cpp
#include<iostream>
#include "clock.h"
using namespace std;
void Clock :: SetTime(int NewH,int NewM,int NewS)
{
    Hour = NewH;
    Minute = NewM;
    Second = NewS;
}
void Clock :: ShowTime()
{
    cout<<Hour<<":"<<Minute<<":"<<Second<<endl;;
}
//clockTest.cpp,用于测试时钟类
#include<iostream>
#include "clock.h"
using namespace std;
void main(void)
{
    Clock myClock;
    myClock.SetTime(8,30,30);
    myClock.ShowTime();
}
```

例 5.14 只是说明多文件结构的一个小例子。在开发较大的程序时,通常将其分解为多个模块,每个模块用一组源程序文件建立。多个模块经过建立、编译、连接,最终成为一个完整的可执行程序。在将一个程序分解成若干文件时,需要考虑标识符在其他文件中的可见性。使用头文件是一个很有效的方法,如♯include<iostream.h>,其中的 iostream.h 是系统定义的一个文件。这种以".h"命名的文件称为"头文件"。系统提供的头文件中定义了一些常用的公用标识符和函数,用户只要将头文件包含在自己的文件中,就可以使头文件中定义的标识符在用户文件中变得可见,也就可以直接使用头文件中定义的标识符和函数。

除了系统定义的头文件外,用户还可以自定义头文件。那么什么样的内容适合放在头文件里? 一般来说,对于具有外部存储类型的标识符,可以在其他任何一个源程序文件中经声明后引用,因此用户完全可以将一些具有外部存储类型的标识符的声明放在一个头文件中。具体地说,头文件中可以包括用户构造的数据类型(如枚举类型)、外部变量、外部函数、常量和内联函数等具有一定通用性或常用的量。而一般性的变量和函数定义不宜放在头文件中。

多源程序文件的编译流程如下。首先在 VC 6 工程中建立若干用户定义的头文件.h 和源程序文件.cpp。头文件中定义用户自定义的数据类型,程序的实现则放在 cpp 文件中。然后将每个源程序文件单独编译,如果源程序文件中有编译预处理指令(编译预处理指令的相关内容见 5.6.3 节),则先经过编译预处理生成临时文件存放在内存,之后对临时文件进行编译并生成目标文件.obj,编译后临时文件撤销。最后,所有的目标文件经连接器连接,并生成一个完整的可执行文件.exe。

图 5.1 是一个 C++ 多源程序文件系统的编译过程。

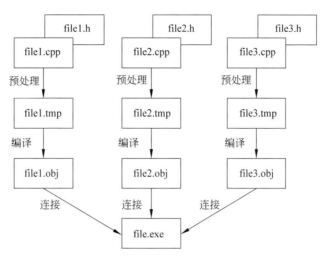

图 5.1   C++ 多源程序文件系统的编译过程

5.6.2   外部变量与外部函数

1. 外部变量

在多个源程序文件构成的 C++ 程序中,如果多个源程序文件需要共享变量,则需要使用外部变量。例如:

```
//源文件 1
int VarDesc;
char Array[MAXVAL];
...
//源文件 2
extern int VarDesc;
extern char Array[];
//访问外部变量的程序代码
```

源文件 1 中定义了外部变量 VarDesc 与 Array,并为之分配存储单元。源文件 2 声明了 VarDesc 是一个 int 类型的外部变量,Array 是一个 char 数组类型的外部变量(数组大小在其他地方确定),但这两个声明并没有建立变量或为它们分配存储单元,其中关键字 extern 表明该外部变量在其他地方被定义。外部变量虽然只能在某个文件中定义一次,但其作用域则是从其声明处开始一直到其所在的被编译的文件的末尾。因此其他文件可以通过 extern 说明来访问它。

外部变量比内部变量有更大的作用域和更长的生存期。内部自动变量只能在函数内部使用,当其所在函数被调用时开始存在,当函数退出时消失。而外部变量是永久存在的,它们的值在从一次函数调用到下一次函数调用之间保持不变。因此,如果两个函数必须共享某些数据,而这两个函数都互不调用对方,那么最方便的是把这些共享数据作为外部变量,而不是作为函数参数来传递。

外部变量可以被不同源程序文件中的不同函数所引用,这些函数在引用这些外部变量时,必须采取先声明,再使用的方式,否则,在编译时会导致重复定义的编译错误。

若在多个文件的多个函数中引用外部变量,就需要在这些函数中重复声明外部变量。

这种方式可以解决编译问题,但是代码不够简洁。因此,在实际的编程中,大多采取将外部变量统一定义在一个 C++ 源文件中,这个 C++ 源文件一般被称为 global.cpp。然后在对应的头文件中,一般为 global.h 声明外部变量。最后在需要引用外部变量的源文件中使用 #include "global.h" 的方式,函数就可以引用所有的外部变量。例如:

```
//global.cpp 文件内容
#include "global.h"
/* 定义两个外部变量 */
int VarDesc;
char Array[MAXVAL];
/* 定义其他外部变量 */
...
//global.h 文件内容
#ifndef _GLOBAL_H /* 确保 _GLOBAL_H 唯一存在 */
#define _GLOBAL_H
extern "C" {

/* 声明两个外部变量 */
extern int VarDesc;
extern char Array[];
/* 其他外部变量声明 */
}
#endif /* _GLOBAL_H */
```

在实际的软件开发过程中,这两个文件头部还应当有公司版权声明、文件功能说明、版本说明、创建者、修改历史等相关信息。

2. 外部函数

在 C++ 语言中,所有在类之外定义的函数都可称为外部函数,即该函数不属于某个类的成员函数。外部函数可以在不同的编译单元(源程序文件)被调用,但在调用之前一般要进行引用性声明,即函数原型声明。外部函数定义格式如下。

```
extern 函数类型 函数名(参数表)
{
函数体;
}
```

其中关键字 extern 可以省略,也就是说非类的成员函数默认情况下都可作为外部函数,但是调用外部函数时需要对外部函数进行原型声明,声明时需要加上关键字 extern。例如:

【例 5.15】 外部函数。

```
//5-15.cpp
#include<iostream>
using namespace std;
int n = 8;                              //声明外部变量
extern int func1(int x);                //声明外部函数
int func2(int x);                       //声明外部函数,省略了 extern
void main()
{
  for(int i = 0; i<2; i++)
  {
    cout<<"func1: "<<func1(i)<<endl;     //调用外部函数 func1
    cout<<"func2: "<<func2(i)<<endl;     //调用外部函数 func2
```

```
    }
}
//file1.cpp
static int n = 10;                          //静态外部变量
int func1(int x)                            //定义外部函数,省略了 extern
{
    return n+x;                             //使用外部变量 n
}
//file2.cpp
extern int n;                               //声明外部变量
extern int func2(int x)                     //定义外部函数
{
    return n+x;                             //使用外部变量 n
}
```

请大家运行该示例,并分析程序的输出结果。

需要注意的是,如果外部变量和函数仅供它们各自所在的源程序文件中的函数使用,而不能被其他函数访问,那么就必须使用 static 关键字定义外部变量和函数。static 说明适用于外部变量与函数,用于把这些对象的作用域限定为被编译源文件的剩余部分。通过外部 static 对象,可以把一些外部变量和函数隐藏在某个源文件中,使得这些外部变量和函数仅仅可以被该源文件使用和共享,但不能被该源文件之外的函数所引用。

另外,static 说明也可以用于说明内部变量。内部静态变量就像自动变量一样局限于某一个特定函数,只能在该函数中使用,但与自动变量不同的是,不管其所处函数是否被调用,它都是一直存在的,而不像自动变量那样,随着所在函数的调用与退出而存在与消失。换言之,内部静态变量是一种只能在某一特定函数中使用的但一直占据存储空间的变量,直到程序运行结束时才释放内存空间。

一般情况下,为保证静态外部变量和函数能够被本源文件的函数所引用,需要在该源文件的所有函数之前定义静态外部变量和函数。例如:

```
/* 定义一个静态外部变量与静态外部函数 */
static int VarName = 0;
static int function(int a)
{
//function body
}
/* 定义其他变量与函数 */
/* 定义一个函数 */
char func(char * , char)
{
    VarName = 5;
    function(VarName);
//其他函数语句
}
/* 其他函数的定义 */
```

5.6.3　编译预处理

在编译器对源程序进行编译之前,通常需要经过预处理器对程序文本进行预处理。预处理器提供了一组相关处理指令与操作符,用于扩充 C++ 程序运行环境。编译预处理是

C++ 语言区别于其他高级程序设计语言的特征之一,它属于 C/C++ 语言编译系统的一部分。C++ 程序中使用的编译预处理指令皆以♯开头,每条指令单独占一行,不使用分号结束。本节介绍编译预处理指令的 3 种常用指令:宏定义、文件包含和条件编译。

1. 宏定义指令

(1) 不带参数的宏定义:用来产生与一个字符串(即宏名)对应的常量字符串,格式为

```
#define 宏名 常量串
```

(2) 带参数的宏定义:带参宏定义的形式很像定义一个函数,格式为

```
#define 宏名(形参表) 表达式串
```

(3) 处理过程:编译预处理后产生一个中间文件,文件中所有宏名(如果是带参数的宏,则宏名包括参数表在内)均用其对应的常量串或表达式串代替。替换过程称为“宏替换”或“宏展开”。

例如,指令:

```
#define PI 3.1415926
```

程序中可以使用标识符 PI,编译预处理后产生一个中间文件,文件中所有 PI 被替换为3.1415926。

指令:

```
#define S(a,b) (a) * (b)/2
```

程序中可以使用 S(a,b),编译预处理后产生中间文件,其中 S(a,b)被替换成(a) * (b)/2。

宏定义指令的注意事项如下。

(1) 宏替换只是字符串和标识符之间的简单替换,预处理本身不做任何数据类型和合法性检查,也不分配内存单元。

(2) 宏定义时,形参通常要用圆括号括起来,否则容易导致逻辑错误。例如,如果定义♯define S(a,b) a * b/2,那么程序中的 S(3+5,4+2)就会被宏展开为 3+5 * 4+2/2,这不符合定义的真正意图。

带参宏形式上像函数,但它与函数的本质不同。宏定义只是产生字符串替代,不存在分配内存和参数传递。

【例 5.16】　计算圆的周长和面积的程序。

```
#include<iostream>
using namespace std;
#define PI 3.1415926
#define CIRCUM(r) (2.0 * PI * (r))
#define AREA(r) (PI * (r) * (r))
int main()
{
    double radius,circum,area;
    scanf("%lf",&radius);
    circum=CIRCUM(radius);
    area=AREA(radius);
    printf("CIRCUM = %15.8lf,AREA = %15.8lf\n",circum, area);
    return 1;
```

```
        }
```

运行结果：

```
1(输入的半径)
CIRCUM= 6.28318520, AREA= 3.14159260
Press any key to continue
```

上面的程序中没有定义函数,但通过宏定义,同样能够计算圆的周长和面积,程序中用到的知识点是不带参数和带参数的宏定义。

2. 文件包含指令

文件包含用♯include指令,预处理后将指令中指明的源程序文件嵌入当前源程序文件的指令位置处。文件包含指令有两种格式。

（1）第一种方式格式为

```
#include<文件名>
```

预处理器将在include子目录下搜索由文件名所指明的文件。这种方式称为"标准方式",适用于嵌入C++提供的头文件,因为这些头文件一般都存在C++系统目录的include子目录下。

（2）第二种方式格式为

```
#include "文件名"
```

预处理器将首先在当前文件所在目录下搜索,如果找不到再按标准方式搜索。这种方式适用于嵌入用户自己建立的头文件。

文件包含是一种模块化程序设计的手段。在程序设计中,可以把一些具有公用性的变量、函数的定义或说明以及宏定义等放在一起,并单独构成一个文件。使用时用♯include命令把它们包含在所需的程序中。这样也为程序的可移植性、可修改性提供了良好的条件。例如,在开发一个应用系统中若定义了许多宏,可以把它们收集到一个单独的头文件中(如user.h)。假设user.h文件中包含如下内容:

```
#include "stdio.h"
#include "string.h"
#include "malloc.h"
#define BUFSIZE 128
#define FALSE 0
#define NO 0
#define YES 1
#define TRUE 1
#define TAB '\t'
#define NULL '\0'
```

当某程序中需要用到上面这些宏定义时,可以在源程序文件中写入包含文件命令:

```
#include "user.h"
```

【例5.17】 include指令示例。

假设有3个源文件:test1.c、test2.c和test3.c,它们的内容如下所示,利用编译预处理命令实现多文件的编译和连接。

```
//源文件 test1.c
```

```
main()
{
  int a,b,c,s,m;
  printf("\na,b,c = ?");
  scanf("%d,%d,%d",&a,&b,&c);
  s = sum(a,b,c);
  m = mul(a,b,c);
  printf("The sum is %d\n",s);
  printf("The mul is %d\n",m);
}
//源文件 test2.c
int sum(int p1,int p2,int p3)
{
  return(p1+p2+p3);
}
//源文件 test3.c
int mul(int p1,int p2,int p3)
{
  return(p1 * p2 * p3);
}
```

在含有主函数的源文件中使用编译预处理命令 include 将其他源文件包含进来即可。例如,在源文件 test1.c 的头部加入命令: ♯include "test2.c"和♯include "test3.c",在编译前就把文件 test2.c 和 test3.c 的内容包含进来。源文件 test1.c 的内容如下所示。

```
#include "test2.c"
#include "test3.c"
main()
{
  int a,b,c,s,m;
  printf("\na,b,c = ?");
  scanf("%d,%d,%d",&a,&b,&c);
  s = sum(a,b,c);
  m = mul(a,b,c);
  printf("The sum is %d\n",s);
  printf("The mul is %d\n",m);
}
```

说明:

(1) 一个包含文件命令一次只能指定一个被包含文件,若要包含 n 个文件,则要使用 n 个包含文件命令。

(2) 在使用包含文件命令时,要注意尖括号＜filename＞和双引号"filename"两种格式的区别。

(3) 文件包含可以嵌套,即在一个被包含文件中又可以包含另一个被包含文件。如文件"user.h"中又使用包含命令将"stdio.h""string.h"和"malloc.h"包含进来。

(4) 被包含文件("stdio.h""string.h"和"malloc.h")与其所在的包含文件("user.h")在预处理后已成为同一个文件。因此,在使用包含文件命令♯include "user.h"后,头文件"stdio.h""string.h"和"malloc.h"中的宏定义等内容就在头文件"user.h"中有效,不必再进行定义。

当头文件嵌套包含时,如果同一个头文件在同一个源程序文件中被重复包含,就会出现

标识符重复定义的错误。

例如,头文件 f2.h 中包含了 f1.h,如果文件 f3.cpp 中既包含 f1.h,又包含 f2.h,那么编译将提示错误。其原因是 f1.h 被包含了两次,即其中的标识符在 f3.cpp 中被重复定义。用户应避免重复包含可以用"条件编译"指令。

3. 条件编译指令

当希望在不同条件下编译程序的不同部分,这种情况就要使用"条件编译"指令。条件编译指令包括♯if、♯else、♯ifdef、♯ifndef、♯endif、♯undef 等,可分为两类。

(1) 用宏名作为编译的条件,格式为

```
#ifdef<宏名>
    <程序段 1>
[#else
    <程序段 2>]
#endif
```

(2) 用表达式的值作为编译条件,格式为

```
#if <表达式>
    <程序段 1>
[#else
    <程序段 2>]
#endif
```

其中,"程序段"既可以是程序,也可以是编译预处理指令。

实际中,在调试程序时常常要输出调试信息,而调试完后不需要输出这些信息,则可以把输出调试信息的语句用条件编译指令括起来,通过在该指令前面安排宏定义来控制编译不同的程序段。形式如下:

```
#ifdef DEBUG
    cout<<"a = "<<a<<'\t'<<"x = "<<x<<endl;
#endif
```

在程序调试期间,在该条件编译指令前增加宏定义:

```
#define DEBUG
```

调试好后,删除 DEBUG 宏定义,将源程序重新编译一次。

相关说明如下。

(1) ♯ifndef 与♯ifdef 作用一样,只是选择的条件相反。

(2) ♯undef 指令用来取消♯define 指令所定义的符号,这样可以根据需要打开和关闭符号。

5.7 小结

数据的共享与保护是一对矛盾体,C++ 语言通过静态、友元、常量等机制,很好地实现了二者的平衡。本章首先介绍了标识符的作用域、可见性、生存期等概念,通过介绍类的静态成员(数据成员与函数成员)实现同一类的不同对象之间的数据与操作的共享,通过常成员机制实现对象的数据保护。此外,本章还介绍了多文件结构的 C++ 程序的编写方法,使

得读者对于大型软件结构的组织有一个初步的认识;通过预编译处理相关指令可以为源程序解决部分必要的预处理工作。

习题

1. 什么是标识符的作用域? 常见的作用域有哪几种类型?

2. 什么是可见性? 可见性的一般规则是什么?

3. 什么是生存期? 生存期主要有几种类型? 生存期与可见性有没有联系?

4. 分析下面的程序运行结果,再上机测试一下程序的实际输出,看看是否与自己的预期一致?

```cpp
#include<iostream>
using namespace std;
int main()
{
    int a;
    int &ra = a;
    a = 100;
    cout<<"a 的值"<<a<<endl;
    cout<<"a 的地址"<<&a<<endl;
    cout<<"引用 ra 的值"<<ra<<endl;
    cout<<"引用 ra 的地址"<<&ra<<endl;
    int b = 200;
    ra = b;                              //对引用再次赋值
    cout<<"b 的地址"<<&b<<endl;
    cout<<"a 的地址"<<&a<<endl;
    cout<<"引用 ra 的地址"<<&ra<<endl;
    cout<<"b 的值"<<b<<endl;
    cout<<"a 的值"<<a<<endl;
    cout<<"引用 ra 的值"<<ra<<endl;
    ra = 10;
    cout<<"b 的值"<<b<<endl;
    cout<<"a 的值"<<a<<endl;
    cout<<"引用 ra 的值"<<ra<<endl;
    return 0;
}
```

5. 什么是静态数据成员与静态函数成员? 什么情况下需要使用静态成员? 请自己设计一个包含静态成员的类的示例。

6. 理解静态(局部)变量、局部变量、全局变量的生存期的差异。

7. 假设类 Student 有一个数据成员 averGrade 表示学生的平均学分,请给该类添加一个友元函数,用于计算两个学生的平均学分。

8. 引用一般可以实现指针的全部功能,引用与指针之间的区别是什么? 假设有两个指针 p1 与 p2 分别指向堆空间与栈空间的内存单元,给这两个指针定义两个引用,则这两个引用有何差异?

第 **6** 章
数组、指针与字符串

指针是 C++ 语言中的精华和难点。灵活运用指针可以解决很多问题,如结合对象,指针可以访问对象及其成员,实现运行时的多态,实现动态的存储分配等。指针的功能很强,使用不当又会带来严重的后果;深入理解指针的本质,多思考、多比较、多上机,在实践中掌握它。

【本章学习要求】

理解:数组对象的定义和使用。

理解:指针的定义及其各种用法。

理解:指向对象的指针的用法。

掌握:深复制和浅复制构造函数。

掌握:C++ 对字符串的定义及使用。

6.1 数组

在 C++ 的程序设计中,为了处理方便,把具有相同类型的若干变量或对象按有序的形式组织起来,这些按序排列的同类数据元素的集合称为数组,组成数组的变量或对象称为数组的元素。数组元素用数组名和下标构成。

6.1.1 数组的声明与使用

1. 数组的声明

数组属于构造类型,在使用前一定要先进行类型声明,然后才能被引用。这里的声明又称为定义性声明。

数组声明的一般形式为

类型标识符　　数组名［常量表达式 1］［常量表达式 2］…;

其中,类型标识符是用来说明数组元素的类型,既可以是任一种基本数据类型,也可以是构造类型或类等用户自定义的类型。数组名的命名规则和变量名相同,遵循标识符规则,但不能与其他变量名重名。常量表达式需用一对方括号括起来,可以是常量、符号常量或常量表达式,但不允许为变量,即 C++ 不允许对数组的大小作动态的定义。常量表达式 1 用来确定第一维下标的长度,常量表达式 2 用来确定第二维下标的长度……数组元素个数等于各维长度的乘积。

例如：

```
#define  M  50
int  a[10];
char  str[M];
float  b[3][4];
```

说明：定义 a 是整型的一维数组，共有 10 个元素，每个元素可存储一个整型数据；str 是字符型的一维数组，共有 50 个元素，每个元素可存储一个字符；b 是实型的二维数组，第一维下标的长度为 3，第二维下标的长度为 4，共有 12 个元素，每个元素可存储一个单精度类型的数据。在实际使用中，二维数组常和矩阵对应，故第一维下标又称为行下标，第二维下标又称为列下标。

一般情况下，三维和三维以上的数组很少使用，最常用的就是一维数组。

2. 数组的使用

一个数组一旦经过定义即可使用，但数组不允许整体使用，只能逐个引用数组元素。

数组元素的表示形式：

数组名[下标表达式 1][下标表达式 2]...

其中，下标表达式的个数取决于数组的维数，该组下标指明拟访问的数组元素在数组中的位置。下标表达式一般为整型常量或整型表达式，若为小数，系统自动取整。下标表达式的值从 0 开始，上界不要超过声明时所确定的该维的大小。在引用数组元素时若下标"越界"，C++ 编译系统是不做检查报错的，这需要编程者在编写程序的时候保证引用的正确性。数组元素的使用方法和同类型的变量的使用方法一样，凡是允许使用该类型变量的地方，都可以使用数组元素。

例如，按照上面的定义：

```
a[3] = 2 * a[0];              //合法
cout<<a[10];                  //非法,10 为越界下标
cin>>b[i][j];                 //合法
```

【例 6.1】 数组元素的引用。

```
#include<iostream>
using namespace std;
void main(void)
{
    int i,a[10];
    for(i = 0;i<10;i++)
    a[i] = 2 * i+1;               //循环把奇数送入数组 a 的各元素中
    for(i = 9;i>=0;i--)
        cout<< "  "<<a[i];        //循环把数组元素从大到小输出
    cout<<endl;
}
```

程序运行结果：

```
19  17  15  13  11  9  7  5  3  1
```

程序中，声明了一个有 10 个元素的一维整型数组，用 for 循环分别给每个数组元素赋

1、3、5 等奇数值,再倒序输出各元素的值。对于第一个 for 循环中的语句"a[i]＝2＊i＋1",如果输入的数据无规律,则改用"cin>>a[i]";如果输出 a[5.2]或 a[5.8]元素的值,则均输出 a[5]元素的值,结果为 11。

6.1.2　数组的存储与初始化

1. 数组的存储

数组在内存中占用一段连续的内存空间,数组元素的值被依次存储在这段连续的存储空间里。对于一维数组,元素按下标由小到大存放;对于多维数组,元素"按行存储",即首先存储第一维下标为 0 的所有元素,再存储第一维下标为 1 的所有元素等。对于第一维下标为 0 的这些元素,首先存储第二维下标为 0 的所有元素,再存储第二维下标为 1 的所有元素等,以此类推。

例如:

```
int   a[10];
float  b[3][4];
```

说明:a 数组在内存中占用一段连续的空间,在这段空间里依次存储 a[0]、a[1]、a[2]…a[9]。b 数组在内存中占用一段连续的空间,在这段空间里首先存储行下标为 0 的所有元素,即 b[0][0]、b[0][1]、b[0][2]、b[0][3],然后再存储行下标为 1 的所有元素,即 b[1][0]、b[1][1]、b[1][2]、b[1][3],最后存储行下标为 2 的所有元素,即 b[2][0]、b[2][1]、b[2][2]、b[2][3]。

2. 数组的初始化

数组的初始化是指在声明数组的时候对数组中开始的若干元素乃至全部元素赋初值。对于基本类型的数组初始化过程就是给数组元素赋值;对于对象数组,每个元素都是某个类的一个对象,初始化就是调用该对象的构造函数。

(1) 数组元素全部初始化。

例如,一维数组元素全部初始化。

```
int a[10] = {0,1,2,3,4,5,6,7,8,9};
```

说明:{}中的各数据值即为各元素的初始值,各值之间用逗号间隔。对一维数组 a 初始化时,如果所有元素均有赋值,在定义的时候可以省掉方括号中的常量,即写成 int a[]＝{0,1,2,3,4,5,6,7,8,9}。

例如,二维数组元素全部初始化。

```
int b1[3][4] = {1,2,3,4,5,6,7,8,9,10,11,12};              //按行连续赋初值
int b2[3][4] ={{1,2,3,4},{5,6,7,8}{9,10,11,12}};          //按行分段赋初值
```

说明:二维数组初始化时,可以按行连续赋初值,即把所有元素的值都写在{}内,数组元素的值按其在内存中的排列顺序赋值,若所有元素均有赋值,在定义的时候可以省掉第一维的大小,编译系统在编译程序时通过对初始值表中所包含的元素的个数进行检测,能够自动确定这个二维数组的第一维长度。也可以采用按行分段赋初值,即按第一维下标进行分组,使用{}将每一组的数据括起来。若初始化时每一行均有赋值,在定义的时候同样可以省掉第一维的大小。下面的写法与上面的语句完全等效:

```
int b1[ ][4] = {1,2,3,4,5,6,7,8,9,10,11,12};
int b2[ ][4] = {{1,2,3,4},{5,6,7,8}{9,10,11,12}};
```

（2）数组元素部分初始化。

数组在初始化的时候，初始值的数目小于数组元素的个数，即只给出部分数组元素的初始值，则数组剩余的元素被自动初始化为 0。如果是一维数组部分初始化，则在定义时不能省掉方括号中的常量；若二维数组采用的是按行连续赋初值的方式，则在定义时不能省掉第一维的大小；若采用按行分段赋初值，行没有给全，定义时也不能省掉第一维的大小。

例如：

```
int a[10] = {0,1,2,3,4};              //只给 a[0]~a[4]5 个元素赋值,后面的 5 个元素赋 0 值
                                      //定义的时候方括号中的 10 不能省掉
int b1[3][4]= {{0,1},{0,0,2},{3}};    //可省掉第一维大小 3
```

上面的语句与下面的语句完全等价：

```
int b1[3][4] = {0,1,0,0,0,0,0,2,0,3};   //第一维大小 3 不能省
int b2[][4] = {{0,0,3},{0},{0,10}};     //按行分段赋初值,每行都有给数据,省掉第一维大小
```

这样的写法，能通知编译系统：数组共有 3 行。数组各元素为

```
0   0   3   0
0   0   0   0
0  10   0   0
```

【例 6.2】　将一个二维数组中的行和列元素互换，存放到另一个二维数组中。如原数组为 a$=\begin{bmatrix} 1 & 2 & 3 \\ 4 & 5 & 6 \end{bmatrix}$,互换后为 b$=\begin{bmatrix} 1 & 4 \\ 2 & 5 \\ 3 & 6 \end{bmatrix}$。

```
#include<iostream>
using namespace std;
void main(void)
{
    int a[2][3] = {{1,2,3},{4,5,6}};
    int b[3][2],i,j;
    for(i = 0;i<2;i++)
        for(j = 0;j<3;j++)
            b[j][i] = a[i][j];          //对数组 a 和数组 b 进行行列元素互换
    cout<<"Array a:"<<endl;
    for(i = 0;i<2;i++)                  //双重循环输出二维数组 a
    {
      for(j = 0;j<3;j++)
        cout<<a[i][j]<<"  ";
      cout<<endl;                       //注意换行
    }
    cout<<"Array b: "<<endl;
    for (i = 0;i<=2;i++)                / * 双重循环输出数组 b * /
      {
      for (j = 0;j<=1;j++)
        cout<<b[i][j]<<"  ";
        cout<<endl;
      }
}
```

6.1.3　数组作为函数的参数

数组元素和数组名都可以作为函数的实参,以实现函数间数据的传递和共享。数组元素作函数实参时,其用法与同类型变量作为函数实参的用法相同;数组名作为函数实参时,传递的是数组的首地址。

1. 数组元素作为函数实参

数组元素的使用等同于同类型的变量。因此,数组元素作函数参数同变量作实参一样,和形参之间采取的是单向的"值传递"。

【**例 6.3**】　用数组元素作函数实参。

```cpp
#include<iostream>
using namespace std;
void swap1(int x, int y)
{
    int t;
    t = x; x = y; y = t;
}
void main(void)
{
    int a[2] = {2,4};
    cout<<"a[0] = "<<a[0]<<"   "<<"a[1] = "<<a[1]<<endl;
    swap1(a[0],a[1]);
    cout<<"a[0] = "<<a[0]<<"   "<<"a[1] = "<<a[1]<<endl;
}
```

运行结果如下:

```
a[0] = 2   a[1] = 4
a[0] = 2   a[1] = 4
```

从运算结果可以看出,在调用 swap1 函数前后,a 数组元素的值没有发生改变。这是因为用数组元素作参数采用的是"值传送"方式,形参的改变不会影响实参的值。

2. 数组名作为函数实参

用数组名作函数参数,此时实参与形参都应该是数组名,且类型要相同。和数组元素作实参不同,由于数组名代表的是数组所占用的内存段的起始地址,故使用数组名作为函数实参时,传递的是实参数组的首地址。

【**例 6.4**】　编写一个可以求 n 个数的平均值的函数,并在主函数中调用该函数。

```cpp
#include<iostream>
using namespace std;
float average(float array[ ], int n)
//数组 array 定义时可以不给大小,用变量 n 来接受实参数组的元素个数
{
    int i;
    float aver, sum = 0;
    for(i = 0; i<n; i++)
        sum = sum+array[i];
    aver = sum/n;
    return(aver);
}
```

```
void main(void)
{
    float data[10] = {5.6,8.9,4,3.2,1,2.8,98,12,23.5,44.6};
    cout<<"the average of data1 is "<<average(data,10)<<endl;
}
```

运行结果如下：

the average of data1 is 20.36

关于数组名作为函数实参的几点说明。

(1) 用数组名作函数参数时，应该在主调函数和被调用函数中分别定义数组，例 6.4 中的 array 是形参数组名，data 是实参数组名，分别在其所在的函数中定义。

(2) 实参数组与形参数组类型应一致（例 6.4 中均为 float 型），系统可能进行自动转换，但不一定能得到期望的结果。

(3) 由于 C++ 编译系统对形参数组的大小不做检查，只是将实参数组的首地址传给形参数组，因此在被调用函数中定义形参数组时可以不给第一维的大小。为了在被调用函数中处理数组元素个数的需要，可以另设一个参数，传递数组元素的个数（如例 6.4 中的变量 n）。

(4) 应当注意：用数组名作函数实参时，不是把数组的值传递给形参，而是把实参数组的起始地址传递给形参数组，这样两个数组就共占同一段内存单元。形参数组中各元素的值如果发生变化，会使实参数组元素的值同时发生变化。

【例 6.5】 用数组名作函数实参实现数组元素的反序存储。

```
#include<iostream>
using namespace std;
void inverse(int array[ ],int n)
{
    int i,j,t;
    for(i = 0,j = n-1;i<j;i++,j--)
    {
        t = array[i];
        array[i] = array[j];
        array[j] = t;
    }
}
void main(void)
{
    int a[10], i,n;
    cout<<" input n:";
    cin>>n;
    cout<<" input ">>n>>" numbers:";
    for(i = 0;i<n;i++)
        cin>>a[i];
    inverse(a,n);
    cout<<" the inverseed numbers:";
    for(i = 0;i<n;i++)
        cout<<"  "<<a[i];
    cout<<endl;
}
```

运行情况如下：

```
input n:5 ↵
    input 5 numbers:1  2  3  4  5↵
    the inverseed numbers:5  4  3  2  1
```

二维数组元素作为函数实参与一维数组元素以及简单变量作为实参相同，采取"值传递"方式。二维数组名作为函数参数与一维数组名作为函数参数相同，传递的是数组的起始地址，在被调用函数中对形参数组定义时可以指定每一维的大小，也可以省略第一维的大小说明。如"int a[3][10];"或"int a[ ][10];"二者都合法而且等价，但是不能把第二维大小说明省略。

【例 6.6】 有一个 2×4 的矩阵，求所有元素中的最小值。

```cpp
#include<iostream>
using namespace std;
int min_value(int array[ ][4],int n)
{
    int i,j,min;
    min = array[0][0];
    for(i = 0;i<n;i++)
      for(j = 0;j<4;j++)
        if(array[i][j]<min)
            min = array[i][j];
    return(min);
}
void main(void)
{
    int a[2][4] = {{101,34,63,28},{90,17,56,62}};
    cout<<"min value is:"<<min_value(a,2)<<endl;
}
```

运行结果如下：

```
min value is:17
```

6.1.4　对象数组

数组的元素既可以是基本数据类型的数据，也可以是用户自定义数据类型的数据，对象数组就是指数组的元素是对象。对象数组中的各个元素必须属于同一个类，每个元素不仅具有数据成员，而且还有函数成员。因此和基本类型数组相比，对象数组有一些特殊之处。

声明一个一维的对象数组的形式为

类名　　数组名[下标表达式]...;

其中，"类名"指出该对象数组的元素所在的类；"下标表达式"给出数组的维数和大小。例如：

```
exam obs[5];          //定义了一个一维对象数组 obs,它含有 5 个属于 exam 类的对象
```

与基本类型数组一样，在使用对象数组时也只能引用单个数组元素。每个数组元素都是一个对象，通过这个对象，便可以访问到它的公有成员。其引用形式为

数组名[下标].成员名

例如:

```
cout<<obs[2].getx()<<endl;
```

其中,getx 是 exam 类中的公有成员函数。

对象数组的赋值是通过对数组中的每一个元素的赋值来实现的,既可以给它赋初值,也可以被重新赋值。对象数组的初始化过程就是调用构造函数对每一个元素对象进行初始化的过程。如果在声明数组时给每一个数组元素指定初始值,在数组初始化过程中就会调用与形参类型相匹配的构造函数。

【**例 6.7**】　给类中无自定义的构造函数的对象数组赋值。

```
#include<iostream.h>
class exam
{
    int x;
public:
    void setx(int n)
    {   x = n;   }
    int getx()
    {   return x;   }
};
main()
{
    exam ob[4];
    int i;
    for(i = 0;i<4;i++)
        ob[i].setx(i);
    for(i = 0;i<4;i++)
    cout<< ob[i].getx()<<"    "<<endl;
    return 0;
}
```

【**例 6.8**】　给类中定义了不带参数的构造函数的对象数组赋值。

```
#include<iostream.h>
class exam
{
    int x;
public:
    exam()                                    //不带参数的构造函数
    {   x = 0;   }
    exam(int n)                               //带参数的构造函数
    {   x = n;   }
    int getx()
    {   return x;   }
};
main()
{
    exam ob1[4];                              //调用不带参数的构造函数
    exam ob2[4] = {exam(1),exam(2),exam(3),exam(4)}; //通过初始值表给对象数组赋值
    int i;
    for(i = 0;i<4;i++)
        cout<< ob1[i].getx()<<"    "<<endl;
    for(i = 0;i<4;i++)
```

```
         cout<< ob2[i].getx()<<"    "<<endl;
     return 0;
}
```

6.1.5 程序实例

【例 6.9】 冒泡排序。

这是数组中常用的一个算法——排序问题。排序是将一组随机排放的数按从小到大(升序)或从大到小(降序)重新排列。排序有冒泡法、选择法等,该例中采用冒泡法实现升序排列。

冒泡排序的思路是:每一轮在待排序列中进行元素的两两比较,若不满足排序要求,则交换。假定有 n 个元素存放在 a[0]~a[n-1]中,第一轮将 a[0]与 a[1] 比较,a[1]与 a[2] 比较,依次到 a[n-2]与 a[n-1] 比较,如果前者比后者大,就互换,则一轮下来,n 个元素中最大的被换到 a[n-1]中;第二轮从 a[0]~a[n-2]进行元素的两两比较,使得 n 个元素中次大的被换到 a[n-2]中;以此类推,共进行 n-1 轮比较,a[0]到 a[n-1]就按由小到大顺序存放了。

```cpp
#include<iostream>
using namespace std;
void sort(int array[ ],int n)
{
   int i,j,t;
   for(i = 0;i<n-1;i++)
     for(j = 0;j<n-i-1;j++)
       if(array[j]>array[j+1])
       {
           t = array[j];
           array[j] = array[j+1];
           array[j+1] = t;
       }
}
void main(void)
{
   int a[10], i;
   cout<<" input 10 numbers:"<<endl;
   for(i = 0;i<10;i++)
      cin>>a[i];
   sort(a,10);
   cout<<" the sorted numbers:"<<endl;
   for(i = 0;i<10;i++)
      cout<<a[i] <<"  ";
   cout<<endl;
}
```

【例 6.10】 求二维数组中的鞍点。所谓鞍点是指一个矩阵元素的值在其所在行中最大,在其所在列中最小。

```cpp
#include<iostream>
using namespace std;
#define N 3
#define M 4
```

```
void main(void)
{
    int spoint(int B[][M],int);
    int A[N][M];
    int i,j,f = 0;
    cout<<"请输入数组 A[N][M]的元素: "<<endl;
    for(i = 0;i<N;i++)
        for(j = 0;j<M;j++)
            cin>>A[i][j];}
    f = spoint(A,N);                        //判断鞍点子函数
    if(f ==1) cout<<"数组 A 无鞍点"<<endl;
}
int spoint(int B[ ][M],int n)
{
  int i,j,k,max,col,flag;
  for(i = 0;i<n;i++)                        //求各行最大值,并记下列下标
  {
      max = B[i][0];
      col = 0;
      for(j = 1;j<M;j++)
        if(B[i][j]>max)
          {
          max = B[i][j];
          col = j;
          }
  flag = 1;                                 //判断该行最大值是否同时为所在列的最小值
  for(k = 0;k<n&&flag;k++)
    if(B[k][col]<max)
      flag = 0;
  if(flag)
    {
    cout<<"数组 A 中的鞍点是: "<<max<<endl;
    cout <<"位置是: "<<"第"<<i<<"行"<<"第"<<col<<"列"<<endl;
    return 1;
    }
  }
  return 0;
}
```

6.2　指针

　　指针是 C++ 从 C 中继承过来的重要数据类型。通过指针技术,可以描述各种复杂的数据结构,可以更灵活地处理字符串,更方便地处理数组,并支持动态内存分配,提供了函数的地址调用和自由地在函数之间传递各种类型的数据等。这对系统软件的设计是必不可少的。同时,指针也是 C++ 的难点之一,为了理解指针,先要理解内存地址的概念。

6.2.1　内存空间的访问方式

　　在计算机中,所有的程序和数据都是存放在存储器的内存中。内存的基本单元是字节(byte),1 字节由 8 位二进制位组成。一般把存储器中的 1 字节称为一个内存单元,不同的

数据类型所占用的内存单元数不等。为了正确地访问内存单元,必须给每个内存单元确定一个整型编号,该编号称为该内存单元的地址。计算机就是通过这种地址编号的方式来确保内存数据读写的准确定位的。

程序中每个变量在内存中都会有固定的位置,有具体的地址。由于变量的数据类型不同,它所占的内存单元数也不相同。在程序中定义为

```
int a;
double m;
char ch1;
```

一般的编译系统为变量分配内存:变量 a 是基本整型变量,在内存占 4 字节;m 是双精度实型,占 8 字节;ch1 是字符型,占 1 字节。变量在内存中按照数据类型的不同,占内存的大小也不同,它们都有具体的内存单元地址。变量的值存放在内存单元中,这些内存单元中存放的数据就是变量本身的值。

对内存中变量的访问,有两种方式:一种是通过变量名直接访问变量的值,这种访问称为直接访问,如 a=1,通过变量名 a 直接把 1 赋到 a 所占用的内存单元中。另一种是把某个变量 a 对应的内存单元的地址(简称变量 a 的地址,假设为 2A00H)放在另一个变量 pa 对应的内存单元中,如果对变量 pa 做直接访问,如 cout<<pa,得到的是 pa 所对应的内存单元中的数据,即输出的是变量 a 的地址;如果取得这个地址后,按照该地址的指示,再找到变量 a 所对应的内存单元内的数据(变量 a 的值为 1),这种通过 pa 访问变量 a 的内存单元的访问方式就是间接访问,如图 6.1 所示。

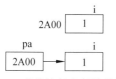

图 6.1　直接访问和间接访问

这里变量的地址又称为变量的指针,严格地说,一个指针就是一个地址。如果用变量来存放这些地址,这样的变量就是指针变量,而一个指针变量却可以被赋予不同的指针值(即变量)。如果一个指针变量所占内存单元中存储了某个变量的地址,就称该指针变量指向某变量,这种指向是通过该指针变量存储的地址体现的。指针变量的值不仅可以是变量的地址,也可以是其他数据结构的地址,如在一个指针变量中可存放一个数组或一个函数的首地址。

在一个指针变量中存入一个数组或一个函数的首地址有何意义呢?因为数组或函数都是连续存放的,通过访问指针变量取得了数组或函数的首地址,也就找到了该数组或函数。这样一来,凡是出现数组、函数的地方都可以用一个指针变量来表示,只要该指针变量中被赋予数组或函数的首地址即可。这样会使程序的概念清楚,程序本身精炼、高效。在 C++ 语言中,一种数据类型或数据结构往往都占有一组连续的内存单元。用"地址"这个概念并不能很好地描述一种数据类型或数据结构,而"指针"虽然实际上也是一个地址,但它却可以是某个数据结构的首地址,它是"指向"一个数据结构的,因而概念更为清楚,表示更为明确。这也是引入"指针"概念的一个重要原因。

6.2.2　指针变量的声明

指针变量与其他的变量一样,在使用前必须先加以声明。其声明方式与一般变量声明相比,只是在变量名前多加一个星号(*)。

指针变量声明的一般形式为

```
类型说明符　*变量名;
```

其中,*表示这是一个指针变量;变量名即为声明的指针变量名,命名规则和普通变量名相同,遵循标识符规则;类型说明符表示本指针变量所指对象(变量、数组或函数等)的数据类型,这说明指针所指的内存单元可以用于存放什么类型的数据,称为指针的类型,而所有指针本身的类型都默认是 unsigned long int。例如:

```
int * ptr1;
```

声明 ptr1(而不是*ptr1)是一个指向整型变量的指针变量,它的值是某个整型变量的地址。至于 ptr1 究竟指向哪一个整型数据是由 ptr1 所赋予的地址所决定的。

```
float * ptr2;
char * ptr3;
```

声明 ptr2 是指向单精度变量的指针变量;ptr3 是指向字符型变量的指针变量。

应该注意的是,一个指针变量只能指向同类型的变量,如 ptr2 只能指向单精度变量,不能时而指向一个单精度变量,时而指向一个整型变量。

在 C++ 中没有一种孤立的"地址"类型。声明指针变量时必须要指明它的类型,即它是用于存放什么类型的地址的,这是因为指针变量的运算规则与它所指的对象类型是密切相关的。当指针变量被赋值后,该指针变量及它所指向的变量所能进行的运算及其运算规则是由声明时的类型来确定的。

6.2.3　指针的赋值

声明了一个指针,只是得到了一个用于存储地址的指针变量,变量中并没有确定的值,其中的地址值是一个随机数,即不能确定此时该指针变量中存放的是哪个内存单元的地址,而该内存单元中可能存放着重要的数据或程序代码,如果随便更改其中的数据会造成系统故障。因此声明指针后一定要先为其赋值,使该指针有正确的指向,然后才能通过它来使用它所指向的内存单元中的数据。与其他普通变量一样,指针变量的赋值方式有如下两种。

(1) 在声明指针变量的时候进行初始化赋值。

语法格式为

```
数据类型　*指针变量名=初始地址;
```

例如:

```
int a, * pa = &a;
```

上例中声明了整型的变量 a,整型的指针变量 pa,并且给 pa 赋初始值为 a 的地址。注意,并不是把 a 的地址赋给*pa。

(2) 声明之后,再用赋值语句为其赋值。

语法格式为

```
指针变量名 = 地址;
```

例如:

```
int a, * pa;
pa = &a;
```

用这种方法,被赋值的指针变量前不能再加 * 说明符,如写为 * p＝&a 是错误的。

指针变量存放另一同类型的变量的地址,因而不允许将任何非地址类型的数据赋给它。如"p＝2000;"就属于非法,这也是一种不能转换的错误,因为 2000 是整型常量(int),而 p 是指针变量(int *)。

由于在 C++ 语言中,变量的地址是由编译系统分配的,对用户完全透明,因此必须使用地址运算符 & 来取得变量的地址。

除了用变量的地址给指针变量赋值外,还可以把一个指针变量的值赋予指向相同数据类型的另一个指针变量,把数组的首地址赋给指向数组的指针变量,把函数的入口地址赋给指向函数的指针变量等,例如:

```cpp
int a, b[5], * pa, * pb, * pc;
pa = &a;
pb = pa;            //将指针变量 pa 的值赋给相同类型的指针变量 pb
pc = b;            //将数组名(是一个数组的首地址)直接赋给一个相同类型的指针变量 pc
int (* pf) (int,int);
pf = f;            //f 为函数名,此函数带两个整型形参,返回值为整型
```

对指针变量还可以赋空值,即使该指针变量不指向任何具体的变量,这和指针变量不赋值是不同的。指针变量未赋值时,值是任意的,即非法地址,是不能用的,否则将造成意外错误。例如:

```cpp
#define NULL 0
int * p = NULL;
```

或

```cpp
int * p = 0;        //p 不指向任何变量
```

一般情况下,指针的值只能赋给相同类型的指针。但是 void 类型指针,可以存储任何类型的对象地址,即任何类型的指针都可以赋给 void 类型的指针变量(注意,void 类型指针一般只在指针所指向的数据类型不确定时使用)。例如:

```cpp
void   * pv;
int   i;
pv = &i;
```

6.2.4 指针运算

指针是一种数据类型,与其他数据类型一样可以参与部分运算。指针变量可以进行的运算主要有以下几种。

1. 取内容运算

指针变量的取内容运算也称为指针变量的引用。引用形式为

```cpp
*指针变量;
```

其中的 * 是取内容运算符,是单目运算符,其结合性为右结合,用来表示指针变量所指向的数据对象。在 * 运算符之后跟的变量必须是指针变量。需要注意的是,指针运算符 * 和指针变量说明符 * 不是一回事。在指针变量说明中,* 是类型说明符,表示其后的变量是指针类型;而表达式中出现的 * 则是一个运算符,用来表示指针变量所指向的数据对象。

事实上,若定义了变量以及指向该变量的指针为

int a, * p;

若 p＝&a;则称 p 指向变量 a,或者说 p 具有了变量 a 的地址。

在以后的程序处理中,凡是可以写 &a 的地方,都可以替换成表示指针的 p,a 也可以替换为 * p。

【例 6.11】 指针变量的基本使用。

```cpp
#include<iostream>
using namespace std;
void main(void)
{
    int a, b, * p;
    a = 10;
    p = &a;
    cout<<"a = "<<a<<endl;
    cout<<" * p = "<< * p<<endl;
    p = &b;
     * p = 20;
    cout<<"b = "<<b<<endl;
    cout<<" * p = "<< * p<<endl;
}
```

程序的运行结果为

```
a = 10
 * p = 10
b = 20
 * p = 20
```

说明:程序中定义了整型的变量 a、b 以及整型的指针变量 p,系统会为这些变量各自分配它们所需的存储空间,然后给 a 赋值为 10,即变量 a 的存储空间里面存储的是 10;再给指针变量 p 赋变量 a 的地址,即 p 的存储空间里面存储的是 a 的地址,p 是指向 a 的指针变量,所以程序中第二条 cout 语句(第 9 行代码)输出 * p 是输出变量 a 的值 10。接着给 p 赋变量 b 的地址,此时 p 的存储空间里面存储的就是 b 的地址,即 p 是指向变量 b 的,因此 " * p＝20"是使 p 所指向的变量 b 赋值为 20,故程序中第 4 条 cout 语句(第 13 行代码)输出 * p 是输出变量 b 的值 20。

2. 加减运算

指针变量的加减运算只能对指向数组的指针变量进行,对指向其他类型的指针变量做加减运算是无意义的。假设 pa 为指向数组 a 的指针变量,则 pa＋n、pa－n、pa＋＋、＋＋pa、pa－－、－－pa 运算都是合法的。指针变量加或减一个整数 n 的意义是把指针指向的当前位置(指向某数组元素)向前或向后移动 n 个位置。应该注意的是,数组指针变量向前或向后移动一个位置,和地址加 1 或减 1 在概念上是不同的。因为数组可以是不同类型的,各种类型的数组元素所占的字节长度是不同的。

例如:

```cpp
int a[5], * pa = a;
pa += 2;     //pa = a 数组的起始地址+2 * 4 字节,int 类型的数据占据 4 字节
```

只有指向同一数组的两个指针变量之间相减才有意义。两指针变量相减所得之差是两个指针所指数组元素之间相差的元素个数。实际上是两个指针值(地址)相减之差再除以该数组元素的长度(占字节数)。很显然,两个指针变量相加是无实际意义的。

3. 关系运算

两个同类型的指针变量可以进行关系运算,此时这两个指针变量一般指向同一数组,进行关系运算可表示它们所代表的地址之间的关系。

例如:

```
p1 == p2        //若成立,则表示 p1 和 p2 指向同一数组元素
p2 > p1         //若成立,则表示 p2 处于高地址位置
p2 < p1         //若成立,则表示 p2 处于低地址位置
```

【例 6.12】 从键盘输入两个整数,按由小到大的顺序输出。

```cpp
#include<iostream>
using namespace std;
void main(void)
{
    int num1,num2;
    int * num1_p = &num1, * num2_p = &num2, * pointer; //定义指针变量并赋值
    cout<<"Input the first number:";
    cin>>num1_p
    cout<<"Input the second number:"
    cin>>num2_p;
    cout<<"num1 = "<<num1<<",num2 = "<<num2<<endl;
    if( * num1_p > * num2_p)                          //如果 num1>num2,则交换指针
      {  pointer=num1_p,  num1_p=num2_p,  num2_p=pointer;  }
    cout<<"min = "<< * num1_p <<",max = "<< * num2_p<<endl;
}
```

程序运行情况:

```
Input the first number:9↵
Input the second number:6↵
num1 = 9, num2 = 6
min = 6, max = 9
```

本例的处理思路是交换指针变量 num1_p 和 num2_p 的值,而不是变量 num1 和 num2 的值(变量 num1 和 num2 并未交换,仍保持原值),最后通过指针变量输出处理结果。程序在运行过程中,实际存放在内存中的数据没有移动,而是将指向该变量的指针交换了指向,如图 6.2 所示。

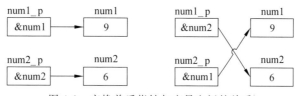

图 6.2   交换前后指针与变量之间的关系

当指针交换指向后,num1_p 和 num2_p 由原来指向的变量 num1 和 num2 改变为指向变量 num2 和 num1,这样一来, * num1_p 就表示变量 num2,而 * num2_p 就表示变

量 num1。

6.2.5 用指针处理数组元素

由于指针加减运算的特点使得指针特别适合用于处理一段连续内存空间里的同类型数据,而数组恰好是一组同类型数据的集合。当一个数组被定义后,程序会按照其类型和长度在内存中为数组分配一段连续的地址空间,数组中的元素依"行序优先"存储在这段连续的内存空间中,数组名就是这块连续内存单元的首地址。因此在程序中用指针来依次处理数组中的元素是极其方便快捷的。

一个数组是由各个数组元素(下标变量)组成的。每个数组元素按其类型不同占有若干连续的内存单元。一个数组元素首地址是指它所占有的几个内存单元的首地址。数组元素在使用方式上等同于同类型的变量。程序中可以使用指针变量来存放变量的地址,使其指向变量,当然也可存放用指针变量来存储数组的首地址或数组元素的地址。这就是说,指针变量可以指向数组或数组元素,对数组而言,数组和数组元素的引用,也同样可以使用指针变量。

1. 指针与一维数组

程序中如果定义了一个一维数组,系统会为该数组在内存中分配一段连续的存储空间,数组名代表该数组所占内存段的首地址,也就是数组的指针。数组的元素按下标由小到大存储在这段内存空间中,每个元素占用几个连续的内存单元,都有各自的地址。而下标为 0 的这个元素由于存储在这段内存空间的最前面,因此该元素的地址也是这段内存空间的首地址。程序中可以定义一个和数组元素同类型的指针变量,并将数组的首地址传给该指针变量,则该指针变量就指向了这个一维数组,即指向下标为 0 的这个元素。例如:

```
int a[10], *ptr;        //定义数组与指针变量
ptr = a; (或 ptr = &a[0];)
```

则 ptr 就得到了数组的首地址。其中,a 是数组的首地址,&a[0] 是数组元素 a[0] 的地址,由于 a[0] 的地址就是数组的首地址,所以两条赋值操作效果完全相同。指针变量 ptr 就是指向数组 a 的指针变量,如图 6.3 所示。

若 ptr 指向了一维数组,则在 C++ 中规定指针对数组的表示方法。

(1) ptr+n 与 a + n 表示数组元素 a[n] 的地址,即 &a[n]。对整个 a 数组来说,共有 10 个元素,n 的取值为 0~9,则数组元素的地址就可以表示为 ptr+0~ptr+9 或 a+0~a+9,与 &a[0]~&a[9] 保持一致。

(2) 知道了数组元素的地址表示方法,*(ptr+n) 和 *(a+n) 就表示为数组的各元素,即等效于 a[n]。

(3) 指向数组的指针变量也可用数组的下标形式表示为 ptr[n],其效果相当于 *(ptr+n)。

根据以上叙述,对一维数组的引用,既可以使用传统的数组元素的下标法,也可以使用指针的表示方法。

【例 6.13】 输入输出一维数组各元素。
方法 1:下标法。

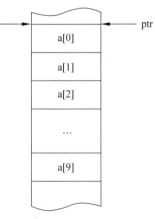

图 6.3 指针变量与数组

```cpp
#include<iostream>
using namespace std;
void main(void)
{
    int i,a[10];
    for(i = 0;i<=9;i++)
        cin>>a[i];
    for(i = 0;i<=9;i++)
        cout<<"   "<<a[i];
    cout<<endl;
}
```

方法 2：数组名法。

```cpp
#include<iostream>
using namespace std;
void main(void)
{
    int i,a[10];
    for(i = 0;i<=9;i++)
        cin>> * (a+i);
    for(i = 0;i<=9;i++)
        cout<<"   "<< * (a+i);
    cout<<endl;
}
```

方法 3：指针法。

```cpp
#include<iostream>
using namespace std;
void main(void)
{
    int i,a[10], * ptr = a;
    for(i = 0;i<=9;i++)
        cin>> * (ptr+i);
    for(i = 0;i<=9;i++)
        cout<<"   "<< * (ptr+i);
    cout<<endl;
}
```

或

```cpp
#include<iostream>
using namespace std;
void main(void)
{
    int i,a[10], * ptr;
    for(ptr = a;ptr<=a+9;ptr++)
        cin>> * ptr;
    for(ptr = a;ptr<=a+9;ptr++)        //指针变量执行循环前,需重新指向数组首址
        cout<<"   "<< * ptr;
    cout<<endl;
}
```

　　说明：程序中 * ptr 表示指针所指向的变量。ptr＋＋表示指针所指向的变量地址加 1 个变量所占字节数,具体地说,若指向 int 变量,则指针值加 4;若指向 double 变量,则加 8,

以此类推。而第一个 for 循环中,ptr 首先赋值为数组 a 的首地址,即元素 a[0] 的地址,ptr 是小于或等于 a+9 的(a+9 是元素 a[9] 的地址):执行循环体输入 a[0] 的值后,ptr++ 使指针 ptr 向后移一个数组元素,指向 a[1],输入 a[1] 的值,依次执行到 ptr++,指向 a[9],输入 a[9] 的值,此时 ptr++,ptr 指向数组尾部的后面。假设元素 a[9] 的地址为 2000,整型占 4 字节,则 ptr 的值就为 2004,因此 ptr 的值大于 a+9,第一个 for 循环结束。请思考:如果将以上程序中的第二个 for 循环中的"ptr=a;"语句去掉,再运行该程序会出现什么结果呢?

2. 指针与多维数组

用指针变量既可以指向一维数组,也可以指向二维数组或多维数组。这里以二维数组为例介绍指向多维数组的指针变量。

(1) 二维数组的地址。

定义一个二维数组:

```
int a[3][4]={{2,4,6,8},{10,12,14,16},{18,20,22,24}};
```

表示二维数组有三行四列共 12 个元素,在内存中按行存放,存放形式如图 6.4 所示。

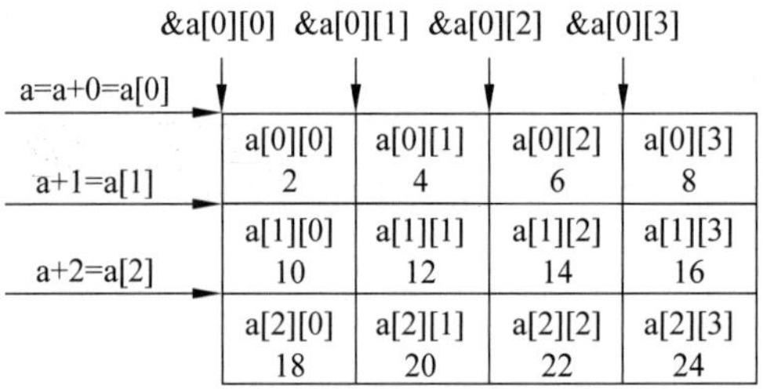

图 6.4 二维数组的地址

在 C++ 中可以把二维数组 a 看成一个特殊的一维数组,它包含 3 个元素,分别为 a[0]、a[1]、a[2],各元素又是一个有 4 个元素的一维数组,即 a[0] 是由 a[0][0]、a[0][1]、a[0][2]、a[0][3] 共 4 个元素构成的一维数组,a[0] 相当于一维数组的名字。

a 是一个数组名,代表该数组所占内存段的起始地址,即二维数组首元素 a[0] 的地址。而 a[0] 是由 4 个整型元素所组成的一维数组,因此 a 代表的是首行(第 0 行)的首地址。a+1 代表二维数组元素 a[1] 的地址,即第 1 行的首地址。如果二维数组首行的首地址为 2000,则 a+1 为 2016(2000+4 * 4B)。a+2 代表二维数组元素 a[2] 的地址,即第 2 行的首地址。而 &a[i] 与 a+i 等价,因此它们都是二维数组元素 a[i] 的地址,即第 i 行的首地址。

a[0]、a[1]、a[2] 既然是一维数组名,而 C++ 中又规定数组名代表数组首元素地址,因此 a[0] 代表一维数组 a[0] 中第 0 列元素的地址,即 &a[0][0];a[1] 代表一维数组 a[1] 中第 0 列元素的地址,即 &a[1][0];a[2] 代表一维数组 a[2] 中第 0 列元素的地址,即 &a[2][0]。

由于 a[i] 是一维数组 a[i] 中第 0 列元素的地址,则 a[i]+1 就是一维数组 a[i] 中第 1 列元素的地址,即 &a[i][1];a[i]+2 就是一维数组 a[i] 中第 2 列元素的地址,即 &a[i][2];a[i]+3 就是一维数组 a[i] 中第 3 列元素的地址,即 &a[i][3]。

在一维数组的指针中讲述过,a[i] 与 *(a+i) 等价。因此 a[i]+1 和 *(a+i)+1 的值都是 &a[i][1],a[i]+2 和 *(a+i)+2 的值都是 &a[i][2],a[i]+3 和 *(a+i)+3 的值都是 &a[i][3]。既然 a[i]+j 和 *(a+i)+j 都是 a[i][j] 的地址,那么,*(a[i]+j) 和 *(*

(a+i)+j)就是 a[i][j]的值。

【例 6.14】 二维数组地址和元素的多种表示方式。

```
#include<iostream>
using namespace std;
void main(void)
{
    int a[3][4] = {{2,4,6,8},{10,12,14,16},{18,20,22,24}};
    cout<<a<<"  "<< * a<<"  "<<a[0]<<"  "<<&a[0]<<"  "<<&a[0][0]<<"  ";
    cout<<a[0][0]<<endl;
    cout<<a+1<<"  "<< * (a+1)<<"  "<<a[1]<<"  "<<&a[1]<<"  "<<&a[1][0] << "  ";
    cout<<a[1][0]<<endl;
    cout<<a+2<<"  "<< * (a+2)<<"  "<<a[2]<<"  "<<&a[2]<<"  "<<&a[2][0] << "  ";
    cout<<a[2][0]<<endl;
    cout<<a[1]+1<<"  "<< * (a+1)+1<<endl;
    cout<< * (a[1]+1)<<"  "<< * ( * (a+1)+1)<<endl;
}
```

（2）指向二维数组元素的指针变量。

【例 6.15】 用指针变量输入输出二维数组元素的值。

```
#include<iostream>
using namespace std;
void main(void)
{
    int a[3][4], * ptr;
    int i,j;
    ptr = a[0];
    for(i = 0;i<3;i++)
        for(j = 0;j<4;j++)
            cin>> * ptr++;
    ptr = a[0];
    for(i = 0;i<3;i++)
    {
        for(j = 0;j<4;j++)
          cout<<"  "<< * ptr++;
        cout<<endl;
    }
}
```

说明：在程序中定义了和数组元素同类型的指针变量 ptr，可用来存储数组元素的地址。执行第一个双层 for 循环前首先为其赋第 0 行的首地址，即第 0 行第 0 列这个元素的地址，使其指向 a[0][0]。循环体中"cin>> * ptr++"所起的作用为先输入值给 ptr 所指向的变量（即先执行 * ptr），然后 ptr 加 1，指向下一个数组元素。通过该双层 for 循环，使 ptr 按 a 数组元素在内存中的排放顺序依次取到每个数组元素，为每个元素赋值。第一个双层 for 循环结束后，指针变量指向数组的尾部的后面。因此在执行第二个双层 for 循环之前，需重新为其赋第 0 行第 0 列这个元素的地址，通过双层 for 循环和 ptr 指针依次输出每个元素的值。

（3）指向一维数组的指针变量。

声明形式为

类型说明符   (* 指针变量名)[长度];

其中"类型说明符"为所指数组的数据类型。＊表示其后的变量是指针类型。"长度"表示该指针变量所指向的一维数组包含的元素个数,即一维数组的长度。需要注意"(＊指针变量名)"中的括号不可少,否则表示的是指针数组(6.2.6 节具体介绍),其意义就完全不同了。

【例 6.16】 输出二维数组元素的值。

```
#include<iostream>
using namespace std;
void main(void)
{
    int a[3][4]={{2,4,6,8},{10,12,14,16},{18,20,22,24}};
    int  (*ptr)[4];              //定义指向一维数组的指针变量 ptr
    int i,j;
    ptr = a;                     //把二维数组的首地址赋给指针变量 ptr
    for(i = 0;i<3;i++)           //用指针法输出各数组元素的值
    {
       for(j = 0;j<4;j++)
       cout<<"  "<<*(*(ptr+i)+j);
       cout<<endl;
    }
}
```

说明:在程序中定义了指针变量 ptr,它指向包含 4 个整型元素的一维数组。此时 ptr 的增值是以它所指向的一维数组的长度为单位,即 ptr 加 1 是指向下一个一维数组,即向后移动 16 字节(4＊4B＝16B)。执行 for 循环前首先为其赋为 a,即第 0 行的首地址,循环体中 ptr+i 是二维数组 a 的第 i 行的首地址,*(ptr+i)+j 是 a 数组 i 行第 j 列元素的地址, *(*(ptr+i)+j))是 a[i][j]的值。

6.2.6　指针数组

如果一个数组的每个元素都是指针变量,这个数组就是指针数组。指针数组的每个元素都必须是同一类型的指针,并存放同类型的地址。

指针数组的声明形式:

数据类型　＊数组名[数组长度];

其中,数组长度指出数组元素的个数,数据类型确定每个数组元素指针的类型,数组名是指针数组的名称,也是这个数组所占内存段的首地址。

例如:

int ＊pt[4];

由于[] 比 ＊ 优先级高,所以首先是数组形式 pt[4],表明这是一个包含 4 个元素的一维数组。然后才是与 ＊ 的结合,说明该数组的每个元素都是指针,int 表示数组元素存放的是整型的地址,用来指向整型的数据。数组名 pt 是该数组的指针,即该数组所占内存段的首地址。

在使用中注意 int ＊pt[4]与 int (＊pt)[4]之间的区别,前者表示一个数组元素都是指针的数组,后者是一个指向数组的指针变量。

由于指针数组的每个元素都是指针,在使用前应该先赋值,使这些元素有所指向,然后才能使用它们,即通过这些数组元素间接访问它们所指向的内存单元。

通常可用一个指针数组来指向一个二维数组,指针数组中的每个元素被赋予二维数组每一行的首地址。使用指针数组,对于处理不定长字符串更为方便、直观。

【例 6.17】 利用指针数组输出一维数组和二维数组元素的值。

```cpp
#include<iostream>
using namespace std;
void main(void)
{
    int a[3] = {1,2,3};
    int b[3][4] ={{2,4,6,8},{10,12,14,16},{18,20,22,24}};
    int * pt[3];                //定义指针数组 pt
    int i,j;
    for(i = 0;i<3;i++)
        pt[i] = &a[i];
    cout<<"array a:";
    for(i = 0;i<3;i++)          //用指针数组输出 a 数组元素的值
        cout<<"  "<< * pt[i];
    cout<<endl;
    for(i = 0;i<3;i++)
        pt[i] = b[i];
    cout<<"array b:";
    for(i = 0;i<3;i++)          //用指针数组输出 b 数组元素的值
    {
        for(j = 0;j<4;j++)
            cout<<"  "<<pt[i][j];
        cout<<endl;
    }
}
```

说明:在程序中定义了指针数组 pt,第一个 for 循环为 pt[i]赋值为元素 a[i] 的地址,使 pt[i]指向 a[i],因此第二个 for 循环中输出 * pt[i],就是输出 pt[i]所指向的 a[i]的值。第三个 for 循环为 pt[i]重新赋值为 b[i]的地址即 b 数组第 i 行第 0 列的地址,pt[i][j]与 * (pt[i]+j)等价,相当于 * (b[i]+j),都是取 b[i][j]的值。

6.2.7　用指针作为函数的参数

当不同的函数之间需要传送大量数据时,程序执行时调用函数的开销就会比较大。此时如果将需要传递的数据存放在一段连续的内存空间中,就可以只传递这批数据的起始地址,而不必传递数据的值,从而减少开销,提高程序执行的效率。C++ 中函数的参数不仅可以是基本数据类型的变量、对象名、数组名,也可以是指针类型。使用指针类型作为函数的参数,实际是向函数传递变量的地址。变量的地址在调用函数时作为实参,被调函数使用指针变量作为形参接收传递的地址。这里实参的数据类型要与形参的指针所指向的对象数据类型一致。由于被调函数中获得了所传递变量的地址,在该地址空间的数据当被调函数调用结束后被物理地保留下来。

需要注意的是,C++ 语言中实参和形参之间的数据传递是单向的"值传递"方式,指针变量作函数参数也要遵循这一规则。因此不能企图通过改变指针形参的值来改变指针实参的值,但可以改变实参指针变量所指变量的值。函数的调用可以并且只可以得到一个返回值,而运用指针变量作参数,可以得到多个变化的值,这是运用指针变量的作用。

【**例 6.18**】　利用指针在被调函数中交换实参的值。

```
#include<iostream>
using namespace std;
void swap(int * x,int * y)
{
    int t;
    t = * x; * x = * y; * y = t;
}
void main(void)
{
    int a = 2,b = 3;
    cout<<"a = "<<a<<"b = "<<b<<endl;
    swap(&a,&b);
    cout<<"a = "<<a<<"b = "<<b<<endl;
}
```

若以数组名作函数参数,数组名就是数组的首地址,实参向形参传送数组名实际上就是传送数组的地址,形参得到该地址后也指向同一数组。实参数组和形参数组各元素之间并不存在"值传递",在函数调用前形参数组并不占用内存单元,在函数调用时,形参数组并不另外分配新的存储单元,而是以实参数组的首地址作为形参数组的首地址,这样实参数组与形参数组共占同一段内存。如果在函数调用过程中使形参数组的元素值发生变化,实际上也就使实参数组的元素值发生了变化。函数调用结束后,实参数组各元素所在单元的内容已改变。在主调函数中可以利用这些已改变的值。

【**例 6.19**】　用选择法对 10 个整数排序(从大到小排序)。

选择排序的思路是:每一轮从待排序列中选取一个值最小的元素,将它和当前序列的第一个元素互换。假定有 n 个元素存放在 a[0]~a[n−1]中,第一轮从这 n 个元素中选取值最小的元素,将它和 a[0]互换,此时 a[0]中存放了 n 个数中最小的数;第二轮从 a[1]~a[n−1]中这 n−1 个元素中选取值最小的元素,将它和 a[1]互换,此时 a[1]中存放的是 n 个数中次小的数;以此类推,共进行 n−1 轮比较,a[0]到 a[n−1]就按由小到大的顺序存放了。

```
#include<iostream>
using namespace std;
void sort(int * x,int n)
{
    int i,j,k,t;
    for(i = 0;i<n-1;i++)
    {
      k = i;
      for(j = i+1;j<n;j++)
        if( * (x+j)> * (x+k)) k = j;
      if(k!=i)
        {  t = * (x+i); * (x+i) = * (x+k); * (x+k) = t;  }
      }
}
void main(void)
{
    int i,a[10];
    for(i = 0;i<10;i++)
```

```
            cin>>a[i];
        sort(a,10);
        for(i = 0;i<10;i++)
            cout<<"   "<<a[i];
        cout<<endl;
    }
```

6.2.8 指针型函数

函数既可以通过 return 语句返回一个单值的整型数、实型数或字符值,也可以返回含有多值的指针型数据,即指向多值的一个指针(即地址),这种返回指针值的函数称为指针型函数。

指针型函数的一般定义形式为

```
数据类型   *函数名(形参表)
{
    函数体
}
```

其中函数名之前加 * 表明这是一个指针型函数,即返回值是一个指针,数据类型表明返回的指针值所指向的数据类型。

【例 6.20】 求数组元素的最大值。

```cpp
#include<iostream>
using namespace std;
int *max(int *x, int n)
{
    int j, *m;
    m = x;
    for(j = 1; j<n; j++)
        if(*(x+j) > *m) m = x+j;
    return(m);
}
void main(void)
{
    int   *p,i,a[10];
    for(i = 0;i<10;i++)
        cin>> *(a+i);
    p = max(a,10);
    cout<<"max = "<< *p<<endl;
}
```

本例定义了一个指针型函数 max,在它的形参中定义整型的指针变量 x,用于接收实参数组 a 的起始地址,整型变量 n 用于接收实参数组 a 的元素个数。在被调函数 max 执行时,通过循环求得实参 a 数组的最大值的地址存放于指针变量 m 中。最后将 m 中的值即整型的地址带回主函数中赋给指针变量 p,使它指向 a 数组中值最大的元素并将其输出。

6.2.9 指向函数的指针

在 C++ 语言程序中,每个函数在编译连接后总是占用一段连续的内存区,而函数名就是该函数所占内存区的入口地址(起始地址),该入口地址就是函数的指针。在程序中可以

定义一个指针变量用于指向函数,然后通过该指针变量来调用它所指的函数。这种方法能大大提高程序的通用性和可适应性,因为一个指向函数的指针变量,可以指向程序中其他函数原型相同的函数。

函数指针声明的一般形式为

数据类型 (＊指针变量名) (形参表);

其中,"数据类型"表示被指函数的返回值的类型。"(＊指针变量名)"表示＊后面的变量是定义的指针变量。第二个圆括号表示指针变量所指的是一个函数,形参表表明被指函数的形参类型和个数。例如:

int(＊pf)(int,int);

该程序表示 pf 是一个指向函数入口的指针变量,被指函数的返回值(函数值)是整型,调用时需要给两个整型的实参值。应特别注意(＊pf)的两边的圆括号不能少,如果写成 int ＊pf(),则不是变量说明而是函数说明。＊pf 两边没有圆括号,说明 pf 是一个指针型函数,其返回值是一个指向整型量的指针。

函数指针变量在声明后,需先为其赋值,使该指针变量指向一个已经存在的函数的入口,然后才能对该指针变量进行使用。

赋值方式为

指针变量名＝函数名;

赋值号右边的函数名必须是一个已经声明过的函数,且该函数需和赋值号左边的函数指针变量具有相同类型的返回值和形参。在赋值之后,就可以通过该函数指针变量调用它所指向的函数了。

调用方式为

(＊指针变量名)(实参表);

使用函数指针变量还应注意函数指针变量不能进行算术运算,这与数组指针变量不同。数组指针变量加减一个整数可使指针移动指向后面或前面的数组元素,而函数指针的移动是毫无意义的。

下面通过例子来说明用指针形式实现对函数调用的方法。

【例 6.21】　对两个整数进行加减运算。

```cpp
#include<iostream>
using namespace std;
int add(int a,int b)
{  return a+b;  }
int sub(int a,int b)
{  return a-b;  }
int result(int (＊p)(int,int), int a, int b)   //使用函数指针 p 作为 result 函数的形参
{
    int val;
    val = (＊p)(a,b);             //使用函数指针变量形式灵活地调用加减函数
    return val;
}
void main(void)
{
```

```
    int i,j,value;
    cout<<"input two integer i,j:";
    cin>>i>>j;
    value = result(add,i,j);        //将加法函数的函数名 add 传给函数指针 p
    cout<<i<<"+"<<j<<" = "<<value<<endl;
    value = result(sub,i,j);
    cout<<i<<"-"<<j<<" = "<<value<<endl;
}
```

6.2.10　对象指针

1. 对象指针变量

和基本类型变量一样,对象在初始化之后也会在内存中占有若干字节的内存空间。因此在程序中,可以通过对象名或对象的地址来访问该对象。对象指针变量就是一个用于保存对象在内存中的存储空间首地址的指针变量,它与普通数据类型的指针变量有相同的性质。

声明对象指针变量的语法格式为

类名 * 对象指针名;

例如,声明 exam 类的对象指针 obp:

exam * obp;

对象指针声明后,需要先赋值(使它指向一个对象)后使用。取得一个对象在内存中首地址的方法与取得一个变量在内存中首地址的方法一样,都是通过取地址运算符 &。例如:

```
exam ob;
exam * obp;
* obp = &ob;
```

最后的赋值表达式表示表达式 &ob 取对象 ob 在内存中的首地址并赋给指针变量 obp,指针变量 obp 指向对象 ob 在内存中的首地址。

对象指针变量赋值后,就可以通过该指针来访问它所指向的对象的成员。使用对象指针访问对象成员的语法形式为

对象指针名->成员名

对象数组的每个元素都是一个对象,都有地址,也可以使用对象指针指向对象数组的元素。使用方式和上面所述指向对象的指针变量类似。

【例 6.22】　用对象指针引用单个对象成员。

```
#include<iostream.h>
class A
{
    int x;
    public:
      void set_x(int a)
      {   x = a;   }
      void show_x()
      {   cout<<x<<endl;   }
```

```
};
main()
{
    A * ptr,ptr1;
    ptr1.set_x(2);
    ptr1.show_x();
    ptr = &ptr1;
    ptr1-> show_x();
    return 0;
}
```

运行结果：

```
2
2
```

【例 6.23】 用对象指针引用对象数组。

```
#include<iostream.h>
class A
{
    int x;
    public:
      void set_x(int a)
      {   x = a;   }
      void show_x()
      {   cout<<x<<endl;   }
};
main()
{
    A * ptr,ptr1[2];
    ptr1[0].set_x(12);
    ptr1[1].set_x(22);
    ptr = ptr1;
    ptr->show_x();
    ptr++;
    ptr-> show_x();
    return 0;
}
```

运行结果：

```
12
22
```

2. this 指针变量

this 指针是系统自动生成的,指向当前对象,存在于类的每一个非静态成员函数中;只可以通过非静态成员函数调用 this 指针。从系统实现上,一个对象的 this 指针并不是对象本身的一部分,不会影响 sizeof(对象)的结果。this 作用域是在类内部,当在类的非静态成员函数中访问类的非静态成员的时候,编译器会自动将对象本身的地址作为一个隐含参数传递给该非静态成员函数。

因此,成员函数访问类中数据成员的形式为

```
this->成员变量
```

this 指针主要用在当成员函数中需要把对象本身作为参数传递给另一个函数的时候。

【例 6.24】 this 指针作用的例子。

```cpp
#include<iostream.h>
class sample
{
    int n;
    public:
      sample(int m)
      {  n = m;  }
      void add(int m)
      {
          sample q;
          q.n = n+m;
          * this = q;
      }
      void disp()
      {  cout<<"n = "<<n<<endl;  }
};
void main()
{
    sample p(10);
    p.disp();
    p.add(10);
    p.disp();
}
```

运行结果：

```
10
20
```

注意：this 指针只能在类的非静态成员函数中使用，它指向调用该成员函数的当前对象。

6.3 动态内存分配

在程序中可以通过数组对大量数据和对象进行有效管理，但声明产生的数组，其长度是固定的。如果程序中需要处理的是一批个数不固定的数据，数组声明得太小，数据会存储不下，进而影响对数据的处理；但数组声明得太大，又必然造成存储空间的浪费。

C++ 有两种分配内存的方式：静态内存分配和动态内存分配。静态内存分配是指在编译阶段就分配好存储单元空间，在程序运行过程中，这些空间的大小是不可更改的，也无须对这些空间进行管理，编译时已将管理这些空间的代码加入目标程序，在作用域结束后，自动将空间归还系统。动态内存分配是指在程序语句中通过内存分配函数或内存分配运算符取得的存储空间，这样得到的空间的大小，编译器是不知道的，完全由动态运行中的程序的当时情况决定；这些空间在使用完毕后，必须由程序语句显式地将其释放归还系统，否则会使得系统分配和利用的内存空间不断减少直至枯竭，导致系统无法正常工作。

动态分配和释放内存有两种方法：一种是利用标准函数，如 malloc 和 free，它们的原型在头文件 stdlib.h 或 alloc.h 中，这是从 C 语言保留下来的方法；另一种是用 new 和 delete 运算符，这是 C++ 的方法。

1. malloc 函数和 free 函数

（1）malloc 函数动态分配内存。

malloc 函数的原型为

```
void * malloc(unsigned size);
```

malloc 函数的功能是分配大小为 size 字节的内存单元，并返回所分配内存单元的地址，该地址是 void 类型，也就是说地址指向一个物理字节。分配内存可能成功，也可能失败。成功时，则返回所分配内存单元的首地址；失败时，则返回 NULL（空）。例如：

```
int * p;
p = (int *)malloc(sizeof(int));
* p = 5;
```

虽然分配了 int 类型所占字节数的内存单元，但返回的是 void 类型的地址，通过强制类型转换后变成了 int 类型的地址，然后通过指针 p 对新分配的 int 类型内存单元赋值为 5。

在程序运行时，还可以根据实际处理的数据个数动态地分配一段连续的内存空间，即实现动态数组。假定要分配一个数组来存储一个班学生的成绩，而班级共 n 个人（n 的值可以在程序运行时由键盘输入），则可用下面的代码来实现：

```
float * score = (float *)malloc(sizeof(float) * n);
```

然后根据数组和指针的关系，用指针法或下标法来使用动态数组 score 里的每个元素。与前面声明的数组相比，动态分配可以根据运行时的实际需要分配内存，没有浪费空间，而使用起来又和数组一样方便。

（2）free 函数动态释放内存。

free 函数的原型为

```
void free(void * ptr);
```

函数的功能是释放 ptr 指向的由 malloc 分配的内存空间。函数无返回值。释放后的空间可以再次被使用。

2. new 和 delete 运算符

（1）运算符 new 动态分配内存。

new 运算符用于动态分配一块内存空间，其使用形式为

```
指针变量 = new   数据类型(初始化参数);
```

其中，数据类型可以是标准数据类型，也可以是结构体类型、共用体类型、类类型等。new 运算符返回一个指向所分配的存储空间的第一个单元的指针，当没有足够的内存空间被分配时，将返回空指针 0（NULL）。new 能自动返回正确的指针类型，不必对返回指针进行类型转换。new 分配的内存空间是连续的，可通过指针的移动访问所分配空间中的每个单元。new 可以自动计算所要分配空间的大小，不必使用 sizeof 来计算所需的字节数。例如：

```
int * p;
p = new int(10);
```

声明 p 为 int 型指针变量,通过 new 运算符动态分配用于存放 int 型数据的内存空间,并将初值 10 存入该空间里,再将该内存空间的首地址赋给 p。

对于基本类型数据,如果不希望在分配内存后设定初值,可以把圆括号省去。例如:

```
int * p = new int;
```

如果保留圆括号,但圆括号中不写任何数值,则表示用 0 对该对象初始化。例如:

```
int * p = new int();
```

new 还可以为数组动态分配内存空间,这时要在类型名后面加上数组大小,例如:

```
int * ch = new int[10];
```

(2) 运算符 delete 动态释放内存。

delete 运算符用于释放由 new 运算符分配的内存空间。由于内存空间有限,如果只取不还,系统就会很快因内存用完而崩溃。所以,使用 delete 运算符释放由 new 运算符分配的内存空间是程序员必须做的一项工作。凡是由 new 运算符分配的内存空间,一定要在使用完后用 delete 释放。

delete 运算符使用的形式为

```
delete 指针;
```

或

```
delete []指针;
```

其中第二种形式用于释放为数组动态分配的内存空间。delete 运算符后所跟的指针是由 new 运算符分配空间返回的指针,也可以是空指针(NULL)。例如:

```
int * p = new int;
delete p;
char * ch = new char[10];
delete []ch;
```

使用 delete 运算符应注意:由 new 运算符分配的内存空间,只允许使用一次 delete,不允许对同一块空间进行多次释放,否则会产生严重错误;delete 运算符只能释放由 new 运算符分配的动态内存空间,程序中的变量、数组等的存储空间,不得用 delete 运算符去释放。

6.4 深复制与浅复制

在 C++ 中,默认的复制构造函数只能实现浅复制。所谓浅复制指的是在对象复制时,只对对象中的数据成员进行简单的赋值。在大多情况下,"浅复制"已经能很好地工作了,但是当类的数据成员中有指针类型时,浅复制只会复制指针的值(地址),这样会导致两个成员指针指向同一块内存,从而带来数据安全方面的隐患,如需要分别用 delete 释放指针所指向的空间时就会出现问题。为了实现正确的复制,此时必须编写复制构造函数进行深复制。

深复制指的是当类的成员变量有指针类型时,复制对象时应该为指针变量重新分配一个新的内存空间,使该指针指向这个新的内存空间,避免浅复制中只复制指针的值,使得两个指针指向同一块内存空间。浅复制和深复制主要的区别就是复制指针时是否重新创建内存空间,如果没有创建内存只复制地址为浅复制,创建新内存并把值全部复制一份就是深复

制。采用深复制的情况下,释放内存的时候就不会出现在浅复制时重复释放同一内存的错误。

【例 6.25】 对象的浅复制。

```cpp
#include<iostream.h>
#include<string.h>
class Cperson
{
    public:
        Cperson(int age,char * name);
        ~Cperson();
         void Print(void);
      private:
          int m_age;
          char * m_name;
};
Cperson::Cperson(int age,char * name)
{
    m_name = new char[strlen(name) + 1];
    if(m_name !=NULL)
    strcpy(m_name, name);
    m_age = age;
    cout<<m_name<<"的构造函数"<<endl;
}
Cperson::~Cperson()
{
    cout<<"析构姓名:"<<m_name<<endl;
    if(m_name !=NULL)
    delete m_name;
}
void Cperson::Print(void)
{
     cout<<"My age is "<<m_age<<",My name is "<<m_name<<endl;
}
void main(void)
{
    Cperson Tom(10,"Tom");
    Tom.Print();
    Cperson Jim(Tom);
    Jim.Print();
}
```

　　程序运行时会出现错误。这是因为在执行语句 Cperson Tom(10,"Tom")时,用 new 动态开辟了一段内存,用来存放 Tom。而在执行 Cperson Jim(Tom)时,调用的是默认复制构造函数,实现对应数据的直接复制,即将 Tom 的成员(Tom.m_age,Tom.m_name)赋值给 Jim 相应的成员。此时,Tom.m_name 和 Jim.m_name 指向同一内存空间,然而,系统并没给 Jim.m_name 开辟相应的内存空间。执行完 Jim.Print 后,开始执行析构函数,析构函数的执行顺序和对象构造函数的执行顺序相反,所以先执行 Jim 的析构函数,执行完 Jim 的析构函数后,Jim.m_name 所指的内存空间已经释放。接着执行 Tom 的析构函数,此时就

会出现问题,即在释放 Tom.m_name 所指的内存空间时会出现问题,因为这段内存空间在 Jim 的析构函数中已经释放过了。出现这种问题的根本原因在于默认复制构造函数实现的是"浅复制",定义自己的复制构造函数实现"深复制",就可以避免上述问题。

【例 6.26】 对象的深复制。

```
#include<iostream.h>
#include<string.h>
class Cperson
{
    public:
        Cperson(int age,char * name);
      Cperson(Cperson & per);
     ~Cperson();
       void Print(void);
   private:
      int m_age;
      char * m_name;
};
Cperson::Cperson(int age,char * name)
{
    m_name = new char[strlen(name) + 1];
    if(m_name !=NULL)
        strcpy(m_name, name);
    m_age = age;
    cout<<m_name<<"的构造函数"<<endl;
}
Cperson::Cperson(Cperson & per)
{
    m_name = new char[strlen(per.m_name) + 1];
    if(m_name !=NULL)
        strcpy(m_name,per.m_name);
     m_age = per.m_age;
        cout<<m_name<<"的拷贝构造函数"<<endl;
}
Cperson::~Cperson()
{
    cout<<"析构姓名:"<<m_name<<endl;
    if(m_name !=NULL)
    delete m_name;
}
void Cperson::Print(void)
{
        cout<<"My age is "<<m_age<<",My name is "<<m_name<<endl;
}
void main(void)
{
    Cperson Tom(10,"Tom");
    Tom.Print();
    Cperson Jim(Tom);
    Jim.Print();
}
```

6.5　字符串

在 C++ 的基本数据类型变量中没有字符串变量,那么程序该如何存储和处理字符串数据呢? 由于字符串数据存储时需要占用一段连续的内存空间,对于串的操作往往通过该内存空间的首地址进行,因此可以使用字符型数组来存放字符串或者通过字符型指针变量存储字符串的首地址来确定整个串。另外,标准 C++ 库中还预定义了 string 类以方便编程者使用。

6.5.1　用字符数组存储和处理字符串

C++ 中字符串常量是用一对双引号引起来的字符串序列,系统对字符串的存储方式是为其在内存中开辟一段连续的内存空间,按串中字符的排放顺序,每个字符占 1 字节,以字符 ASCII 码值的二进制形式存储在该内存空间中,并且系统自动在该字符串末尾加一个字符'\0'(ASCII 码值为 0 的字符) 作为"字符串结束标志"。这种存储方式和字符型数组的存储方式是一致的,因此,程序中如果需要对字符串数据进行处理时,可考虑声明字符数组来存放字符串,字符数组中一个元素存放一个字符。例如:

```
char ch[10] = {'C',' ','P','r','o','g','r','a','m'};
```

赋值后各元素的值为

ch[0]	ch[1]	ch[2]	ch[3]	ch[4]	ch[5]	ch[6]	ch[7]	ch[8]	ch[9]
C		P	r	o	g	r	a	m	\0

其中,ch[9]未赋值,系统自动赋空字符('\0')。

在 C++ 中,用一个一维的字符数组存放一个字符串时,为了保证不同长度的字符串都能存放在该数组中,在声明数组的时候需要使数组长度大于最长的那个字符串。此时,需要关注的是存储在数组中的有效字符串的长度而不是字符数组的长度。为了测定字符串的实际长度,C++ 规定了一个"字符串结束标志",以字符'\0'代表。如果有一个字符串,其中第 10 个字符为'\0',则此字符串的有效字符为 9 个。也就是说,在遇到字符'\0'时,表示字符串结束,由它前面的字符组成字符串。

系统对字符串常量自动加一个'\0'作为结束符。例如,C Program 共有 9 个字符,但在内存中占 10 字节,最后一个字节'\0'是由系统自动加上的。字符串作为一维数组存放在内存中。有了结束标志'\0'后,字符数组的长度就显得不那么重要了。在程序中往往依靠检测'\0'的位置来判定字符串是否结束,而不是根据数组的长度来决定字符串长度。

由于字符数组中存储的是字符串,因此可以用字符串常量来使字符数组初始化。例如:

```
char ch[10] = {"C program"};
```

或

```
char ch[] = {"C program"};
```

也可以省去{},直接写为

```
char ch[10] = "C program";
```

或

```
char ch[] = "C program";
```

注意：对用双引号引起来的字符串常量，C++编译系统会自动在其后面加上字符的结束标志符'\0'。如上例，编译系统通过计算初值个数自动确定该数组长度为 10，其中字符串长度为 9，加上结束标志符'\0'。上面的数组 ch 在内存中实际存放的是 C program\0。

对于字符数组可以逐个字符输入输出，也可以整个字符串输入输出。例如：

```
char ch[100];
cin>>ch[0];           //输入一个字符存放到元素 ch[0]中
cout<<ch[0];          //输出元素 ch[0]中存储的字符
cin>>ch;              //输入一个串存放到 ch 数组中
cout<<ch;             //输出 ch 数组中存放的串
```

从上面的例子可以知道，通过字符数组名可以输入输出一个字符串，而数组名是数组所占内存段的起始地址，即数组中存储的字符串的首地址。因此，程序中如果需要对字符串进行处理，也可以定义一个字符指针，用字符指针指向字符串常量，通过指针引用字符串中的各个字符。例如：

```
char * str = "C Language";
cout<<str;
```

声明 str 是指向字符串的指针变量，系统把字符串"C Language"存储好并把该串的首地址赋予指针变量 str，然后通过 str 中串的首地址输出字符串"C Language"。

程序中，可以使用一维字符数组存储一个串或字符指针变量存储一个字符串的首地址。但是如果需要同时存储和处理多个字符串时，就需要用二维字符型数组。该二维数组的每一行相当于一个一维数组，可存储一个字符串，则整个二维数组就可以存储多个字符串了。例如：

```
char a[3][20] = {"English","Chinese","American"};
for(int i = 0;i<3;i++)  cout<<a[i]<<endl; //依次输出 3 个串,a[i]是第 i 个串的首地址
```

声明二维数组时应注意，该二维数组的列数应大于所存储的最长的字符串的长度。由于对字符串的处理往往只需要字符串的首地址，因此程序中也可以声明字符型指针数组存储多个字符串的首地址。例如：

```
char * ap[3] = {"English","Chinese","American"};
for(int i = 0;i<3;i++)  cout<<ap[i]<<endl;
```

上例中声明 ap 是有 3 个元素的一维数组，每个元素都是 char * 类型，即指向 char 类型的指针。系统为 ap[0] 初始化为串"English"的首地址，ap[1] 初始化为串"Chinese"的首地址，ap[2] 初始化为串"American"的首地址，然后通过 for 循环依次输出这 3 个串。

为了简化用户编程的工作量，C++语言提供了丰富的字符串处理函数。用户在编程时可以直接调用这些函数，但使用时应包含头文件"string.h"。常用的字符串处理函数如下：

```
int strlen(const char * s);                      //测量指定字符串的长度
char * strcat(char * dest,const char * src);
//把字符数组 2 中的字符串连接到字符数组 1 中的字符串后面
char * strcpy(char * dest,const char * src);  //将字符串存入字符数组(复制)
int strcmp(const char * s1, const char * s2);
```

//按照 ASCII 码的顺序比较两个字符串,并由函数返回值返回比较结果,若 s1 串大于 s2
//串则返回正整数;若 s1 串小于 s2 串则返回负整数;两串相等则返回 0

6.5.2　string 类

　　使用字符数组来存放字符串时,由于执行连接、复制、比较等操作,都需要显式调用库函数;而且当字符串长度很不确定时,需要用 new 动态创建字符数组,最后要用 delete 释放,操作比较麻烦。为此,C++ 标准类库将面向对象的串的概念加入 C++ 语言,预定义了字符串类,即 string 类。string 类提供了对字符串进行处理需要的操作,使用 string 类需要包含头文件 string。string 类封装了串的属性,并提供了一系列允许访问这些属性的函数。

　　下面对 string 类的构造函数以及常用的成员函数和操作做简单介绍,详细介绍可查看编译系统的联机帮助。

1. 常用构造函数

```
string();                       //缺省构造函数,建立一个长度为 0 的串
string(const char * s);         //用指针 s 所指向的字符串常量初始化 string 类的对象
string(const string& rhs);      //拷贝构造函数
```

例如:

```
string s1;                      //建立一个空字符串
string s2 = "china";            //用常量建立一个初值为 china 的字符串
string s3 = s2;                 //执行拷贝构造函数,用 s2 的值作为 s3 的初值
```

2. 常用操作符

s+t：将串 s 和 t 连接成一个新串。

s=t：用 t 更新 s。

s==t：判断 s 与 t 是否相等。

s!=t：判断 s 与 t 是否不等。

s<t：判断 s 是否小于 t(按字典顺序比较)。

s<=t：判断 s 是否小于或等于 t(按字典顺序比较)。

s>t：判断 s 是否大于 t(按字典顺序比较)。

s>=t：判断 s 是否大于或等于 t(按字典顺序比较)。

s[i]：访问串中下标为 i 的字符。

例如:

```
string s1 = "abc", s2 = "def";
string s3 = s1 + s2;            //结果是 abcdef
bool s4 = (s1 < s2);           //结果是 true
char s5 = s2[1];               //结果是 e
```

3. 常用成员函数

```
unsigned int length()const;    //返回串的长度
string assign(const char * s); //赋值,将 s 所指向的字符串赋给本对象
string append(const char * s); //将字符串 s 添加在本串尾
int compare(const string &str) const;
//比较本串与 str 中串的大小,当本串<str 串时返回负数;当本串>str 串时返回正数;两串相等
```

```
//时,返回 0
string & insert(unsigned int p0,const char * s);
//将 s 所指向的字符串插入本串中位置 p0 之前
string substr(unsigned int pos, unsigned int n) const;
//取子串,取本串中位置 pos 开始的 n 个字符,构成新的 string 类对象作为返回值
unsigned int find(const basic_string &st) const;
//查找并返回 str 在本串中第一次出现的位置
void swap(string &str);
//将本串与 str 中的字符串较换
istream& getline(istream &is, string& str, char delim);
//用于从输入流中读取字符串到 str 中, istream &is 表示一个输入流,如 cin;char delim
//表示遇到这个字符停止读入,在不设置的情况下系统默认该字符为'\n'
```

【例 6.27】 用 getline 输入字符串。

```
#include<iostream>
#include<string>
using namespace std;
int main()
{
    for(int i = 0; i < 2; i++)
    {
        string city, state;
        getline(cin, city, ',');
        getline(cin, state);
        cout << "City:" << city << "  State:" << state <<endl;
    }
    return 0;
}
```

运行结果:

```
Beijing,China
City: Beijing   State: China
San Francisco,the United States
City: San Francisco   State: the United States
```

6.6 综合实例

【例 6.28】 实现一个简单圆类,其数据成员为一个指向其半径值的指针,设计对数据成员的基本操作。

```
#include<iostream.h>
class SimpleCircle
{
    public:
        SimpleCircle();
        SimpleCircle(int);
        SimpleCircle(const SimpleCircle &);
        ~SimpleCircle();
        void SetRadius(int);
        int GetRadius()const;
        private:
            int * itsRadius;
```

```
};
SimpleCircle::SimpleCircle()
{
    itsRadius = new int(5);
}
SimpleCircle::~SimpleCircle()
{
    delete itsRadius;
}
SimpleCircle::SimpleCircle(int radius)
{
    itsRadius = new int(radius);
}
SimpleCircle::SimpleCircle(const SimpleCircle & rhs)
{
    int val = rhs.GetRadius();
    itsRadius = new int(val);
}
intSimpleCircle::GetRadius() const
{
    return * itsRadius;
}
int main()
{
    SimpleCircle CircleOne, CircleTwo(9);
    cout << "CircleOne: " << CircleOne.GetRadius() <<endl;
    cout << "CircleTwo: " << CircleTwo.GetRadius() <<endl;
    return 0;
}
```

程序运行输出：

```
CircleOne: 5
CircleTwo: 9
```

【例 6.29】　设计一个 Employee 类，其中包括表示姓名、街道地址、城市和邮编等属性。函数 display 显示姓名、街道地址、城市和邮编等属性，函数 change_name 改变对象的姓名属性。

```
#include<iostream.h>
#include<string.h>
class Employee
{
    private:
        char name[30];
        char street[30];
        char city[18];
        char zip[6];
    public:
        Employee(char * n, char * str, char * ct, char * z);
        void change_name(char * n);
        void display();
};
Employee::Employee(char * n,char * str,char * ct, char * z)
```

```
{
    strcpy(name, n);
    strcpy(street, str);
    strcpy(city, ct);
    strcpy(zip, z);
}
void Employee::change_name(char * n)
{
    strcpy(name, n);
}
void Employee::display()
{
    cout << name << " " << street << " ";
    cout << city << " "<< zip<<endl;
}
void main(void)
{
    Employee e1("张三","平安大街 3 号", "北京", "100000");
    e1.display();
    cout <<endl;
    e1.change_name("李四");
    e1.display();
    cout <<endl;
}
```

程序运行输出：

张三 平安大街 3 号 北京 100000
李四 平安大街 3 号 北京 100000

6.7   知识扩展

6.7.1   指向指针的指针

一个指针变量可以指向整型变量、实型变量、字符类型变量，当然也可以指向指针类型变量。如果一个指针变量存放的是另一个指针变量的地址，则称这个指针变量为指向指针的指针，如图 6.5 所示。

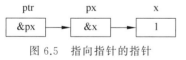

图 6.5   指向指针的指针

指向指针的指针变量声明格式为

类型说明符 * * 指针变量名；

例如：

```
float x, * px;
float   * * ptr;
px = &x;
ptr = &px;
```

上例中，声明 x 为 float 类型变量，px 为 float 类型的指针变量，给 px 赋 x 的地址，则 px 指向 x，程序中可以通过 * px 操作取变量 x 的内容。同时声明 ptr 为 float * 类型的指针变量（即指向 float 类型指针变量的指针变量），可以存放 float * 类型的地址。而 px 为 float *

类型的变量,因此可以把 px 的地址赋给 ptr,ptr 就指向 px 了。程序中同样可以通过 * ptr 操作取 ptr 所指的变量 px 的内容,还可以通过**ptr 取 x 的值,即在程序中 * ptr 等价于 px,**ptr 等价于 x。

前面章节曾介绍过指针和一维数组的配套使用,即程序中可以声明一个和一维数组元素同类型的指针变量,给它赋数组名(即数组的首地址),然后就可以通过该指针的移动(加、减操作)来依次使用数组的每个元素。如果一维数组是指针数组,想通过指针变量来引用数组元素,则该指针变量需和数组元素类型相同,而此时数组元素是指针类型,因此这个指针变量就必须是指向指针的指针变量。

【例 6.30】 指向指针的指针和指针数组的配套使用。

```
#include<iostream>
using namespace std;
void main(void)
{
    char * ap[3] = {"English","Chinese","American"}, * * p;
    int i;
    for(i = 0;i<3;i++)
        cout<<ap[i]<<endl;
    p = ap;
    for(i = 0;i<3;i++,p++)
        cout<< * p<<endl;
}
```

6.7.2 指针与 const 限定符

程序通过 const 限定符明确说明哪些数据是不能修改的。指针作为一种变量,也可以与 const 限定符结合起来,限定对指针变量和指针所指对象的修改。

(1) 指向非常量的非常量指针。

如果声明指针时不使用 const 限定符,就可以定义指向非常量的非常量指针。例如:

```
int i, j;
int  * p;
i = 10;
j = 20;
p = &i;
* p+=5;          //可以通过 p 取修改它所指向的变量 i 的值
p = &j;          //可以修改 p 的指向
* p+=10;         //可以通过 p 取修改它所指向的变量 j 的值
```

通过上例可以看到,没有使用 const 可以任意修改变量,这给程序设计带来方便,但更可能带来安全性隐患,需要将程序操作数据的权限限定在恰当的范围,const 可以支持这种限定。

(2) 指向常量数据的非常量指针。

可以使用 const 来限定指针指向的数据。例如:

```
int i, j;
const int * p;   //p 是一个指向常整数的指针,不允许通过 * p 来修改 p 所指向的数据
p = &j;          //允许
p = &i;          //允许
```

```
i = 10;              //允许
* p = 5;             //不允许
```

上例中声明 p 是一个指向常整数的指针变量,因此 p 本身是允许修改的,但 p 指向的整数不能通过 p 来修改,即不能通过 * p 来修改该整数,这并不意味着该整数不能修改。实际上可以通过其他途径来修改。当然,也可以将一个用 const 修饰的 int 类型的变量的地址赋给 p,例如:

```
const int val = 10;
p = &val;
* p = 20;            //不允许
val = 20;            //不允许
```

此时,不论通过 p 还是直接访问 val,都不能修改 val 的值。注意,const 对象的地址只能赋值给指向 const 对象的指针,但是指向 const 对象的指针也可以指向非 const 对象。

在函数调用传递参数时,如果要传递的数据较多,为了提高时间和空间的效率,可以考虑传地址。但是若不希望被调函数通过形参指针修改实参的数据,就可以通过合理使用 const 限定符,既保证实参的安全,又避免复制大量的数据而带来的时空开销。

【例 6.31】 使用 const 防止无意修改参数的值。

```
#include<iostream>
using namespace std;
void mystrcpy(char * Dest, const char * Src)
{
    while( * Dest++ = * Src++);
}
void main(void)
{
    char a[20] = "How are you!";
    char b[20];
    mystrcpy(b, a);
    cout<<b<<endl;
}
```

(3) 指向非常量数据的常量指针。

如果想声明一个不可修改的指针变量,保证该指针总是指向固定的内存单元,则需要声明指针为常量指针。例如:

```
int v1,v2;
int * const p = &v1;
* p = 5;                      //允许
p = &v2;                      //不允许
```

上例中,声明 p 为一个指向整型变量的常量指针,因此在声明 p 的同时需要对 p 进行初始化。被初始化后,p 的值不允许再修改,即 p 只能指向 v1,但可以通过 p 修改 p 所指向的变量的值。此外,由于 p 是指向整型变量的,也不能将 const 修饰的整型变量的地址赋给 p。例如:

```
const int val = 10;
int * const p = &val;       //不允许
```

（4）指向常量数据的常量指针。

可以使用 const 同时限定指针和指针指向的数据,此时指针和指针指向的内容都为常量。例如:

```
const int val = 10;
const int * const p = &val;
* p = 5;                    //不允许
```

上例中,val 是一个常整型变量,初始化后不可再修改。p 是一个指向常整数的常量指针,p 在初始化指向 val 后也不能被修改,同时也不能通过 p 取修改它所指向的变量 val 的值。

6.8　小结

本章主要介绍了 C++ 中数组和指针的使用方法。数组是一组相同类型的变量的有序集合,数组中的每个成员称为数组元素。每个数组元素都可以当作单个变量来使用,同一个数组中的所有数组元素的数据类型必须相同,既可以是基本数据类型,也可以是用户自己定义的数据类型,如结构体、类等。如果数组的数据类型是类,则数组的每一个元素都是该类的一个对象,此时的数组就是对象数组。对象数组的初始化就是每个元素调用构造函数的过程,同样地,当元素被删除时,系统会调用析构函数来完成。

指针也是一种数据类型,指针变量专门用来存放地址。指针变量既可以存放简单变量的地址,也可以存放对象的地址,只要二者类型一致即可。使用指针变量必须先声明,再赋值,使其有所指向,然后才可以通过指针变量使用它所指向的内存单元里的数据,否则可能会造成系统瘫痪等较严重的问题。指针是 C++ 的一个难点。正确使用指针可以对内存中各种类型的数据进行快速、直接的处理,并为函数间的数据传递提供简洁、便利的方法。

本章还介绍了内存的动态分配和释放以及对字符数组的各种操作进行良好封装的 string 类。

习题

1. 数组 A[10][5] 一共有多少个元素?

2. 在数组 A[30] 中,第一个元素和最后一个元素是哪一个?

3. 将一维整型数组 a 的 5 个元素分别初始化为 5。

4. 用一条语句定义一个有 5 × 3 个元素的二维整型数组,并依次赋予 1~15 的初值。

5. 什么是字符数组? 字符数组与字符串有何不同?

6. 运算符 * 和 & 的作用是什么?

7. 什么是指针? 指针的值和类型与一般变量有何区别?

8. 定义一个 float 类型指针,用 new 语句为其分配包含 5 个 float 类型元素的地址空间。

9. 指针作为函数的参数有什么特点?

10. 编写一个函数,该函数能够在一个已经按照从小到大排好序的整型数组中快速找到某个指定的数据。

11. 设计一个数列,它的前 3 项为 0、1、2,以后每项分别为其前 3 项之和,编程求此数列的前 20 项。

12. 设计一个程序,求一个 4 × 4 矩阵两对角线元素之和。

13. 编写一个程序,请求用户输入 10 首歌名,歌名存入一个字符指针数组,然后分别按原序、字母序和字母逆序(从 Z 到 A)显示这些歌名。

14. 编写一个函数,统计一个英文句子中字母的个数,在主程序中实现输入、输出。

15. 编写函数 reverse(char * s)的倒序递归程序,使字符串 s 倒序。

第 7 章
继承与派生

第 4 章把构建系统的颗粒从函数层次提升到类层次,并进一步学习了如何用类之间的组合结构形成更大的单元。本章学习类之间的第二种静态结构关系:继承关系。继承性是面向对象程序设计的标志性特征。从一个已有类出发,通过扩展、更改和特殊化,建立一个新类,这一演化过程是对演绎思维过程的自然模拟。从方法论角度来看,有利于简化概念间的关系;从编程实务的角度来看,有利于代码重用以及后续的修改和扩充。

【本章学习要求】

理解:继承与派生的基本概念。

理解:派生类构造函数和析构函数的调用顺序和具体实现。

理解:类型兼容规则的含义及其使用规则。

掌握:使用继承机制定义派生类,实现代码重用、基类功能的延伸与扩展。

掌握:派生类成员的访问控制规则。

掌握:虚基类的概念和用法,能处理多继承时的二义性问题。

7.1　继承与派生的基本概念

在人们日常的推理和决策过程中,由一般到特殊的演绎思维起着重要的作用,这一过程在多数情况下就体现为层次分类的过程。例如,人们要外出旅行,一般要乘坐交通工具。"交通工具"是一种较为抽象和笼统的说法,具体来说,可能是汽车、火车、飞机或轮船;再具体一点,可能是火车类别下的普通列车或高铁列车,交通工具的层次结构如图 7.1 所示。人们在做出最终决定之前,一般先在较高概念层次上权衡利弊:自驾游灵活、自由,但可能遇到交通拥堵问题;乘火车方便、快捷,但有可能一票难求。在确定了"乘火车"这一大方向后,才会具体比较普通列车和高铁列车以及车次。

客观事物之间的这种层次分类关系是普遍存在的。处于上层的事物较抽象,表达的是一些共性的特征;而处于下层的事物较具体,除了共性特征外,还具有自身所专有的一些个性特征。例如,人都有姓名、性别、出生日期、身份证号等属性和工作、生活等行为,这是共性。个性方面,人按职业又可逐层分为很多类,每一类除了具有上层的所有特征外,还具有自己专有的特征:医生具有职称、专业等特征;军人具有军衔、部队番号等特征;而军医兼有军人和医生的特征外,还有自己的特有属性。图 7.2 采用 UML(Unified Modeling Language,统一建模语言)符号表示出这种层次分类关系。在 UML 中,空心箭头表示泛化

关系,箭头的方向是指向较高层次的概念。

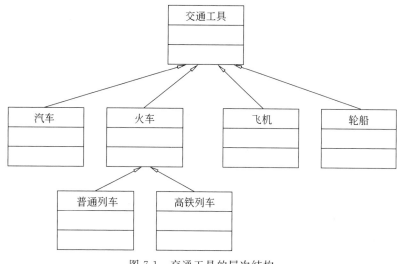

图 7.1 交通工具的层次结构

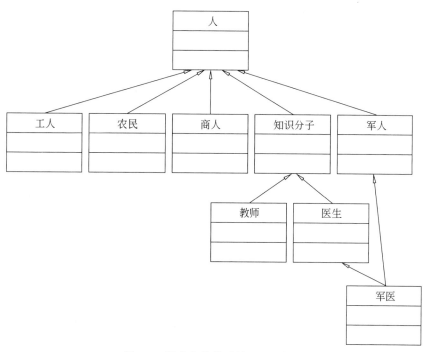

图 7.2 职业分类关系的 UML 表示

总之,这种分类关系描述的是类层次上的 IS-A(是一种)关系。也就是说,在待研究的问题域中,"军医是一种医生"这句话是能说得通的。下层概念是子概念,表达的是更具体、特殊的概念;上层概念是父概念,表达的是更抽象、一般的概念。这种父子关系是相对的,如"医生"对于"军医"来说是父概念,而对于"知识分子"来说,又是子概念。同时,这种关系还具有传递性,例如,"军医"是一种"人"。

在 C++ 程序设计中,采用继承机制来映射概念间的 IS-A 关系。当"B 类继承自 A 类"或"A 类派生出 B 类"时,把 A 类称为基类(base class),B 类称为派生类(derived class)。通过类的继承关系,派生类便自动拥有了基类的全部特征,包括所有的数据成员和成员函数(不包括静态成员、构造函数、析构函数和 operator＝函数),同时还能够定义自己特有的数据成员和成员函数,从而实现了代码的重用。

在 Smalltalk 语言中,与基类和派生类对应的概念是超类(super class)和子类(sub class),通俗的说法是父类(parent class)和子类(child class)。由前面的论述可以得知,子类概念比超类概念更具体、更丰富,因此 C++ 作者 Bjarne Stroustrup 认为"超"字很容易引起误解,于是发明了基类和派生类这一对术语。在后面的论述中,将不再区分这些术语的渊源,以方便为原则。

基类与派生类的关系是相对的,在图 7.3 所示的多层继承关系中,相对于 A 而言,B 是派生类;而相对于 C 而言,B 又是基类。同时,由于继承关系的传递性,A、B、C 都是 D 的基类,B、C、D 也都是 A 的派生类。有时为了明确区分相邻层次的父子关系,可以说 C 是 D 的直接基类(直接父类),A、B 是 D 的间接基类(祖先类)。

在 C++ 中,继承的形式分为单重继承和多重继承。一个派生类至多只有一个直接基类,这种继承形式叫作单重继承(single inheritance)(简称单继承);一个派生类有两个或两个以上直接基类,这种继承形式叫作多重继承(multiple inheritance)(简称多继承)。显然单继承方式使得类的层次结构成为一棵倒挂的树,比较有条理,如图 7.4 所示。而多继承方式使得类的层次结构可能出现一些网孔,从而使得类层次结构变成一个复杂的有向无环图(Directed Acyclic Graph,DAG),如图 7.5 所示。不同的网孔形式都可看作中间图片的一般化,也有人称为"菱形"结构。其根源就在于允许子类有多条向上的路径。

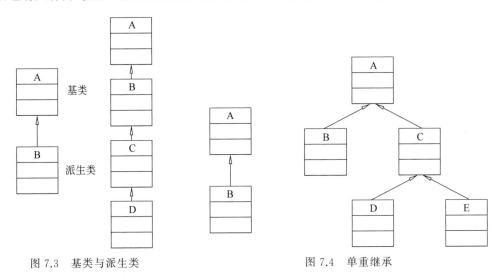

图 7.3　基类与派生类　　　　　　　图 7.4　单重继承

显然,这种网状结构能更好地映射问题域中的概念间的关系,但代价是增加了系统实现的复杂性(将在 7.7.3 节中进一步讨论),因此有些语言(如 Smalltalk、Java)是不支持多继承的。即便有了多继承方式,类的层次结构在知识表达方面也处于很低的层次,但对于编程语言而言,继承机制已经相当有效了。

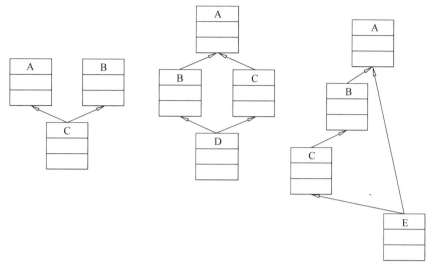

图 7.5　多重继承

7.2　单继承

在 C++ 中,单继承的一般声明语法如下。

```
class 派生类名: 继承方式 基类名
    {
    private:
        私有成员说明列表
    protected:
        保护成员说明列表
    public:
        公有成员说明列表
    };
```

(1) 与一般类的定义一样,关键字 class 告诉编译器下面声明的是一个类,派生类名就是新定义的类名。

(2) 冒号后面表明以何种继承方式、从哪个类继承。于是,派生类首先将基类的所有成员(不包括静态成员、构造函数、析构函数和 operator＝函数)的定义自动"抄"了过来,不必再重复声明了。有时把这些从基类继承来的成员简称为继承成员、派生成员或基类成员,但要注意它们不是基类的成员,而是派生类的成员,只不过没有显式定义罢了。这些自动复制过来的继承成员,其访问控制权限由继承方式加以重新修订。继承方式关键字有 private、public 和 protected 三种,分别表示私有继承、公有继承和保护继承。如果省略继承方式关键字,编译器默认为私有继承。类的继承方式实际上就是访问权限的修改方式(将在 7.4 节讨论)。

(3) {}内声明派生类新增加的数据和函数成员。前面讲的是派生类对基类的继承,而这些新增的成员正体现了派生类对基类的发展。通过在派生类中添加新的属性和功能,就可以在已有类的基础上进一步演化和发展。

下面通过一个示例来演示类的派生。

【例 7.1】　派生类示例。

假如定义一个 Circle 类,代表二维坐标下的一个圆,需要定义 3 个数据成员,x、y 代表圆心坐标,radius 代表半径;还要实现构造函数、析构函数、三组 set、get 方法以及若干业务函数。有了继承机制以后,就不必从头做起,而是用第 4 章编写过的 Point 类作为基础,派生出 Circle 类。

```cpp
#include<iostream>
using namespace std;
class Point
{
  private:
      float x,y;
  public:
      //模仿构造函数
      void initPoint(float X, float Y)
        { x = X;
          y = Y;
        }
       //访问方法
       void setX(float X) {x = X;}
       float getX() {return x;}
       void setY(float Y) {y = Y;}
       float getY() {return y;}
       //业务方法
       void moveTo(Point newPoint)
       {
         x = newPoint.x;
         y = newPoint.y;
       }
};

class Circle:public Point
{
   private:
       float radius;
   public:
   //模仿构造函数原型
       void initCircle(float X,float Y,float Radius)
       {
            initPoint(X,Y);
            radius = Radius;
       }
       //访问方法
       void setRadius(float Radius) {radius = Radius;}
       float getRadius() {return radius;}
       //业务方法
       void setCenter(float X,float Y)
       {
            setX(X);
            setY(Y);
            //x=X;
```

```
                //y=Y;
            }
    };
    void main()
    {
        Circle c1;
        c1.initCircle(0.0f,0.0f,10.0f);

        c1.setX(1.0f);
        c1.setY(1.0f);
        c1.setCenter(1.0f,2.0f);
        c1.setRadius(11.0f);
        cout<<"c1 的圆心位置: ("<<c1
        .getX()<<","<<c1.getY()<<"),c1 的半径: "<<c1.getRadius() <<endl;

        Point p1;
        p1.initPoint(3.0f,4.0f);
        c1.moveTo(p1);
        cout<<"c1 的圆心位置: ("<<c1.getX()<<","<<c1.getY()<<"),c1 的半径: "<<c1
        .getRadius()<<endl;
    }
```

运行结果：

```
c1 的圆心位置: (1,2),c1 的半径: 11
c1 的圆心位置: (3,4),c1 的半径: 11
Press any key to continue
```

下面通过表 7.1 研究 Circle 类到底包含哪些数据成员和函数成员。

表 7.1　Circle 类成员

来源	Circle 的成员	原访问权限	新访问权限	备注
继承	float x;	私有	不可直接访问	
继承	float y;	私有	不可直接访问	
继承	void initPoint(float X,float Y);	公有	公有	
继承	void setX(float X);	公有	公有	
继承	float getX();	公有	公有	
继承	void setY(float Y);	公有	公有	
继承	float getY();	公有	公有	
继承	void moveTo(Point newPoint);	公有	公有	
新增	float radius;		私有	
新增	void initCircle(float X,float Y,float Radius);		公有	
新增	void setRadius(float Radius);		公有	
新增	float getRadius();		公有	
新增	void setCenter(float X,float Y);		公有	
缺省提供	Circle(void);		公有	
缺省提供	Circle(Circle&);		公有	
缺省提供	~Circle(void)		公有	
缺省提供	Circle& operator=(Circle&);		公有	

表 7.1 列出了 Circle 类拥有的数据成员和函数成员,阴影部分在 Circle 类中并没有重复书写,显然是从基类 Point 中自动"抄"过来的。而且有些成员就可以直接使用了,如在程序中第 63 行调用"c1.moveTo(p1)";,这就充分体现了继承的优势。

这里还有两个问题,首先是派生类对象的初始化问题。在此刻意回避了构造函数,而是设计了一个初始化函数来模拟构造函数的功能。

```
//模拟构造函数
void initCircle(float X,float Y,float Radius)
{
    initPoint(X,Y);
    radius = Radius;
}
```

该函数实质上只负责本类新增成员的初始化(第 4 行),继承成员的初始化工作交由基类的初始化函数负责(第 3 行)。构造函数的编写也应该照此思路,这将在 7.6 节中做进一步讨论。

其次,x、y 和新增成员 radius 尽管都是 Circle 类的成员,但它们还是有些不同。x、y 在 Circle 中的确存在,但其访问权限连私有都算不上。因此,如果把 setCenter 函数改为

```
void setCenter(float X,float Y)
{
    //setX(X);
    //setY(Y);
    x = X;
    y = Y;
}
```

编译器将报错:

```
C:\71\71.cpp(45) : error C2248: 'x' : cannot access private member declared in
class 'Point'
        C:\71\71.cpp(7) : see declaration of 'x'
C:\71\71.cpp(46) : error C2248: 'y' : cannot access private member declared in
class 'Point'
        C:\71\71.cpp(7) : see declaration of 'y'
```

派生类能直接访问自己新增的私有成员 radius,但不能直接访问从基类继承的成员 x 和 y。如何做到这 3 个数据成员在 Circle 类中完全"平等"呢? 为此引入了一种新的访问权限:保护。

7.3 类的保护成员

在例 7.1 中,Circle 的成员函数 void setRadius(float Radius)和 void setCenter(float X,float Y)都是用来设置 Circle 的数据成员的,但它们的实现方式不一样。

```
void setRadius(float Radius) {radius = Radius;}
void setCenter(float X,float Y)
{
    setX(X);
    setY(Y);
}
```

7.2 节已经说过,如果把后者改为如下形式:

```
void setCenter(float X,float Y)
{
    x = X;
    y = Y;
}
```

编译器将报错。同样是 Circle 的数据成员,它们的来源不一样,radius 是在类 Circle 中定义的私有成员,而 x 和 y 却是从父类继承来的。由于 radius 是类 Circle 的数据成员,当然可以被类内的 setRadius 直接访问,而 x 和 y 尽管也是 Circle 的数据成员,但它们是在类 Point 中定义的私有成员,只能被 Point 的成员函数(或友元函数)直接访问。而函数 setCenter 并不是 Point 的成员函数,如果允许它直接访问 x 和 y,将破坏 private"类内可用,类外不可用"的规则,因此必须规定私有成员在派生类中不可直接使用。而通过 setX(X)和 setY(Y)间接访问 x 和 y,符合 public"类内类外都可用"的规则。此处暂时先讨论到这里,等学习了访问权限的整体规定后,就能完全理解了。

在派生类中间接访问派生成员,毕竟有些麻烦,为了让派生成员与原生成员的地位"平等",C++ 引入了保护成员的概念。

【例 7.2】 保护成员示例。

将例 7.1 中 Point 的定义改成如下形式。

```
class Point
{
  protected:
    float x,y;
  public:
    //模仿构造函数
    void initPoint(float X, float Y)
      {x = X;
       y = Y;
      }
    //访问方法
    void setX(float X) {x = X;}
    float getX() {return x;}
    void setY(float Y) {y = Y;}
    float getY() {return y;}
    //业务方法
    void moveTo(Point newPoint)
    {
        x = newPoint.x;
        y = newPoint.y;
    }
};
```

将类 Circle 的成员函数 void setCenter(float X,float Y)改为

```
void setCenter(float X,float Y)
{
    x = X;
    y = Y;
}
```

程序编译、运行通过,输出结果与例 7.1 相同。

在例 7.2 中,将 x 和 y 声明为类的保护成员,在类内可访问,类外不可访问,访问权限介于私有和公有之间。如果保护成员被派生类以公有或者保护方式继承,在派生类中,类内可以访问 x 和 y,而类外都不可以访问 x 和 y。

这种折中方案看似合理,但实践表明,它在一定程度上破坏了类的封装性,尤其当派生层次很深时,子类直接修改从祖先类继承过来的成员是非常危险的,因此不能滥用。

7.4 节系统讲解访问权限的整体设计。

7.4　访问权限和类型兼容规则

通过前面的学习,可以初步了解到派生新类的过程,实际上就是吸收基类成员、改造基类成员和添加新成员的过程。吸收基类成员的目的是代码重用,而对基类成员进行调整、改造以及添加新成员的目的是对代码进行扩充,以适应更特殊的需求。二者相辅相成,就可以一步一步通过类的派生建立起具有共同关键特征的类族,从而大大提高程序开发的效率。

访问权限的整体规划对于类族的建立是一个十分重要的问题,同时是一个比较复杂的问题。在基类中,成员的访问权限有 4 种:public(公有)、protected(保护)、private(私有)以及经过多次派生而产生的"不可直接访问"属性。类的继承方式有 public(公有)继承、protected(保护)继承和 private(私有)继承 3 种。它们共同决定了基类成员原来的访问属性在派生类中会发生何种变化。表 7.2 归纳了继承方式对访问权限的影响。

表 7.2　继承方式对访问权限的影响

继承方式	原访问属性			
	public	**protected**	**private**	**不可直接访问**
public	public	protected	不可直接访问	不可直接访问
protected	protected	protected	不可直接访问	不可直接访问
private	private	private	不可直接访问	不可直接访问

首先,纵向观察表格的第 4、5 列,可以看出,对于基类的私有成员,不管是何种继承方式,在派生类中都将变成不可直接访问的;对于基类的"不可直接访问"属性也是如此;不同的是基类的"不可直接访问"属性并不是由程序员直接指定的,而是由更高层基类的私有成员经过派生演变成的。其次,横向观察表格的其余部分,可以发现,对于公有继承方式,基类的公有成员和保护成员,在派生类中仍是公有成员和保护成员,即保持不变;对于保护继承方式,基类的公有成员和保护成员,在派生类中都变成了保护成员;对于私有继承方式,基类的公有成员和保护成员,在派生类中都变成了私有成员。

下面将分别针对 3 种继承方式进行阐述。为了便于表现"不可直接访问"的产生过程,首先由 B0 派生到 B1,使得 B0 中的私有数据成员派生到 B1 时变成不可访问属性。同时在 B1 中分别增加公有、保护和私有的数据成员 b11、b12、b13。这样 B1 中就有了 4 种访问属性的数据成员了。然后从 B1 分别采用公有、保护和私有 3 种派生方式分别派生出 D1、D2 和 D3,通过成员函数和主程序访问其数据成员,观察在不同派生方式下,派生成员在类内和类外的访问属性。类族的派生过程如图 7.6 所示,按照 UML 对类图的规定,＋代表公有,

♯代表保护，－代表私有，继承方式通过《》标注在三角箭头的旁边。

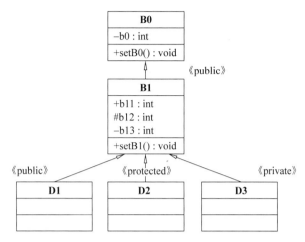

图 7.6 类族的派生过程

【例 7.3】 访问权限示例。

```cpp
#include<iostream>
using namespace std;
class B0
{
private:
    int b0;
public:
    void setB0(){b0 = 0;}
};
class B1:public B0
{
public:
    int b11;
protected:
    int b12;
private:
    int b13;
public:
    void setB1(){
    //b0 = 0;                   //变成不可直接访问
        b11 = 0;
        b12 = 0;
        b13 = 0;
    }
};
class D1 : public B1
{
public:
        void setD1(){
        //b0 = 0;               //仍然是不可直接访问
            b11 = 0;            //不变,仍然是公有
            b12 = 0;            //不变,仍然是保护
            //b13 = 0;          //变成不可直接访问
```

```
                    }
};
class D2 : protected B1
{
public:
        void setD2(){
                //b0 = 0;              //仍然是不可直接访问
                b11 = 0;              //变成保护
                b12 = 0;              //仍然是保护
                //b13 = 0;            //变成不可直接访问
                }
};
class D3 : private B1
{
public:
        void setD3(){
                //b0 = 0;              //仍然是不可直接访问
                b11 = 0;              //变成私有
                b12 = 0;              //变成私有
                //b13 = 0;            //变成不可直接访问
                }
};
int main()
{
    D1 d1;
    D2 d2;
    D3 d3;
    //d1.b0 = 0;                  //仍然是不可直接访问
    d1.b11 = 11;                  //不变,仍然是公有
    //d1.b12 = 12;                //不变,仍然是保护
    //d1.b13 = 13;                //变成不可直接访问
    //d2.b0 = 0;                  //仍然是不可直接访问
    //d2.b11 = 11;                //变成保护
    //d2.b12 = 12;                //仍然是保护
    //d2.b13 = 13;                //变成不可直接访问
    //d3.b0 = 0;                  //仍然是不可直接访问
    //d3.b11 = 11;                //变成私有
    //d3.b12 = 12;                //变成私有
    //d3.b13 = 13;                //变成不可直接访问
    return 0;
}
```

7.4.1 公有派生和类型兼容规则

在公有派生的情况下,基类成员的访问权限除私有变成不可直接访问外,其他均保持不变。公有派生的规则如下。

(1) 基类的公有成员在派生类中还是公有的。

(2) 基类的保护成员在派生类中还是保护的。

(3) 基类的私有成员在派生类中变成不可直接访问的。

(4) 基类的不可直接访问成员在派生类中仍是不可直接访问的。

首先看 B1 的成员函数 setB1。

```
void setB1(){
    //b0 = 0;                           //变成不可直接访问
    b11 = 0;
    b12 = 0;
    b13 = 0;
    }
```

如果把"b0＝0;"这句的注释去掉,编译时会报出"error C2248: 'b0': cannot access private member declared in class 'B0'",这是因为根据公有派生规则,此时 B1 中的派生成员 b0 的访问权限已经变成"不可直接访问",这样,在 B1 类中就有了 4 种访问权限的成员 b11,b12,b13 和 b0,访问权限分别是公有、保护、私有和"不可直接访问"。下面公有派生出 D1,并在 D1 的成员函数 setD1 中直接访问上述 4 个派生成员。注意,此时是在 D1 的类内。

```
void setD1(){
    //b0 = 0;                           //仍然是不可直接访问
    b11 = 0;                            //不变,仍然是公有
    b12 = 0;                            //不变,仍然是保护
    //b13 = 0;                          //变成不可直接访问
    }
```

b0 原来在父类 B1 中的访问权限是"不可直接访问",根据公有派生的规则(4),在子类 D1 中的访问权限仍然是"不可直接访问",如果去掉此句的注释,编译会报错。b11 原来在 父类 B1 中的访问权限是公有,根据公有派生的规则(1),在子类 D1 中的访问权限仍然是公 有,所以此句合法。b12 原来在父类 B1 中的访问权限是保护,根据公有派生的规则(2),在 子类 D1 中的访问权限仍然是保护,而保护成员"类内可用,类外不可用",所以此句合法。 b13 原来在父类 B1 中的访问权限是私有,根据公有派生的规则(3),在子类 D1 中的访问权 限已变成"不可直接访问",即便在类内,也不可直接访问,因此如果去掉此句的注释,编译会 报错。

以上是在类内的访问情况,下面在主程序中通过 D1 的对象 d1 直接访问其派生成员, 注意此时是在类外。

```
//d1.b0 = 0;                           //仍然是不可直接访问
d1.b11 = 11;                          //不变,仍然是公有
//d1.b12 = 12;                        //不变,仍然是保护
//d1.b13 = 13;                        //变成不可直接访问
```

只有对 b11 的直接访问是合法的,因为其访问权限是公有,类外可用。而其他 3 个成员 的访问属性分别是"不可直接访问"和保护,在类外都是不可用的。

以上列举的数据成员的权限的变化规则,也同样适用于函数成员。因此,派生成员是否 可以直接访问,取决于:①原来是什么权限;②何种继承方式;③调用是在派生类的类内还 是类外。在具体判断某个访问语句是否合法时,可按倒序进行分析。

从以上分析可以看出,在公有派生方式下,继承成员的访问权限没有发生太多变化,只 有私有(以及由此产生的"不可直接访问")变成了"不可直接访问",而这恰恰是符合类的封 装性原则的。"不可直接访问"不代表不存在,更不代表不能访问,只要在父类中留有公有的 函数接口,派生类在类内就可以通过它们间接地访问派生成员,如例 7.1 中的 getX 和 setX 就是私有成员 x 的访问接口。如果嫌麻烦,也可将基类成员设计为保护属性,对于基类而言 它与私有相似,"类内可用,类外不可用";对于派生类而言,与公有部分相似,也是类内可用,

但类外不可用。可见,在公有派生方式下,子类的特性只增不减,因此可以认为子类对象就是一个更特殊、更丰富的父类对象,这就自然得出下面的类型兼容规则。

所谓类型兼容规则,是指在公有派生方式下,一个公有派生类的对象在使用上可以被当作基类的对象。换句话说,就是公有派生的子类在使用上兼容父类,反之则不兼容。如例 7.1,就是 Circle 对象兼容 Point 对象,一个圆可看成一个特殊的点。类型兼容规则具体体现在下面 3 种情况。

(1) 派生类的对象可以被赋值给基类对象。例如:

```
Point p1;
Circle c1;
p1 = c1;
```

(2) 派生类的对象可以初始化基类的引用。例如:

```
Circle c1;
Point &rPoint = c1;
```

(3) 派生类的对象的地址可以赋给基类类型的指针。基类类型的指针也可以指向派生类。例如:

```
Circle c1;
Point * pPoint = &c1;
```

7.4.2　保护派生

在保护派生的情况下,基类成员的访问权限比保护高的都降为保护。也就是说:

(1) 基类的公有成员在派生类中变成保护成员。

(2) 基类的保护成员在派生类中还是保护的。

(3) 基类的私有成员在派生类中变成不可直接访问的。

(4) 基类的不可直接访问成员在派生类中仍是不可直接访问的。

观察 D2 的成员函数 setD2:

```
void setD2(){
        //b0 = 0;              //仍然是不可直接访问
        b11 = 0;              //变成保护
        b12 = 0;              //仍然是保护
        //b13 = 0;             //变成不可直接访问
        }
```

b11 和 b12 都是保护的,在类内可以直接访问。

以上是在类内的访问情况,下面在主程序中通过 D2 的对象 d2 直接访问其派生成员,注意,此时是在类外。

```
//d2.b0 = 0;              //仍然是不可直接访问
//d2.b11 = 11;            //变成保护
//d2.b12 = 12;            //仍然是保护
//d2.b13 = 13;            //变成不可直接访问
```

由于此时的访问权限已没有公有的,因此在类外都是不可用的。

保护派生方式会把基类的公有成员降为保护属性,类内和子类仍然可以直接使用,但类外已经不能使用了,相当于对外封闭了这个接口。如果希望在类外仍能使用这些接口,只有

在派生类中重新定义新的接口以覆盖被保护的派生成员,并通过类限定符":: "指定调用派生成员。

【例 7.4】 保护继承。

```cpp
#include<iostream>
using namespace std;
class Point
{
    private:
     float x,y;
    public:
     //模仿构造函数
      void initPoint(float X, float Y)
        {x = X;
         y = Y;
        }
     //访问方法
     void setX(float X) {x = X;}
     float getX() {return x;}
     void setY(float Y) {y = Y;}
     float getY() {return y;}
     //业务方法
     void moveTo(Point newPoint)
     {
         x = newPoint.x;
         y = newPoint.y;
     }
};
class Circle:protected Point
{
private:
    float radius;
public:
    //模仿构造函数
    void initCircle(float X,float Y,float Radius)
    {
        initPoint(X,Y);
        radius = Radius;
        }
     //访问方法
     void setRadius(float Radius) {radius = Radius;}
     float getRadius() {return radius;}
     //业务方法
     void setCenter(float X,float Y)
     {
        setX(X);
        setY(Y);
     }
     //重新设计的接口
     void setX(float X) {Point::setX(X);}
     float getX() {return Point::getX();}
     void setY(float Y) {Point::setY(Y);}
     float getY() {return Point::getY();}
     void moveTo(Point newPoint)
```

```
        {
            Point::moveTo(newPoint);
        }
};
void main()
{
  Circle c1;
  c1.initCircle(0.0f,0.0f,10.0f);
  c1.setX(1.0f);
  c1.setY(1.0f);
  c1.setCenter(1.0f,2.0f);
  c1.setRadius(11.0f);
  cout<<"c1 的圆心位置: ("<<c1.getX()<<","<<c1.getY()<<"),c1 的半径: "<<c1
  .getRadius()<<endl;
  Point p1;
  p1.initPoint(3.0f,4.0f);
  c1.moveTo(p1);
  cout<<"c1 的圆心位置: ("<<c1.getX()<<","<<c1.getY()<<"),c1 的半径: "<<c1
  .getRadius()<<endl;
}
```

以第 52 行 void setX(float X) {Point::setX(X);}为例,通过重新定义公有接口函数,覆盖了来自父类的 setX,但内部仍然是调用它。只不过需要通过 Point::指定调用的是从父类继承的 setX。Point::setX()访问权限是保护的,在新的 setX 中可以访问,因为这是在 Circle 类的类内。

7.4.3　私有派生

在私有派生的情况下,基类成员的访问权限比私有高的都降为私有。也就是说:

(1) 基类的公有成员在派生类中变成私有成员。

(2) 基类的保护成员在派生类中变成私有成员。

(3) 基类的私有成员在派生类中变成不可直接访问的。

(4) 基类的不可直接访问成员在派生类中仍是不可直接访问的。

观察 D3 的成员函数 setD3:

```
void setD3(){
        //b0 = 0;          //仍然是不可直接访问
        b11 = 0;          //变成私有
        b12 = 0;          //变成私有
        //b13 = 0;         //变成不可直接访问
    }
```

b11 和 b12 都是私有的,在类内可以直接访问。

以上是在类内的访问情况,下面在主程序中通过 D3 的对象 d3 直接访问其派生成员,注意此时是在类外。

```
//d3.b0 = 0;            //仍然是不可直接访问
//d3.b11 = 11;          //变成私有
//d3.b12 = 12;          //变成私有
//d3.b13 = 13;          //变成不可直接访问
```

由于此时的访问权限已没有公有的,因此在类外都是不可用的。

私有派生方式会把基类的公有成员和保护成员都降为私有属性,仅类内可以直接使用,但类外和子类不能使用,相当于对类外和子类都封闭了这个接口。如果希望在类外或子类中仍能使用这些接口,也同样需要在派生类中重新定义新的接口。若新接口只希望将来的子类可用,可将其访问权限定义为保护,若同时也希望类外可用,可将其访问权限定义为公有。

7.5　多继承

当一个类从多个基类派生时,其定义格式如下。

```
class 派生类名:继承方式 1 基类名 1, 继承方式 2 基类名 2,…
              {
                private:
                    私有成员说明列表
                protected:
                    保护成员说明列表
                public:
                    公有成员说明列表
              };
```

与单继承派生类的定义格式比较,多继承可以有多个基类,用逗号隔开,每个基类名前面有各自的继承方式加以修饰,如果省略,默认的继承方式为私有继承。

【例 7.5】 多继承示例。

```cpp
#include<iostream>
using namespace std;
class A
{
 private:int i;
 public:
    void setA(int I) {i = I;}
    void setI(int I) {i = I;}
    int getI() {return i;}
};
class B
{
 private:int j;
 public:
    void setB(int J) {j = J;}
    void setJ(int J) {j = J;}
    int getJ() {return j;}
};
class C:public A,private B
{
 private:int k;
 public:
    void setC(int I,int J,int K)
      {
        setA(I);
```

```
            setB(J);
            k = K;
        }
    void setK(int K) {k = K;}
    int getK() {return k;}
    //重新提供接口
    void setJ(int J) {B::setJ(J);}
    int getJ() {return B::getJ();}
};
int main()
{
 C c;
 c.setC(1,2,3);
 cout<<c.getI()<<","<<c.getJ()<<","<<c.getK()<<endl;
 c.setI(4);
 c.setJ(5);
 c.setK(6);
 cout<<c.getI()<<","<<c.getJ()<<","<<c.getK()<<endl;
 return 0;
}
```

运行结果：

```
1,2,3
4,5,6
```

类 C 公有继承 A，从 A 继承来的派生成员函数在 C 中仍是公有的；而类 C 私有继承 B，因此从 B 继承来的派生成员函数在 C 中变成私有的，因此必须重新提供公有接口，才可以从类外访问。可见，多继承的访问权限规则与单继承一样。

7.6　构造函数和析构函数

在 7.2 节还遗留了一个问题，那就是派生类对象的初始化问题。当时设计了一个初始化函数来模拟构造函数的功能。该函数一方面负责自己新增的成员的初始化，另一方面调用基类的初始化函数来设置派生数据成员。

```
//模仿构造函数
void Circle:: initCircle(float X,float Y,float Radius)
{
    initPoint(X,Y);
    radius = Radius;
}
```

如果仿照此思路，派生类的构造函数可能是这样的。

```
Circle:: Circle(float X,float Y,float Radius)
    {
        Point(X,Y);
        radius = Radius;
    }
```

需要注意的是，前一段代码中，initPoint 函数通过派生，在 Circle 中是存在的；而后一段

代码中,"Point(X,Y);"调用的是 Point 类的构造函数,并没有派生到 Circle 类中。但又确实需要调用父类的构造函数去初始化派生成员。根据第 4 章组合类构造函数初始化对象成员的知识,可以设想在构造函数的初始化列表中"借用"一下父类的构造函数。

```
Circle:: Circle(float X,float Y,float Radius): Point(X,Y);
    {
        radius = Radius;
    }
```

因此,派生类构造函数的最基本形式(单继承时)如下。

```
派生类名::派生类名(基类所需的形参,本类成员所需的形参):基类名(参数)
{
        //本类成员初始化赋值语句
};
```

其中,"基类名"显然指的是基类的构造函数。构造函数有不带参数(缺省提供的或缺省样式的)和带参数的。如果在子类构造函数的初始化列表中调用父类不带参数的构造函数,可以不写。反过来,不写也一定会调用父类不带参数的构造函数。如果子类不写构造函数呢?系统会给子类提供一个缺省的构造函数,这个函数还会调用父类不带参的构造函数。这一点与组合类构造函数在初始化对象成员时是相似的。因此例 7.1 并没有真正回避掉构造函数。如果在 Point 类中加上一个缺省样式的构造函数,Point::Point(){cout<<"Point 类缺省样式的构造函数调用了"<<endl;},并且删除主程序中"Point p1;"及其后面的语句(防止创建 Point 对象干扰输出结果)。这样,主程序中只创建了一个 Circle 对象,并没有创建 Point()对象,但运行后仍能看到 Point 类缺省样式的构造函数调用了。可见,子类的构造函数一定会调用父类的构造函数。有了这样的保证(规定)后,即便是多层次继承,多数情况下(有虚基类祖先除外,在 7.7.3 节讨论),子类的构造函数只需调用直接父类的构造函数即可,不必显式地向上追溯,因为直接父类的构造函数也会调用它的直接父类的构造函数,这一过程会递归进行,一直追溯到最顶层的父类。可见,当执行构造函数时,会沿着继承链调用所有父类的构造函数,且父类的构造函数先执行,形成构造函数调用链(constructor chain)。当一个派生类对象即将销毁时,其析构函数及父类的析构函数也会自动执行,顺序与构造函数相反。下面将例 7.1 改造成带有构造函数和析构函数的形式。

【例 7.6】 派生类的构造函数和析构函数。

```
#include<iostream>
using namespace std;
class Object
{
public:
    Object(){cout<<this<<" Object 类的缺省样式的构造函数调用完毕"<<endl;}
    ~Object() {cout<<this<<" Object 类的析构函数调用完毕"<<endl;}
};
class Point:public Object
{
    private:
        float x,y;
    public:
        Point(){x = 0.0f; y = 0.0f; cout<<this<<" Point 类的缺省样式的构造函数调用完毕"
        <<endl;}
```

```cpp
        Point(float X, float Y)
        {   x = X;
            y = Y;
            cout<<this<<" Point 类的带参构造函数调用完毕"<<endl;
        }
         ~Point() {cout<<this<<" Point 类的析构函数调用完毕"<<endl;}
        //访问方法
        void setX(float X) {x = X;}
        float getX() {return x;}
        void setY(float Y) {y = Y;}
        float getY() {return y;}
        //业务方法
        void moveTo(Point newPoint)
        {
          x = newPoint.x;
          y = newPoint.y;
        }
};
class Circle:public Point
{
private:
    float radius;
public:
    Circle(){radius = 1.0f;cout<<this<<"Circle 类的缺省样式的构造函数调用完毕"<<
    endl;}
    Circle(float X,float Y,float Radius):Point(X,Y)
    {
        radius = Radius;
        cout<<this<<" Circle 类的带参构造函数调用完毕"<<endl;
    }
    ~Circle(){cout<<this<<" Circle 类的析构函数调用完毕"<<endl;}
    //访问方法
    void setRadius(float Radius) {radius = Radius;}
    float getRadius() {return radius;}
     //业务方法
    void setCenter(float X,float Y)
    {
        setX(X);
        setY(Y);
    }
};
void main()
{
  cout<<"----------------c1----------------"<<endl;
  Circle c1;
  cout<<"c1 的圆心位置: ("<<c1.getX()<<","<<c1.getY()<<"),c1 的半径: "<<c1
  .getRadius()<<endl;
  cout<<"----------------c2----------------"<<endl;
  Circle c2(0.0f,0.0f,2.0f);
  cout<<"c2 的圆心位置: ("<<c2.getX()<<","<<c2.getY()<<"),c2 的半径: "<<c2
  .getRadius()<<endl;
  cout<<"----------------准备结束----------------"<<endl;
}
```

运行结果：

```
-----------------c1-----------------
0012FF68 Object 类的缺省样式的构造函数调用完毕
0012FF68 Point 类的缺省样式的构造函数调用完毕
0012FF68 Circle 类的缺省样式的构造函数调用完毕
c1 的圆心位置：(0,0),c1 的半径：1
-----------------c2-----------------
0012FF5C Object 类的缺省样式的构造函数调用完毕
0012FF5C Point 类的带参构造函数调用完毕
0012FF5C Circle 类的带参构造函数调用完毕
c2 的圆心位置：(0,0),c2 的半径：2
-----------------准备结束----------------
0012FF5C Circle 类的析构函数调用完毕
0012FF5C Point 类的析构函数调用完毕
0012FF5C Object 类的析构函数调用完毕
0012FF68 Circle 类的析构函数调用完毕
0012FF68 Point 类的析构函数调用完毕
0012FF68 Object 类的析构函数调用完毕
Press any key to continue
```

与前面的分析一样，首先，构造函数会自动逐级调用直接父类的构造函数，直到最顶层父类，即便子类构造函数的初始化列表中没有写，这一过程也不会中断；其次，构造函数的调用顺序是先父类、后子类；最后，析构函数的执行顺序与构造函数相反。

在多继承情况下，对于所有需要给予参数进行初始化的父类成员，都要在子类的初始化列表中显式地给出父类名和参数表。对于使用默认构造函数的父类，可以不给出类名。另外，子类中若有内嵌对象（类的组合），其初始化工作也是在初始化列表中完成的，一般是调用内嵌对象的复制构造函数。同样，如果是使用默认构造函数，也不需要写出对象名和参数表。

因此，派生类构造函数声明的一般语法形式如下。

```
<派生类名>::<派生类名>(参数总表):基类名 1(参数表 1),...,基类 m(参数表 m),
内嵌对象名 1(内嵌对象参数表 1),...,内嵌对象名 n(内嵌对象参数表 n)
{
//派生类新增普通成员的初始化语句
}
```

其中：

（1）构造函数的参数总表需要列出初始化基类数据、新增内嵌对象数据及新增普通类型数据成员所需要的全部参数。

（2）冒号之后的初始化列表依次列出如何使用以上参数，各项之间用逗号分隔。其中"基类名 m（参数表 m）"一般是指调用直接基类的带参构造函数，而"内嵌对象名 n（内嵌对象参数表 n）"一般是指调用内嵌对象类的构造函数。

【例 7.7】 多继承＋组合情况下的构造和析构。

```
#include<iostream>
using namespace std;
class A
{
  private:int i;
```

```
  public:
    A(){cout<<this<<" A 类的缺省样式的构造函数调用完毕"<<endl;}
    A(int I) {i = I; cout<<this<<" A 类的带参构造函数调用完毕"<<endl;}
    A(A& AnotherA):i(AnotherA.i)
    {
      cout<<this<<" A 类的复制构造函数调用完毕"<<endl;
    }
    ~A() {cout<<this<<" A 类的析构函数调用完毕"<<endl;}
    void setI(int I) {i = I;}
    int getI() {return i;}
};
class B
{
  private:int j;
  public:
    B(){cout<<this<<" B 类的缺省样式的构造函数调用完毕"<<endl;}
    B(int J) {j = J; cout<<this<<" B 类的带参构造函数调用完毕"<<endl;}
    B(B& AnotherB):j(AnotherB.j)
    {
      cout<<this<<" B 类的复制构造函数调用完毕"<<endl;
    }
    ~B() {cout<<this<<" B 类的析构函数调用完毕"<<endl;}
    void setJ(int J) {j = J;}
    int getJ() {return j;}
};
class C:public A,public B
{
  private:int k;
          A a;
          B b;
  public:
    C(){cout<<this<<" C 类的缺省样式的构造函数调用完毕"<<endl;}
    C(int I,int J,int K,A AnotherA, B AnotherB):b(AnotherB),a(AnotherA),B(J),A(I)
    {
      k = K;
      cout<<this<<" C 类的带参构造函数调用完毕"<<endl;
    }
    ~C() {cout<<this<<" C 类的析构函数调用完毕"<<endl;}
    void setK(int K) {k = K;}
    int getK() {return k;}
};
int main()
{
  cout<<"----------------创建 A,B 对象----------------"<<endl;
  A a(11);
  B b(22);
  cout<<"----------------创建 C 对象----------------"<<endl;
  C c(1,2,3,a,b);
  cout<<"----------------准备结束----------------"<<endl;
  return 0;
}
```

输出结果(为便于后面论述,在每行前面加了行号):

(1) ----------------创建 A,B 对象----------------

(2) 0012FF70 A 类的带参构造函数调用完毕

(3) 0012FF6C B 类的带参构造函数调用完毕

(4) ------------------创建 C 对象----------------

(5) 0012FEEC B 类的复制构造函数调用完毕

(6) 0012FEE8 A 类的复制构造函数调用完毕

(7) 0012FF58 A 类的带参构造函数调用完毕

(8) 0012FF5C B 类的带参构造函数调用完毕

(9) 0012FF64 A 类的复制构造函数调用完毕

(10) 0012FF68 B 类的复制构造函数调用完毕

(11) 0012FF58 C 类的带参构造函数调用完毕

(12) 0012FEE8 A 类的析构函数调用完毕

(13) 0012FEEC B 类的析构函数调用完毕

(14) ------------------准备结束----------------

(15) 0012FF58 C 类的析构函数调用完毕

(16) 0012FF68 B 类的析构函数调用完毕

(17) 0012FF64 A 类的析构函数调用完毕

(18) 0012FF5C B 类的析构函数调用完毕

(19) 0012FF58 A 类的析构函数调用完毕

(20) 0012FF6C B 类的析构函数调用完毕

(21) 0012FF70 A 类的析构函数调用完毕

(22) Press any key to continue

下面解释"C c(1,2,3,a,b);"执行后的输出结果：程序执行到 C 的带参构造 C(int I, int J, int K, A AnotherA, B AnotherB):b(AnotherB),a(AnotherA),B(J),A(I)。

第(5)、(6)句：首先是函数参数的形实结合，结合顺序从右向左(不同编译器可能不同)，所以先调两次复制构造函数将实参 b 和 a 分别复制到形参 AnotherB 和 AnotherA 中。

第(7)、(8)句：执行初始化列表的 B(J),A(I)部分，即首先执行直接父类的带参构造函数。执行顺序不是按照初始化列表中的顺序，而是按照继承时的顺序(第 32 行，class C: public A,public B)，所以 A 的带参构造函数先执行。

第(9)、(10)句：执行初始化列表的 b(AnotherB),a(AnotherA)部分，即随后执行内嵌对象类的复制构造函数。执行顺序不是按照初始化列表中的顺序，而是按照内嵌对象定义时的顺序(第 34~36 行，private:int k;　A a;　B b;)，所以 A 的复制构造函数先执行。

第(11)句：子类新增的普通成员数据初始化完毕。

第(12)、(13)句：形参对象 AnotherA 和 AnotherB 析构。

第(15)~(19)句：析构的调用顺序与构造相反(对照第(7)~(11)句)。对象 c 销毁。

第(20)、(21)句：执行完毕后对象 b 和 a 销毁。

由以上分析可知，派生类构造函数的执行顺序可以归纳为"先祖先，再客人，后自己"，即先执行基类的构造函数以初始化继承成员，再执行内嵌类的构造函数以初始化内嵌对象，然后才进入函数体，初始化新增的普通类型数据成员。并且前两个阶段的执行顺序并不以初始化列表中的顺序为准，而是按照定义时的顺序执行。

7.7　多继承中的二义性问题

在一个表达式中，对变量或函数的引用必须是明确的、无二义性的。对于一个独立的类而言，其成员的标识是唯一的，对其访问不会有二义性问题。但是，当类之间具有继承关系

时,子类成员可能与父类成员重名;在多继承的情况下,多个父类之间也可能产生重名。一个引用了基类成员的表达式可能无法确定究竟是引用哪个基类成员,这时就说这个表达式有二义性。

7.7.1 作用域分辨操作符与支配规则

【例 7.8】 作用域分辨操作符示例。

```cpp
#include<iostream>
using namespace std;
class A
{
  public:
    void f(){cout<<this<<" A类的 f()调用完毕"<<endl;}
};
class B
{
  public:
    void f(){cout<<this<<" B类的 f()调用完毕"<<endl;}
    void g(){cout<<this<<" B类的 g()调用完毕"<<endl;}
};
class C:public A,public B
{
   public:
    void g(){cout<<this<<" C类的 g()调用完毕"<<endl;}
    void h(){cout<<this<<" C类的 h()调用完毕"<<endl;}
};
int main()
{
  C c;
  //c.f();
  c.A::f();
  c.g();
  c.B::g();
  return 0;
}
```

运行结果:

```
0012FF7C A类的 f()调用完毕
0012FF7C C类的 g()调用完毕
0012FF7D B类的 g()调用完毕
Press any key to continue
```

在 main 函数中,表达式 c.f()是有二义性的,因为类 C 中有两个 f(),分别是从 A 和 B 继承来的,它们的作用域不存在包含关系,编译器无法决定调用哪个。表达式 c.A::f()则通过成员名限定消除了二义性。C 中有两个 g(),一个继承自 B,一个是自己新增的,它们的作用域存在包含关系,自己新增的 g()处于内层,会遮挡外层的同名成员(也叫作支配规则,子类中的名字支配父类中的名字)。因此表达式 c.g()没有二义性。如果确实需要调用被遮挡的外层成员,依然可以通过成员名限定来解决,例如,c.B::g()此时 B::起到了作用域分辨的作用。作用域分辨操作符的一般形式是:类名::类成员标识符。

父子类之间的成员名发生重名时,说明子类给这个名字赋予了新的含义,因此通常希望

通过子类对象直接访问的是子类中的名字,支配规则可以保证没有二义性。当父类之间发生重名时,子类可以通过作用域分辨操作符来消除二义性。

7.7.2 虚继承与虚基类

子类继承父类,便具有了父类的特性,如果再次直接继承一遍,显然有些荒谬。如果图 7.7(a)成立,军医对象将有两个姓名。因此,在 C++ 中,class ArmySurgeon: public Person,public Person {...};这样的定义是无法编译通过的,也就是说,子类不可能直接多次继承同一个父类。但重复继承还是有可能间接发生,如图 7.7(b)和等价的图 7.7(c)所示。与前面讨论的父类间重名的情况略有不同,这里根本就是"重复"。Doctor::name 和 Armyman::name 记录的都是 Person 的 name,不仅浪费存储空间,更糟糕的是有可能导致数据不一致。

当 DAG 中出现网格时(最典型的是图 7.7(c)中的"菱形"结构),上述情况就会发生。也就是说,在多继承时,当派生类的多个直接基类又是从另一个共同的基类派生而来时,这些直接基类都拥有上层共同基类的成员,并将导致下层的派生类成员发生重复。

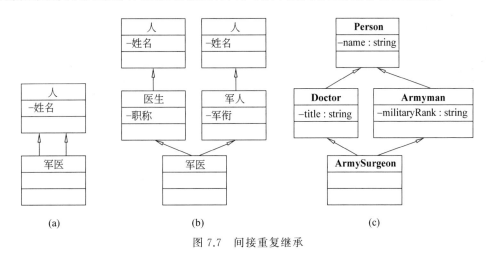

图 7.7   间接重复继承

【例 7.9】   间接二义性示例。

```cpp
#include<iostream>
#include<string>
using namespace std;
class Person
{
  private:
    string name;
  public:
    Person(){name = "空白"; cout<<this<<" Person 类的缺省样式的构造函数调用完毕"<<
    endl;}
    Person(string Name):name(Name)
    {
        cout<<this<<" Person 类的带参构造函数调用完毕"<<endl;
    }
    ~Person() {cout<<this<<" Person 类的析构函数调用完毕"<<endl;}
    string getName() {return name;}
```

```
};
class Doctor:public Person
{
private:
    string title;
public:
    Doctor(){title = "医师";cout<<this<<" Doctor 类的缺省样式的构造函数调用完毕"
    <<endl;}
    Doctor(string Name,string Title):Person(Name),title(Title)
    {
      cout<<this<<" Doctor 类的带参构造函数调用完毕"<<endl;
    }
    ~Doctor(){cout<<this<<" Doctor 类的析构函数调用完毕"<<endl;}
    string getTitle() {return title;}
};
class Armyman:public Person
{
    private:
        string militaryRank;
    public:
        Armyman(){militaryRank = "上尉";cout<<this<<" Armyman 类的缺省样式的构造函
        数调用完毕"<<endl;}
        Armyman(stringName,stringMilitaryRank):Person(Name),
        militaryRank(MilitaryRank)
        {
          cout<<this<<" Armyman 类的带参构造函数调用完毕"<<endl;
        }
        ~Armyman(){cout<<this<<" Armyman 类的析构函数调用完毕"<<endl;}
        string getMilitaryRank() {return militaryRank;}
};
class ArmySurgeon:public Doctor,public Armyman
{
  private:
  public:
    ArmySurgeon(){cout<<this<<" ArmySurgeon 类的缺省样式的构造函数调用完毕"<<
    endl;}
    ArmySurgeon(string Name1,string Title,string Name2,string MilitaryRank):
    Doctor(Name1,Title),Armyman(Name2,MilitaryRank)
    {
      cout<<this<<" ArmySurgeon 类的带参构造函数调用完毕"<<endl;
    }
    ~ArmySurgeon(){cout<<this<<" ArmySurgeon 类的析构函数调用完毕"<<endl;}
    void show () {cout<< Doctor::getName()<<","<<getTitle()<<","<<Armyman::
    getName()<<","<<getMilitaryRank()<<endl;}
};
void main()
{
  cout<<"----------------开始----------------"<<endl;
  ArmySurgeon as("张三","主治医师","李四","上校");
  cout<<"as:";
  as.show();
  cout<<"----------------准备结束----------------"<<endl;
}
```

运行结果：

```
----------------开始----------------
0012FF34 Person 类的带参构造函数调用完毕
0012FF34 Doctor 类的带参构造函数调用完毕
0012FF54 Person 类的带参构造函数调用完毕
0012FF54 Armyman 类的带参构造函数调用完毕
0012FF34 ArmySurgeon 类的带参构造函数调用完毕
as:张三,主治医师,李四,上校
----------------准备结束----------------
0012FF34 ArmySurgeon 类的析构函数调用完毕
0012FF54 Armyman 类的析构函数调用完毕
0012FF54 Person 类的析构函数调用完毕
0012FF34 Doctor 类的析构函数调用完毕
0012FF34 Person 类的析构函数调用完毕
Press any key to continue
```

在 ArmySurgeon 类中，共同基类成员的重复，导致无法直接使用 getName 这个函数，而只能通过作用域分辨符来消除二义性。对数据成员也一样，从不同途径继承来的 Doctor::name 和 Armyman::name 不仅浪费内存空间，还有可能导致数据不一致（同一名军医 as 有"张三"和"李四"两个名字）。由于 ArmySurgeon 类中并没有给 name 赋予新的含义，Doctor::name 和 Armyman::name 的含义应该都是人的名字，如果能只存储一份，其标识和一致性问题都能得到解决，为此，C++ 引入了虚继承和虚基类的概念。

虚基类的概念是伴随着虚继承的定义过程而产生的，虚继承的定义格式如下。

```
class 派生类名:virtual 继承方式 基类名
```

其中：

（1）virtual 是关键字，声明继承方式为虚继承，其作用范围和继承方式关键字相同，只对紧跟其后的基类起作用。为了便于表述，将该基类称为派生类的虚基类。

（2）声明了虚继承之后：

a. 编译器确保在后续的进一步派生过程中只保存一份虚基类的成员；

b. 同时，虚基类与这些间接派生类共同维护这份虚基类成员。

（3）同样是为了便于表述，当后续的间接派生类要创建对象时，称为最远派生类。注意这是一个相对的概念，哪个子类要创建对象，它就是最远派生类。

将例 7.9 做如下修改。继承方式中加 virtual 关键字。

```
class Doctor:virtual public Person
class Armyman:virtual public Person
```

去掉 getName 前的作用域分辨符：

```
void show(){cout<<getName()<<","<<getTitle()<<","<<getName()<<","<<
getMilitaryRank()<<endl;}
};
```

运行结果如下：

```
----------------开始----------------
0012FF64 Person 类的缺省样式的构造函数调用完毕
0012FF3C Doctor 类的带参构造函数调用完毕
0012FF50 Armyman 类的带参构造函数调用完毕
```

```
0012FF3C ArmySurgeon 类的带参构造函数调用完毕
as:空白,主治医师,空白,上校
-----------------准备结束-----------------
0012FF3C ArmySurgeon 类的析构函数调用完毕
0012FF50 Armyman 类的析构函数调用完毕
0012FF3C Doctor 类的析构函数调用完毕
0012FF64 Person 类的析构函数调用完毕
Press any key to continue
```

从运行结果来看,声明了虚继承之后,在最远派生类(ArmySurgeon)中没有出现二义性和 name 的不一致,的确实现了(2)中 a,这是 virtual 的第一层含义。但 name 并未按希望的值初始化,而是通过 Person 的缺省样式构造函数初始化为"空白"了,这说明带参构造函数调用链在通往虚基类的地方(也就是写 virtual 处)断裂了。这恰恰说明了 virtual 的另一层含义。

7.7.3 虚基类成员的构造和析构

由前面的分析可知,虚基类的所有间接派生类在创建对象时(此时该类就是最远派生类),构造函数调用链在虚基类之前断裂,所以需要在最远派生类的构造函数中"越级"调用虚基类的构造函数。具体分为如下 3 种情况。

(1)若虚基类没有定义构造函数,系统自动补上虚基类的缺省构造函数。

(2)若虚基类定义了缺省样式的构造函数,系统也自动补上虚基类的缺省样式的构造函数。7.7.2 节中 ArmySurgeon 对象 as 的 name 值为"空白",就是系统自动在 ArmySurgeon 类构造函数的初始化列表中补上了 Person 类缺省形式的构造函数调用。

(3)若虚基类定义了带参构造函数,虚基类的所有间接派生类都要在其构造函数的初始化列表中显式列出虚基类的构造函数。这就是 7.7.2 节中(2)b 处所说的"共同维护"。

【例 7.10】 虚继承时的构造函数示例 1。

```cpp
#include<iostream>
#include<string>
using namespace std;
class Person
{
  private:
    string name;
  public:
    Person(){name = "空白"; cout<<this<<" Person 类的缺省样式的构造函数调用完毕
    "<<endl;}
    Person(string Name):name(Name)
    {
      cout<<this<<" Person 类的带参构造函数调用完毕"<<endl;
    }
    ~Person() {cout<<this<<" Person 类的析构函数调用完毕"<<endl;}
    string getName() {return name;}
};
class Doctor:virtual public Person
{
  private:
    string title;
  public:
    Doctor(){title = "医师";cout<<this<<" Doctor 类的缺省样式的构造函数调用完毕"<<
```

```
  endl;}
  Doctor(string Name,string Title):Person(Name),title(Title)
  {
     cout<<this<<" Doctor 类的带参构造函数调用完毕"<<endl;
  }
  ~Doctor(){cout<<this<<" Doctor 类的析构函数调用完毕"<<endl;}
  string getTitle() {return title;}
};
class Armyman:virtual public Person
{
  private:
    string militaryRank;
  public:
    Armyman(){militaryRank = "上尉";cout<<this<<" Armyman 类的缺省样式的构造函数
    调用完毕"<<endl;}
    Armyman(string Name,string MilitaryRank):Person(Name),
    militaryRank(MilitaryRank)
    {
      cout<<this<<" Armyman 类的带参构造函数调用完毕"<<endl;
      }
      ~Armyman(){cout<<this<<" Armyman 类的析构函数调用完毕"<<endl;}
      string getMilitaryRank() {return militaryRank;}
};
class ArmySurgeon:public Doctor,public Armyman
{
  private:
  public:
    ArmySurgeon(){cout<<this<<"ArmySurgeon 类的缺省样式的构造函数调用完毕"<<
    endl;}
     ArmySurgeon(string Name, string Title, string MilitaryRank):Doctor(Name,
     Title),Armyman(Name,MilitaryRank),Person(Name)
     {
        cout<<this<<" ArmySurgeon 类的带参构造函数调用完毕"<<endl;
     }
     ~ArmySurgeon(){cout<<this<<" ArmySurgeon 类的析构函数调用完毕"<<endl;}
     void show(){cout<<getName()<<","<<getTitle()<<","<<getMilitaryRank()<<
     endl;}
};
void main()
{
  cout<<"----------------开始----------------"<<endl;
  ArmySurgeon as("张三","主治医师","上校");
  cout<<"as:";
  as.show();
  cout<<"----------------准备结束----------------"<<endl;
}
```

运行结果：

```
----------------开始----------------
0012FF64 Person 类的带参构造函数调用完毕
0012FF3C Doctor 类的带参构造函数调用完毕
0012FF50 Armyman 类的带参构造函数调用完毕
0012FF3C ArmySurgeon 类的带参构造函数调用完毕
as:张三,主治医师,上校
```

```
-----------------准备结束----------------
0012FF3C ArmySurgeon 类的析构函数调用完毕
0012FF50 Armyman 类的析构函数调用完毕
0012FF3C Doctor 类的析构函数调用完毕
0012FF64 Person 类的析构函数调用完毕
Press any key to continue
```

通过在 ArmySurgeon 构造函数的初始化列表中加上 Person(Name)，就将断裂的构造函数链接上了。在此例中，虚基类只有一层间接派生类。当存在多层间接派生类时，每一层都进行这样的"修补"，会不会导致虚基类成员多次被初始化呢？下面再通过一个更复杂的例子来说明这一问题。

【例 7.11】 虚继承时的构造函数示例 2。

```cpp
#include<iostream>
using namespace std;
class A
{
  private:
    int a;
  public:
    A(int a)
    {this->a = a;
     cout<<this<<" A类的带参构造函数调用完毕"<<endl;
    }
    ~A(){cout<<this<<" A类的析构函数调用完毕"<<endl;}
    int getA() {return a;}
};
class B:public A
{
  private:
    int b;
  public:
    B(int a,int b):A(a)
    {this->b = b;
      cout<<this<<" B类的带参构造函数调用完毕"<<endl;
    }
    ~B(){cout<<this<<" B类的析构函数调用完毕"<<endl;}
    int getB() {return b;}
};
class C
{
  private:
    int c;
  public:
    C(int c)
    {this->c = c;
      cout<<this<<" C类的带参构造函数调用完毕"<<endl;
    }
    ~C(){cout<<this<<" C类的析构函数调用完毕"<<endl;}
    int getC() {return c;}
};
class D:virtual public B
{
```

```
  private:
    int d;
  public:
    D(int a,int b,int d):B(a,b)
    {this->d = d;
      cout<<this<<" D 类的带参构造函数调用完毕"<<endl;
    }
    ~D(){cout<<this<<" D 类的析构函数调用完毕"<<endl;}
    int getD() {return d;}
};
class E:virtual public B
{
  private:
    int e;
  public:
    E(int a,int b,int e):B(a,b)
    {this->e = e;
      cout<<this<<" E 类的带参构造函数调用完毕"<<endl;
    }
    ~E(){cout<<this<<" E 类的析构函数调用完毕"<<endl;}
    int getE() {return e;}
};
class F:public D
{
  private:
    int f;
  public:
    F(int a,int b,int d,int f):D(a,b,d),B(a,b)
    {this->f = f;
      cout<<this<<" F 类的带参构造函数调用完毕"<<endl;
    }
    ~F(){cout<<this<<" F 类的析构函数调用完毕"<<endl;}
    int getF() {return f;}
};
class G:public C,public F,public E
{
  private:
    int g;
  public:
    G(int a,int b,int c,int d,int e,int f,int g):C(c),F(a,b,d,f),E(a,b,e),B(a,b)
    {this->g = g;
      cout<<this<<" G 类的带参构造函数调用完毕"<<endl;
    }
    ~G(){cout<<this<<" G 类的析构函数调用完毕"<<endl;}
    int getG() {return g;}
};
void f1()
{
  cout<<"----------------f1 准备创建----------------"<<endl;
  F f1(1,2,4,6);
cout<<"f1:"<<f1.getA()<<","<<f1.getB()<<","<<f1.getD()<<","<<f1.getF()<<
endl;
  cout<<"----------------f1 准备销毁----------------"<<endl;
}
```

```
void g1()
{
  cout<<"-----------------g1 准备创建----------------"<<endl;
  G g1(1,2,3,4,5,6,7);
cout<<"g1:"<<g1.getA()<<","<<g1.getB()<<","<<g1.getC()<<","<<g1.getD()<<",
"<<g1.getE()<<","<<g1.getF()<<","<<g1.getG()<<endl;
  cout<<"-----------------g1 准备销毁----------------"<<endl;
}

int main()
{
  f1();
  g1();
  return 0;
}
```

运行结果：

```
----------------f1 准备创建----------------
0012FF18 A 类的带参构造函数调用完毕
0012FF18 B 类的带参构造函数调用完毕
0012FF0C D 类的带参构造函数调用完毕
0012FF0C F 类的带参构造函数调用完毕
f1:1,2,4,6
----------------f1 准备销毁----------------
0012FF0C F 类的析构函数调用完毕
0012FF0C D 类的析构函数调用完毕
0012FF18 B 类的析构函数调用完毕
0012FF18 A 类的析构函数调用完毕
----------------g1 准备创建----------------
0012FF18 A 类的带参构造函数调用完毕
0012FF18 B 类的带参构造函数调用完毕
0012FEFC C 类的带参构造函数调用完毕
0012FF00 D 类的带参构造函数调用完毕
0012FF00 F 类的带参构造函数调用完毕
0012FF0C E 类的带参构造函数调用完毕
0012FEFC G 类的带参构造函数调用完毕
g1:1,2,3,4,5,6,7
----------------g1 准备销毁----------------
0012FEFC G 类的析构函数调用完毕
0012FF0C E 类的析构函数调用完毕
0012FF00 F 类的析构函数调用完毕
0012FF00 D 类的析构函数调用完毕
0012FEFC C 类的析构函数调用完毕
0012FF18 B 类的析构函数调用完毕
0012FF18 A 类的析构函数调用完毕
Press any key to continue
```

为便于下面分析，先列出 F 和 G 构造函数的初始化列表：

```
F(int a,int b,int d,int f):D(a,b,d),B(a,b)
G(int a,int b,int c,int d,int e,int f,int g):C(c),F(a,b,d,f),E(a,b,e),B(a,b)
```

图 7.8 描绘了从 F 和 G 出发的构造函数调用链。其中两个虚线空心三角箭头在 UML 中是"实现"，这里借用此符号只是为了直观表达 virtual 对构造函数调用链的终结。

由于定义了虚继承，当创建 F 对象 f1 时(此时 F 是最远派生类)，从 F 带参构造函数出

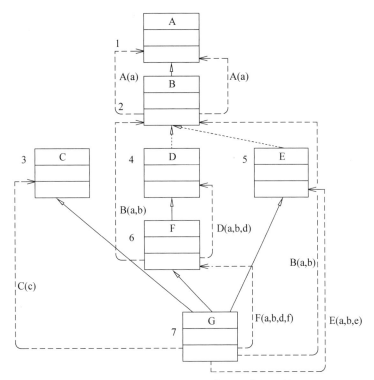

图 7.8 从 F 和 G 出发的构造函数调用链

发的构造函数调用链(D(a,b,d))原本是到不了虚基类 B 的构造函数的,但由于在 F 带参构造函数的初始化列表中补上了对虚基类 B 的构造函数的调用,这条链就接上了(见图 7.8 左侧的 B(a,b),A(a)),从而完成对虚基类及更上层类成员的初始化。当创建 G 对象 g1 时(第 104 行)(此时 G 是最远派生类),从 G 带参构造函数出发的构造函数链(第 87 行,F(a,b,d,f),D(a,b,d))原本也是到不了虚基类 B 的构造函数的,但由于在 G 带参构造函数的初始化列表中也补上了对虚基类 B 的构造函数的调用,这条链也能接上(图 7.8 右侧的 B(a,b),A(a))。但要注意,如前面所述,F 也可能创建对象,其构造函数也修补了构造函数链,所以还有一条路径(F(a,b,d,f),左 B(a,b))也能到达虚基类。那是不是对虚基类执行了两次初始化呢? C++ 规定,只有最远派生类(也就是当前要创建对象的类)的构造函数才真正调用虚基类的构造函数,而该派生类上层的其他非虚基类的构造函数中所列出的对虚基类构造函数的调用将被忽略,从而保证了对虚基类成员只进行一次初始化。

C++ 还规定,当初始化列表中同时存在对虚基类和非虚基类构造函数的调用时,虚基类构造函数优先执行。也就是说,“补丁”会先执行,而不是完全按照继承的顺序。上例中,G 的定义是 class G:public C,public F,public E,但创建 g1 时,C 构造函数的调用晚于 B 构造函数的调用。

虚继承时,最远派生类对象的析构顺序与构造顺序正好相反,先析构最远派生类自身,最后析构虚基类及其上层基类,并且虚基类也只析构一次。

从以上分析可以看出,多继承尽管能更好地映射某些问题域,但代价不小,如此烦琐的处理,不仅增加了编译器的复杂性,也降低了程序的运行效率,因此在实际工程项目中应权衡利弊。

7.8 知识扩展

在 4.4 节和 7.1 节中,分别介绍了类之间的两种静态结构关系:组合关系和继承关系。以此为依据的类组合和类派生构成了代码复用的两种基本方式。那么,在解决具体问题时,究竟应该采用哪种方式呢?

从编程实务的角度来看,对于那些模棱两可的问题,选择的原则可以归纳为:如果希望新类中有老类的功能,但又不希望老类作为它的接口时,用组合;如果新类既想有老类的功能,又想用老类作为它的接口时,用继承。

其实,只要厘清二者在概念和用法上的差异,就不难理解上述原则。组合关系是对象间 is a part of(是一部分)关系的抽象,是局部与整体的关系。局部对象的作用是作为一个零件嵌入整体对象中,为整体对象提供功能支持,因此该局部对象作为私有成员就可以为整体对象所用。也就是说,通常局部对象会被整体对象隐藏起来,其公有接口不会暴露在整体对象的外部。例如,采用组合方式复用单链表类 MyList,实现堆栈类 MyStack。

```
class MyList {
    private:
        Node * head;                         //头指针
        ...
    public:
        ...
        void insert(int data,int position);  //在第 position 个节点前插入内容为 data
                                             //的新节点
        int delete(int position);            //删除第 position 个节点,返回节点内容
};
class MyStack {
    private:
        MyList myList;
        ...
    public:
        void push(int data)                  //压栈
        {
            myList.insert(data,0);           //从头插入
        }
        int pop()                            //出栈
        {
            return(myList.delete(0));        //从头删除
        }
        ...
};
```

MyList 类对象 myList 作为私有成员嵌入 MyStack 类中,其公有接口 insert、delete 仅在 MyStack 类的内部提供服务,从 MyStack 类的外部是无法直接访问的。

而继承关系描述的是类层次上的 is a kind of(是一种)关系,是特殊与一般的关系。为了利用"类型兼容"及"多态"(将在第 8 章介绍)的灵活性,特殊类通常公有继承一般类,此时,特殊类不仅继承了一般类的全部数据,而且继承了一般类的全部公有接口。例如,采用继承方式复用单链表类 MyList,实现堆栈类 MyStack。

```
class MyList {
    private:
        Node * head;                                //头指针
        ...
    public:
        ...
        void insert(int data,int position); //在第 position 个节点前插入内容为 data
                                                     //的新节点
        int delete(int position);               //删除第 position 个节点,返回节点内容
};
class MyStack public MyList {
    private:
        ...
    public:
        void push(int data)             //压栈
        {
            insert(data,0);              //从头插入
        }
        int pop()                        //出栈
        {
            return(delete(0));          //从头删除
        }
        ...
};
```

采用公有继承方式后,程序似乎简洁了一些,但实际上存在很大的漏洞。由于 MyStack 公有继承 MyList,MyList 的公有接口 insert 和 delete 在 MyStack 类中仍然是公有的,从 MyStack 类的外部是可以直接访问的。MyStack 类对象的使用者一旦以非 0 作为参数调用上述接口,就破坏了堆栈必须从顶部存取的规则。

就本例而言,希望复用 MyList 的功能,但不希望暴露 MyList 的接口,因此应该采用组合方式。当然,也可以采用保护继承或私有继承方式,但这样将无法利用"类型兼容"及"多态"的灵活性。学习完第 8 章后可以理解,除非使用了多态,否则应尽量避免使用公有继承,而更多地使用类组合来代替。

从系统分析、设计的角度来看,类之间的结构关系的首要设计原则是要符合问题域的语义。只要准确理解系统的需求,问题域中概念间的关系通常是比较明显的。例如,对于一个自助选配、组装计算机的系统而言,处理器、显卡、硬盘与计算机之间的关系显然是组合关系。如果仅仅是为了方便计算机具有运算、显示、存储的功能,而采用继承方式,就等于承认计算机是一种特殊的硬盘。尽管程序同样可以实现,并且还比采用组合方式略为简洁,但这种歪曲问题域语义的做法,会导致系统难以理解,给后续的系统维护带来极大的困难。

7.9 小结

继承与派生使程序的设计更符合发展规律,即事物的发展是一个从低级到高级的发展过程,类的继承也是反映由原始的简单代码到丰富的高级代码的过程。它能帮助我们描述事物的层次关系,有效而精确地理解事物的本质。

通过类的继承,派生类可以不必重复实现基类的属性和行为,而是在原有的类的基础上

修改或增加新的属性和行为,以满足更特殊的需求,有利于代码重用和扩充。

在 C++ 中,继承的形式可分为单重继承和多重继承。一个派生类至多只有一个直接基类,这种继承形式叫作单继承;一个派生类有两个或两个以上直接基类,这种继承形式叫作多继承。

类的继承方式有公有继承、保护继承和私有继承 3 种。不管何种继承方式,基类的“不可直接访问”成员和私有成员在派生类中都是“不可直接访问”的。除此之外,公有派生时,权限不变;保护派生时,全变保护;私有派生时,全变私有。

在公有派生方式下,子类对象可当作父类对象来用,这叫作类型兼容规则。

派生成员的初始化必须借助父类的构造函数。当继承和组合叠加时,派生类构造函数的执行顺序可以归纳为“先祖先,再客人,后自己”。

父子类之间或父类之间发生重名时,可借助支配规则或作用域分辨操作符来消除二义性。

间接重复继承导致的二义性可以借助虚基类来解决。最远派生类的构造函数需要“越级”调用虚基类的构造函数。类间结构关系的首要设计原则是要符合问题域的语义。对于模棱两可的问题,如果没有用“多态”的好处,就不要采用公有继承,而是尽可能用组合来代替。

习题

一、填空题

1. 类 A 继承类 B,则 A 称为 B 的_____,B 称为 A 的_____。

2. 一个派生类继承多个直接基类称为_____。

3. 3 种继承访问说明符是_____、_____、_____,如果基类的公有函数在派生类中仍是公有函数,应该使用_____继承方式。

4. 当公有派生时,基类的公有成员成为派生类的_____;保护成员成为派生类的_____;私有成员成为派生类的_____。当保护派生时,基类的公有成员成为派生类的_____;保护成员成为派生类的_____;私有成员成为派生类的_____。

5. _____、_____和_____是不能被派生类继承的。

6. 派生类中对基类的成员函数 f 进行覆盖,如果调用基类的成员 f 应该使用_____。

7. 在继承机制下,当对象消亡时,编译系统先执行_____的析构函数,然后才执行_____的析构函数,最后执行_____的析构函数。

8. 派生类构造函数的初始化列表中包含_____。

9. 多继承时,多个基类中的同名的成员在派生类中由于标识符不唯一而出现_____。在派生类中采用_____或_____来消除该问题。

10. 要保证虚基类子对象在构造派生类对象时只被构造一次,则虚基类的构造函数由_____负责调用。若在成员的初始化列表中出现对虚基类与非虚基类构造函数的调用,则优先执行的是_____。

11. 在多继承的派生层次中,若上层的公共基类是虚基类,则从不同途径继承下来的虚基类子对象在派生类中只存在_____个拷贝,因此对虚基类成员的访问自然就消除了二

义性。

二、简答题

1. 何为类型兼容原则？具体指哪 3 种情况？

2. 派生类构造函数执行的次序是怎样的？

3. 什么叫作虚基类？它有何作用？

4. 含有虚基类的派生类的构造函数有什么要求？

三、编程题

1. 实现一个类 A，在 A 中有两个私有的整型变量 a 和 b，定义构造函数对 a 和 b 进行初始化，并实现成员函数 getA 取 a 的值和 getB 取 b 的值。实现类 B 从 A 继承，覆盖 getA，使其返回 a 的 2 倍。

2. 定义一个基类 Person，有姓名、性别、年龄，再由基类派生出教师类和学生类，教师类增加工号、职称和工资，学生类增加学号、班级、专业和入学成绩。

3. 声明一个 Mammal 类，再由此派生出 Dog 类，声明一个 Dog 类的对象，观察基类与派生类的构造函数与析构函数的调用顺序。

4. 设计一个 Vehicle 类，包括的数据成员有 wheels 和 weight。Car 类是它的私有派生类，其中包括载人数 passenger_load。Truck 类是 Vehicle 的私有派生类，其中包含载人数 passenger_load 和载重量 payload。每个类都有相关数据的输出方法。

5. 设计一个虚基类 Employee，包含姓名和年龄私有数据成员以及相关的成员函数，由它派生出 Leader 类，包含职务和部门私有数据成员以及相关的成员函数。再由 Employee 类派生出 Engineer 类，包含职称和专业私有数据成员以及相关的成员函数。然后由 Leader 和 Engineer 类派生出 ChairEngineer 类。实现并测试上述类。

第 **8** 章
多态

第 7 章介绍了 C++ 语言的继承性,本章继续学习 C++ 语言的多态性。继承性为多态性提供了一个存在环境,并不能完全体现面向对象程序设计的优势。多态性才是提高程序可扩展性的关键。本章介绍多态的概念和其主要表现形式。

【本章学习要求】

理解:多态性的概念和意义。

理解:虚函数、纯虚函数的概念。

掌握:类族接口的设计和使用。

掌握:运算符重载的设计方法。

8.1 多态概述

多态(polymorphism)一词源于两个希腊单词 poly 和 morpho,意思分别是"多"和"形态",因此,多态性的字面含义就是"多种形态"。具体到 C++ 语言,多态是指同样的消息被不同类型的对象接收后导致不同的行为。所谓消息是指对类的成员函数的调用,"同样的消息"就是说函数名相同,而"不同的行为"指的是函数的不同实现。

前面学过的重载函数,就是多态的一种体现。同样名称的函数可以共存于相同的作用域内,并且有不同的实现,前提是函数参数的类型或个数有所不同(以及是否为常成员函数)。在 C++ 中,运算符的实现也体现出多态,同样的"/"运算符,被整数或浮点数接收,其实现过程完全不同。对于具有多种形态的名字,将名字与某个具体形态相关联的过程叫作绑定(binding)。根据关联的时机不同,分为静态绑定和动态绑定。前者在编译时就能确定具体目标,而后者必须推迟到程序运行时才能动态决定具体目标。与此对应,静态绑定所支持的多态性称为编译时多态。函数重载、运算符重载、函数模板都属于编译时多态。如对重载函数的调用,编译器根据函数实参的特征,在编译时就能确定应该调用哪个函数。动态绑定所支持的多态性称为运行时多态,在 C++ 语言中使用虚函数来实现。

8.2 运算符重载

在 C++ 中,用户自定义的类可以看成一种新的数据类型,这就使程序可以更加直观地映射问题域。但这些自定义的类型使用起来还是不如基本数据类型方便。为了使它们更像

基本数据类型,C++ 允许程序员重新定义已有的运算符,赋予其新的功能,这就是运算符重载。运算符重载并不是定义新的运算符,而是使原有的运算符满足自定义类型的某种特殊操作的需要。

8.2.1 运算符重载的机制

对于表达式 1/2 和 1.0f/2.0f 中的运算符"/",由于所处理的数据类型不同,运算过程和结果截然不同,前者完成的是整除,结果是 0;而后者完成的是浮点除,结果是 0.5f。可见,C++ 本身就实现了一些简单的运算符重载。其实,在 C++ 内部,任何运算都是通过函数来实现的。在处理上述两个表达式时,系统将它们翻译成如下函数调用:

```
operator / (1,2);和 operator / (1.0f,2.0f);
```

对应的函数原型是 operator/(int,int) 和 operator/(float,float)。可见,运算符重载的本质依然是函数重载,只是函数名有点特殊。

编译器将运算符表达式绑定到具体函数的原则是:将操作符看作函数名(前面加关键字 operator),操作数(的类型)看作函数的参数(的类型)。一般情况下,一元操作符重载后有一个参数,二元操作符有两个参数。特例是后置++和--,为了有别于前置++和--,增加一个 int 类型的哑参数。

8.2.2 运算符重载的规则

1. 可重载的运算符

不是所有的操作符都可重载,除了以下 5 个运算符之外,其余的都可以重载。

(1) .(成员访问运算符)。

(2) .*(成员指针访问运算符)。

(3) ::(作用域分辨符)。

(4) sizeof(计算数据大小运算符)。

(5) ?:(三目运算符)。

前面两个在 C++ 中提供访问成员的基本功能,禁止重载可以避免混乱。:: 和 sizeof 的操作对象是类型,而不是表达式。三目运算符本质上是 if 语句,不值得重载。

2. 运算符重载的规则

运算符重载时,可以根据自定义类型的特殊需要,对原有操作符给出新的实现,但不能改变原有操作符的基本语义,操作符的优先级、结合性和所需要的操作数个数。例如,不能将+改成减运算,也不能改成单目运算等。

可以重载为两种形式:类的非成员函数和类的成员函数。前者一般在自定义类中声明为友元函数,这样访问类的私有和保护成员时比较简洁。

=、[]、()、->等操作符只能重载为类的成员函数。另外,对于已经被标准类库中的某些类重载过的操作符,如果要进一步重载,由于无法修改类的定义,只能采用非成员函数的形式。

8.2.3 重载为类的非成员函数（通常是友元函数）

当运算符重载为自定义类的友元函数时,其格式如下。

```
friend 返回类型 operator 运算符    (<参数表>)
{函数体}
```

其中,"返回类型"指函数的返回值类型,operator 是定义运算符重载函数所需要的关键字。"运算符"是被重载的运算符。"operator 运算符"一起构成函数名。"<参数表>"中的参数个数一般与运算符原操作数的个数相同,对应关系也比较直观。如果是双目运算,参数表中有两个参数,第一个参数对应左操作数,第二个参数对应右操作数;如果是单目运算,参数表中一般是一个参数。

下面用友元函数形式为自定义的复数(complex number)类提供＋、－、＋＋运算功能(－－与＋＋相似,故省略),使复数类对象能够像基本数据类型一样参与表达式运算。

对于复数 $a+bi$,a 代表其实部(real part),b 代表其虚部(imaginary part)。对于加法,运算规则是实部与实部相加,虚部与虚部相加;减法类似。对于＋＋运算,根据运算符的本意,可以规定运算规则是实部加 1,虚部不变。

【例 8.1】 用友元函数实现复数类运算符重载。

```cpp
# include<iostream>
using namespace std;
class Complex {                    //复数类定义
public:
    Complex(double Real = 0.0, double Imag = 0.0) : real(Real), imag(Imag) {}
    Complex(Complex &C) : real(C.real), imag(C.imag) {}
    void display() const;
private:
        double real;                //复数实部
        double imag;                //复数虚部
        friend Complex operator + (const Complex &C1,const Complex &C2);
        friend Complex operator - (const Complex &C1,const Complex &C2);
        friend Complex& operator ++ (Complex &C);
        friend Complex operator ++ (Complex &C,int);
};
void Complex::display() const
{
  if(imag<0)
    cout << real << imag << "i" <<"   "<< this <<endl;
  else
    cout << real << "+" << imag << "i" <<"   "<< this <<endl;
}
Complex operator + (const Complex &C1,const Complex &C2) //重载+
{
    return Complex(C1.real + C2.real, C1.imag + C2.imag); //创建一个临时无名对象作为
                                                          //返回值
}
Complex operator - (const Complex &C1,const Complex &C2) //重载-
{
    return Complex(C1.real - C2.real, C1.imag - C2.imag); //创建一个临时无名对象作为
                                                          //返回值
}
Complex& operator ++ (Complex &C)                        //重载前置++
{
  C.real++;
  return C;                                              //返回形参自身
```

```
    }
    Complex operator ++ (Complex &C,int)                     //重载后置++
    {
      Complex old = C;
      ++C;
      return old;                                            //返回形参副本
    }
    int main()
    {
      Complex c1(1, 2), c2(3, 4), c3(5, 6),c4;               //定义复数类的对象
      cout << "c1 = "; c1.display();
      cout << "c2 = "; c2.display();
      cout << "c3 = "; c3.display();
      c4 = c1 + c2 + c3;
      cout << "c4 = c1 + c2 + c3 = "; c4.display();          //预期 9+12i
      c4 = c1 - c2;
      cout << "c4 = c1 - c2 = "; c4.display();               //预期 - 2-2i
      cout << "(+++++c4) = "; (+++++c4).display();           //预期 1-2i
      cout << "(c4+++++) = "; (c4+++++).display();
      //若是基本数据类型,连续后置++是非法的。预期 1-2i
      cout << "(c4+++++)表达式完成后的 c4 = "; c4.display();//预期 2-2i
      return 0;
    }
```

运行结果:

```
c1 = 1+2i    0012FF70
c2 = 3+4i    0012FF60
c3 = 5+6i    0012FF50
c4 = c1 + c2 + c3 = 9+12i    0012FF40
c4 = c1 - c2 = -2-2i   0012FF40
(+++++c4) = 1-2i   0012FF40
(c4+++++) = 1-2i   0012FEE0
(c4+++++)表达式完成后的 c4 = 2-2i    0012FF40
Press any key to continue
```

首先分析复数+的实现。

```
Complex operator + (const Complex &C1,const Complex &C2) //重载+
{
  return Complex(C1.real + C2.real, C1.imag + C2.imag);
  //创建一个临时无名对象作为返回值
}
```

编写运算符重载函数一般可以遵循以下步骤。

（1）分析运算符在表达式中如何使用。对于复数加法,其基本使用方法是 $c3=c1+c2$。

（2）转换成函数调用的形式。+显然是二元运算符,参与+运算的两个操作数作为函数参数,运算结果对应函数的返回值,因此,转换成 $c3=operator+(c1,c2)$。

（3）写出函数原型。首先分析形参类型,如果运算的目的是修改形参,一般要采用引用的形式;如果不修改,可以用常量引用或值传递(效率低)。由于加法并不修改加数和被加数,所以函数形参类型都是 const Complex &。然后重点分析返回类型,尤其要在链式表达式(连续使用运算符)中进行验证,如 $c4=c1+c2+c3$。=左边是一个有别于右边的复数,所以是右边运算结果的拷贝,故返回类型可初步定为 Complex。那么 $c1+c2$ 的结果是一个新

的复数,可以继续与 c3 相加,再形成一个新的复数,并拷贝给 c4,没有矛盾。

(4) 实现函数体。按复数＋的规则生成一个新的临时无名对象,函数返回时会调复制构造函数将运算结果拷贝出去(某些编译器会对临时对象进行优化)。

复数－的实现方式与上述相似,不再赘述。上述步骤不必机械照搬,因为有些问题可能需要综合考虑。

下面分析前置＋＋。＋＋c4 转换成函数形式是 operator ＋＋(c4),并且修改的就是 c4 本身。如果形参采用 Complex &,似乎已经能够传出运算结果,函数返回值就不需要了。所以函数原型似乎是 void operator ＋＋(Complex &)。此时,就需要考虑链式表达式了。＋＋＋＋c4 相当于＋＋(＋＋c4),如果括号中的运行结果是 void,就无法继续＋＋了,可见返回类型必须是一个复数,而且必须是 c4 本身而不是其拷贝,所以函数原型应该是 Complex& operator ＋＋(Complex &C),并且运算完成后返回的就是 C。前置－－与此类似。

后置＋＋比较复杂。首先,C++ 规定后置＋＋和－－必须增加一个整型哑参数,以便与前置＋＋和－－有所区别(因为靠函数名和参数类型都无法区分,只好靠参数个数来区分)。因此 c4＋＋转换成函数形式是 operator ＋＋(c4,0),并且后置＋＋也要修改 c4 本身,所以函数原型先假定为 operator ＋＋(Complex &C,int)。与前置＋＋不同的是,对 c4 的修改应该在函数返回之后,这是后置＋＋的本意。因此返回的只能是 c4 的拷贝而不是 c4 本身。现在,函数原型可以确定为 Complex operator ＋＋(Complex &C,int)。下面在链式表达式中验证。c4＋＋＋＋相当于(c4＋＋)＋＋,按后置＋＋的语义,如果 c4 是基本数据类型的变量,此表达式是非法的,因为后面的＋＋并没有左值(L-VALUE)。但如果 c4 是自定义类型,用临时无名对象作为左值并不违背后置＋＋的基本语义,因此返回类型定为 Complex 不会矛盾。程序运行结果中较难理解的部分也在于此。(c4＋＋＋＋＋＋)中只有最左边的＋＋是对 c4 进行操作,后面两个＋＋是对两个临时无名对象分别做＋＋。从输出的对象地址也可以看出这一点。(c4＋＋＋＋＋＋) 的地址是 0012FEE0,这并不是 c4 的地址。

从以上分析可以看出,正确设计运算符重载函数还是比较复杂的,需要准确理解运算符原先的语义和用法。

8.2.4　重载为类的成员函数

当运算符重载为自定义类的成员函数时,其格式如下。

返回类型　类名::operator 运算符　(<参数表>)
{函数体}

其中,“类名::”用来限定是为哪个类实现运算符重载。如果在类声明中直接写出重载函数的完整实现,则此部分可省略。“<参数表>”中的参数个数一般是运算符原操作数的个数减一。如果是双目运算,参数表中仅一个参数,对应右操作数,调用该函数的对象作为左操作数;如果是单目运算,参数表中一般无参数,操作数同样来自调用该函数的对象。下面将例 8.1 改造为成员函数形式。

【例 8.2】　用成员函数实现复数类运算符重载。

```
#include<iostream>
```

```cpp
using namespace std;
class Complex {                                         //复数类定义
    public:
        Complex(double Real = 0.0, double Imag = 0.0) : real(Real), imag(Imag) {}
        Complex(Complex &C) : real(C.real), imag(C.imag) {}
        void display() const;
        Complex operator + (const Complex &C2)const;
        Complex operator - (const Complex &C2)const;
        Complex& operator ++ ();
        Complex operator ++ (int);
    private:
        double real;                                    //复数实部
        double imag;                                    //复数虚部
};
void Complex::display() const
{
    if(imag<0)
        cout << real << imag << "i" <<"   "<< this <<endl;
    else
        cout << real << "+" << imag << "i" <<"   "<< this <<endl;
}
Complex Complex::operator + (const Complex &C2) const       //重载+
{
    return Complex(this->real + C2.real, this->imag + C2.imag);
    //创建一个临时无名对象作为返回值
}
Complex Complex::operator - (const Complex &C2) const       //重载-
{
    return Complex(this->real - C2.real, this->imag - C2.imag);
    //创建一个临时无名对象作为返回值
}
Complex& Complex::operator ++ ()                            //重载前置++
{
    this->real++;
    return * this;                                         //返回形参自身
}
Complex Complex::operator ++ (int)                          //重载后置++
{
    Complex old = * this;
    ++( * this);
    return old;                                            //返回形参副本
}
int main()
{
    Complex c1(1, 2), c2(3, 4), c3(5, 6),c4;               //定义复数类的对象
    cout << "c1 = "; c1.display();
    cout << "c2 = "; c2.display();
    cout << "c3 = "; c3.display();
    c4 = c1 + c2 + c3;
    cout << "c4 = c1 + c2 + c3 = "; c4.display();          //预期 9+12i
    c4 = c1 - c2;
    cout << "c4 = c1 - c2 = "; c4.display();               //预期-2-2i
    cout << "(++++++c4) = "; (++++++c4).display();         //预期 1-2i
    cout << "(c4++++++) = "; (c4++++++).display();
```

```
        //对于基本数据类型,连续后置加加是非法的。预期 1-2i
        cout << "(c4++++++)表达式完成后的 c4 = "; c4.display();//预期 2-2i
        return 0;
    }
```

运行结果:

```
c1 = 1+2i    0012FF70
c2 = 3+4i    0012FF60
c3 = 5+6i    0012FF50
c4 = c1 + c2 + c3 = 9+12i    0012FF40
c4 = c1 - c2 = -2-2i    0012FF40
(++++++c4) = 1-2i    0012FF40
(c4++++++) = 1-2i    0012FEE0
(c4++++++)表达式完成后的 c4 = 2-2i    0012FF40
Press any key to continue
```

仍然先分析复数＋的实现:

```
Complex Complex::operator + (const Complex &C2) const       //重载+
{
    return Complex(this->real + C2.real, this->imag + C2.imag);
    //创建一个临时无名对象作为返回值
}
```

当运算符重载为成员函数时,对于 c1+c2,编译器将其解释为 c1.operator＋(c2),其中 c1 是左操作数,c2 是右操作数。按照上节阐述的编写运算符重载函数的一般步骤如下。

（1）分析运算符在表达式中如何使用:c3＝c1＋c2。

（2）转换成函数调用的形式:c1. operator＋(c2)。

（3）写出函数原型:Complex operator＋(const Complex &C2)const。形参和返回类型与 8.2.4 节的分析一样,之所以写成常成员函数,是因为 c1 不会被＋运算修改,允许是常对象。

（4）实现函数体。this->real＋C2.real 也可以写成 real＋C2.real,但前者能更清楚地表明左操作数是当前对象,也就是调用重载函数的对象。

非静态成员函数的参数表中都有一个隐含指针 this。例 8.2 中,如果将隐含 Complex * this 看成第一参数,那么形参的个数及对应关系就与友元形式一样了。但两种重载形式在使用上还是存在差异的,重载为成员函数时,一定是通过对象才能调用成员函数。如果想使用表达式 1.0＋c2,就不宜采用成员函数形式,因为编译器会将表达式解释为 1.0.operator＋(c2),而 1.0 并不是一个 Complex 对象。如果采用友元函数形式,编译器会将表达式理解为 operator＋(Complex (1.0),c2)。

对于＋＋重载,分析过程与上节类似,只是在函数体中用 * this 代替了形参 C。

8.2.5　其他运算符重载示例

以下设计一个基于 char * 的字符串类 MyString,并重载赋值运算符＝和下标运算符[]。

【例 8.3】　用成员函数实现＝和[]重载。

```
#include<iostream>
using namespace std;
class MyString
```

```cpp
{
  public:
    MyString();
    MyString(const char * const);
    MyString(const MyString &);                     //拷贝构造
    ~MyString();
    MyString & operator = (const MyString&);
    char & operator[](unsigned short offset);
    char operator[](unsigned short offset) const;
    unsigned short getLen() const {return len;}
    const char * getStr() const {return str;}
    friend ostream& operator<<(ostream &,const MyString&);
  private:
    char * str;                                     //注意：没有空间
    unsigned short len;
};
MyString::MyString()                                //构造空串
{
  str = new char[1];
  str[0] = '\0';
  len = 0;
}
MyString::MyString(const char * const P)            //按动态指针构造串
{
  if(P)
    {
      len = strlen(P);
      str = new char[len +1];
      strcpy(str,P);
    }
  else
    MyString();
}
MyString::MyString(const MyString & AnotherMyString)      //拷贝构造
{
  len = AnotherMyString.getLen();
  str = new char[len +1];
  strcpy(str,AnotherMyString.str);
}
MyString::~MyString()              //析构函数就一个
{
  delete[ ] str;                   //因为是动态申请空间,所以要释放
  len = 0;
}
MyString& MyString::operator = (const MyString & AnotherMyString)
//不用产生新对象(原对象在 = 左边),故返回 MyString&
{
  if(this == &AnotherMyString)
    return * this;                 //若赋值给自己,不能先删再建
  delete[ ] str;                   //老空间释放
  len = AnotherMyString.getLen();
  str = new char[len+1];           //按新长度申请空间
  strcpy(str,AnotherMyString.str);
  return * this;
```

```
}
char & MyString::operator[ ](unsigned short offset)
{
  if(offset > len)
    return str[len-1];
  else
    return str[offset];
}
char  MyString::operator[ ](unsigned short offset)const
{
  if(offset > len)
    return str[len-1];
  else
    return str[offset];
}
ostream& operator<<(ostream &Out,const MyString&  MyStr)
{
  Out<<MyStr.getLen()<<","<<MyStr.getStr()<<endl;
  return Out;
}
int main()
{
  MyString const s1("Hello World!");
  cout<<"s1 :"<<s1;
  MyString s2;
  cout<<"s2 :"<<s2.getLen()<<","<<s2.getStr()<<endl;
  s2 = s1;
  s2 = s2;
  cout<<"s2 :"<<s2.getLen()<<","<<s2.getStr()<<endl;
  cout<<"s1[6] :"<<s1[6]<<endl;
  s2[6] = 'w';
  cout<<"s2[6] :"<<s2[6]<<endl;
  return 0;
}
```

程序运行结果：

```
s1 :12,Hello World!
s2 :0,
s2 :12,Hello World!
s1[6] :W
s2[6] :w
Press any key to continue
```

＝运算符的用法是 s2＝s1,基本语义是拷贝 s1 对象的内容到另一个已存在的对象 s2,因此＝重载函数的原型和实现与拷贝构造函数有些相似,不同点如下。

(1) 赋值是针对已存在对象,而拷贝构造函数是用来创建对象,因此主程序中如果写成"MyString s2＝s1;",是在初始化 s2,将调用拷贝构造函数而不是＝重载函数。由于第一操作数 s2 在＝的左边,所以＝重载函数的返回类型是 MyString ＆。在具体实现时还要注意 s2 一定已经分配过空间,要先释放原空间,然后根据 s1 的大小申请空间。

(2) 创建对象时不可能写出"MyString s2＝s2;"这样的语句,但赋值时可以,因此＝重载函数在实现时首先判断如果是给自己赋值,就返回自己。如果没有这个判断,一旦释放了

老空间,后续操作将出现错误。

实际上,如果自己不写=重载函数,编译器会为每个类提供一个缺省的赋值运算重载函数,与拷贝构造函数相似,其实现方式也是"浅拷贝"。

[]运算符的基本语义是按照方括号中的偏移量直接存取数组元素本身,因此[]重载函数的返回类型本应该是 char &。但对于 sx[i],sx 允许是常量(本例中的 s1),其内部的字符自然不允许被修改,因此需要增加一个常成员函数,返回类型是 char,也就是说返回的只是数组元素的拷贝而不是数组元素本身。

上述程序还实现了<<重载,在"cout<<s1;"中,第一操作数是 cout,它是标准类库中 ostream 类的对象。由于无法修改 ostream 类,所以只能重载为友元函数形式。

函数调用运算符重载一般也采用成员函数形式。利用()重载可以将一个常用的函数或计算公式(如 $f(x,y)=x^2+y^2$)封装成类。

【例 8.4】 用成员函数实现()重载。

```
#include<iostream>
using namespace std;
class F
{
  public:
    double operator()(double X,double Y) const
    {
        return(X*X+Y*Y);
    }
};
int main()
{
  F f1,f2;
  cout<<f1(1,2)<<endl;
  cout<<f2(3,4)<<endl;
  return 0;
}
```

运行结果:

```
5
25
Press any key to continue
```

对于 14 行的 f1(1,2),编译器解释为 f1. operator()(1,2)。

从以上程序可以看出,运算符重载在具体实现时常会遇到一些与众不同的特殊性,需要具体问题具体分析。但运算符重载的好处也是显而易见的,它可以使表达式更加简洁、直观,能够增加程序的可读性。

8.3 虚函数

8.3.1 静态联编与动态联编

联编是指一个程序自身彼此关联的过程。对于函数调用而言,就是将调用语句中的函数名与某个函数体关联起来的过程。根据进行关联的时机不同,可分为静态联编和动态联

编。静态联编是指在程序编译阶段完成联编过程,因为是在程序运行之前,所以又称为早期
联编或早期绑定。动态联编是指在程序运行阶段完成联编过程,又称为晚期联编或晚期绑
定。与此相对应,静态联编支持的多态性称为静态多态或编译时多态,动态联编支持的多态
性称为动态多态或运行时多态。

【例 8.5】　静态联编举例。

```cpp
#include<iostream>
using namespace std;
class Shape                          //形状类
{
   public:
   Shape(){}
   ~Shape(){}
   float getArea()const {return 0;}
};
class Circle:public Shape
{
   public:
     Circle(float Radius):radius(Radius){}
     Circle(){}
     float getArea()const{return 3.14 * radius * radius;}
     float getRadius() const {return radius;}
     void setRadius(float Radius) {radius = Radius;}
   private:
     float radius;
};
class Rectangle:public Shape
{
   public:
     Rectangle(float Length,float Width):length(Length),width(Width){};
     ~Rectangle(){}
     float getArea()const {return length * width;}
     float getLength()const {return length;}
     float getWidth()const {return width;}
     void setLength(float Length) {length = Length;}
     void setWidth(float Width) {width = Width;}
   private:
     float length;
     float width;
};
class Square: public Rectangle       //正方形类
{public:
     Square(float Side): Rectangle(Side,Side) {}
     ~Square() {}
     void setLength (float Length) {Rectangle:: setLength (Length); Rectangle::
     setWidth(Length);}
     void setWidth(float Width) {Rectangle::setLength(Width);Rectangle::
     setWidth(Width);}
     void setSide(float Side)                //设置边长
     {
       setLength(Side);
       setWidth(Side);
     }
```

```
    float getSide() const                    //获取边长
    {
        return getWidth();
    }
    float getArea()const {return Rectangle::getArea();}
};
int main()
{
  Shape * sp;
  Circle c1(5);
  cout<<"圆的面积是"<<c1.getArea()<<endl;
  sp = &c1;
  cout<<"通过 Shape 指针访问,圆的面积是"<<sp->getArea()<<endl;
  Rectangle r1(4,6);
  cout<<"长方形的面积是"<<r1.getArea()<<endl;
  sp = &r1;
  cout<<"通过 Shape 指针访问,长方形的面积是"<<sp->getArea()<<endl;
  Square s1(5);
  cout<<"正方形的面积是"<<s1.getArea()<<endl;
  sp = &s1;
  cout<<"通过 Shape 指针访问,正方形的面积是"<<sp->getArea()<<endl;
  return 0;
}
```

运行结果:

```
圆的面积是 78.5
通过 Shape 指针访问,圆的面积是 0
长方形的面积是 24
通过 Shape 指针访问,长方形的面积是 0
正方形的面积是 25
通过 Shape 指针访问,正方形的面积是 0
Press any key to continue
```

例 8.5 声明一个基类 Shape,公有派生出 Rectangle 和 Circle,再由 Rectangle 派生出 Square。每个类都有同名的 getArea 函数计算对象的面积。Circle 类覆盖了父类的 getArea 函数,main 函数中的"c1.getArea();"绑定的是子类 Circle 的 getArea 函数,能够得出正确的结果。根据类型兼容规则,父类 Shape 的指针 sp 可以指向子类对象 c1,但通过该指针调用 getArea 函数时,结果却是 0。这是因为编译器缺省情况下采用静态联编,在编译阶段,只能根据变量声明时的类型决定绑定的目标。指针 sp 声明的类型是 Shape * ,sp-> getArea() 只能在 Shape 类中寻找绑定目标,因而绑定的是 Shape 类的 getArea 函数,运行的结果自然是 0。

如果希望按 sp 实际指向的对象来绑定相应的函数,那就必须等到程序运行到该调用时再决定绑定目标,也就是说必须对 sp->getArea() 采用动态联编。当程序运行到第 62 行时,sp 实际指向的是 Circle 对象 c1,此时再决定 sp->getArea() 的绑定目标,就可以关联到 Circle 类的 getArea 函数,从而得到正确的结果。如何让 sp->getArea() 有些"与众不同",以便编译器能对它"另眼相看",做局部的动态联编呢?简单地说,就是要有符合类型兼容规则的继承关系,待绑定函数要声明为虚函数,并且通过父类指针或引用来访问该函数。其中虚函数是关键,它是动态联编的基础。

8.3.2 一般虚函数成员

所谓虚函数(virtual function),就是在定义类时使用保留字 virtual 声明的非静态成员函数。一般虚函数成员的声明语法如下:

```
virtual 函数返回类型  函数名  (<参数表>);
```

【例 8.6】 动态联编举例。

仅需将例 8.5 的 getArea 的函数定义改为

```
virtual  float getArea()const {return 0;}
```

整个类族的 getArea 函数就都变成了虚函数。sp->getArea()就可以推迟到运行时再根据 sp 实际指向的对象,决定调用哪个函数。

运行结果:

```
圆的面积是 78.5
通过 Shape 指针访问,圆的面积是 78.5
长方形的面积是 24
通过 Shape 指针访问,长方形的面积是 24
正方形的面积是 25
通过 Shape 指针访问,正方形的面积是 25
Press any key to continue
```

可见,虚函数的声明是比较简单的。声明虚函数时需要满足以下条件。

(1) 虚函数必须是真正属于对象的成员函数,因此不能是静态成员函数和友元函数。

(2) 虚函数的声明只能出现在类的定义体内,而不能出现在类定义体之外的函数实现中,因此一般是在函数原型中声明。

(3) 如果虚函数的函数实现也写在类定义体中,编译时仍将其看成非内联的。因为内联函数是静态联编的。

(4) 基类中的虚函数特性能够自动传递给其公有派生类。因此只需在基类中写一次 virtual 即可,派生类中不必重复声明,但要求派生类中的虚函数与基类中的虚函数名称、参数个数和类型、返回类型都完全相同。

(5) 构造函数不能是虚函数,因为虚函数的意图是按对象实际类型进行绑定,而构造函数执行前,对象还不存在。析构函数可以声明为虚函数,而且通常声明为虚函数。

使用虚函数是实现动态联编的基础。正确使用虚函数,需要满足以下 3 个条件。

(1) 具有符合类型兼容规则的公有派生类层次结构。

(2) 在派生类中重新定义基类中的虚函数,对其进行覆盖。

(3) 通过基类指针或基类引用访问虚函数。

为了理解第(3)个条件,可以将例 8.6 的主程序改为如下形式。

```
int main()
{
    Circle c1(5);
    cout<<"圆的面积是"<<c1.getArea()<<endl;

    Shape * pShape = &c1;
    cout<<"通过 Shape 指针访问,圆的面积是"<<pShape->getArea()<<endl;
```

```
    Shape &rShape = c1;
    cout<<"通过 Shape 引用访问,圆的面积是"<<rShape.getArea()<<endl;

    Shape oShape = c1;
    cout<<"通过 Shape 对象访问,圆的面积是"<<oShape.getArea()<<endl;
    return 0;
}
```

运行结果:

```
圆的面积是 78.5
通过 Shape 指针访问,圆的面积是 78.5
通过 Shape 引用访问,圆的面积是 78.5
通过 Shape 对象访问,圆的面积是 0
Press any key to continue
```

从运行结果可以看出,通过基类指针或基类引用访问虚函数时,采用的是动态联编,而通过基类对象访问虚函数时,采用的是静态联编。可见,基类中的虚函数也不完全是"虚"的,当通过对象进行访问时,其表现与例 8.5 中定义的非虚函数一样。

8.3.3　虚析构函数

在 C++ 中,构造函数不能声明为虚函数,因为这样做没有意义。但析构函数可以声明为虚函数,并且通常有必要在继承层次的根类中定义虚析构函数。因为在对指向动态分配对象(由 new 操作产生)的指针进行 delete 操作时,隐含着对析构函数的调用。而该指针的声明类型可能是对象类型的基类,如果基类的析构函数不是虚函数,那么通过该指针进行 delete 操作就只能调用基类的析构函数而不是当前对象类的析构函数,从而导致对象销毁工作不正确。

虚析构函数的定义格式如下:

```
virtual ~类名()
{
函数体
}
```

只要基类的析构函数被声明为虚函数,那么派生类的析构函数,无论是否使用关键字virtual 进行声明,都自动地成为虚函数。

【例 8.7】　虚析构函数举例。

```
#include<iostream>
using namespace std;
class A
{
public:
    A()
    {
      cout<<"A 类构造函数调用完毕"<<endl;
    }
    virtual ~A()
    {
      cout<<"A 类析构函数调用完毕"<<endl;
```

```
    }
};
class B : public A
{
private:
    char * str;
public:
    B(const char * const Str)
    {
      if(Str)
      {
        str = new char[strlen(Str) +1];
        strcpy(str,Str);
      }
      else
      {
        str = new char[1];
        str[0] = '\0';
      }
      cout<<"B类构造函数调用完毕,空间已申请"<<endl;
    }
    virtual ~B()
    {
      delete[ ] str;
      cout<<"B类析构函数调用完毕,空间已释放"<<endl;
    }
};
int main()
{
    A * pa = new B("Hello!");
    delete pa;
    return 0;
}
```

运行结果：

```
A类构造函数调用完毕
B类构造函数调用完毕,空间已申请
B类析构函数调用完毕,空间已释放
A类析构函数调用完毕
Press any key to continue
```

在 main 函数中,此时 pa 的声明类型是 A,但实际指向的是 B 类动态对象。由于 A 类中定义了虚析构函数,隐含的析构函数调用将采用动态联编,并绑定到 B 类的析构函数。

如果将类 A 析构函数定义中的 virtual 去掉,运行结果是

```
A类构造函数调用完毕
B类构造函数调用完毕,空间已申请
A类析构函数调用完毕
Press any key to continue
```

B 类的析构函数并没有执行,构造函数动态申请的空间没有得到释放,这将造成内存泄漏。

8.4 纯虚函数和抽象类

抽象类是一种特殊的类,是为抽象和设计目的而建立的,通过对其所有派生类共性行为的高度抽象,为整个类族提供一个统一的接口。抽象类的作用不是创建具体的对象,而是为其派生类的虚函数制定统一的规范。这种规范并不一定需要具体实现,故而由纯虚函数来描述。

8.4.1 纯虚函数

所谓纯虚函数(pure virtual function),是一个在基类中声明的虚函数,它在该基类中可以不定义函数体,要求所有派生类根据具体情况给出各自的函数实现。

纯虚函数的声明格式如下:

virtual 函数返回类型 函数名(<形参表>) = 0;

加上"＝0"后,虚函数成员原型就变成纯虚函数了,不必再给出函数体,这与函数体是{}的空虚构函数是不同的。纯虚函数是"不完整"的,必须由子类对其覆盖并给出具体的实现。当然纯虚函数也可以有自己的函数体,因为在有些问题中,类族的共性行为有明确的具体实现,写在基类中便于共享。但即便是这样,编译器仍将虚函数看成"不完整"的,仍然要求在子类中对其进行覆盖。对这部分代码的调用,必须通过"基类::"加以限定。另外,如果将析构函数声明为纯虚函数,也必须同时给出其实现。

由于不完整性,纯虚函数所在的类不能进行实例化,也就是说,这是一个抽象的类,目的不是用来创建对象,而是用来规范子类的行为。虚函数的名称、参数表和返回类型就是规范的内容。

8.4.2 抽象类

包含纯虚函数的类称为抽象类(abstract class)。抽象类具有以下特点。

(1) 抽象类只能作为其他类的基类使用,不能用来创建对象。

(2) 抽象类中的纯虚函数由派生类给出具体实现。如果派生类只实现基类中的部分纯虚函数,那它仍然是抽象类。直到实现全部纯虚函数,派生类才成为具体类,才可以创建对象。

(3) 抽象类不能用作函数的形参类型、返回值类型或进行强制类型转换(因为不能实例化)。

(4) 可以声明抽象类的指针或引用,并通过它们以动态联编的方式访问派生类的成员。

【**例 8.8**】 抽象类举例。

```cpp
#include<iostream>
using namespace std;
class Shape                        //形状类
{
  public:
    Shape(){}
    ~Shape(){}
```

```cpp
        virtual float getArea() const = 0;
};
class Circle:public Shape
{
   public:
     Circle(float Radius):radius(Radius){}
     Circle(){}
     float getArea()const{return 3.14 * radius * radius;}
     float getRadius() const {return radius;}
   private:
      float radius;
};
class Rectangle:public Shape
{
   public:
     Rectangle(float Length,float Width):length(Length),width(Width){};
     ~Rectangle(){}
     float getArea()const {return length * width;}
     float getLength()const {return length;}
     float getWidth()const {return width;}
   private:
     float length;
     float width;
};
class Square: public Rectangle        //正方形类
{public:
    Square(float Side): Rectangle(Side,Side) {}
    ~Square() {}
    float getSide() const             //获取边长
     {return getWidth();
     }
    float getArea()const {return Rectangle::getArea();}
};
class Canvas
{
 public:
    float totalArea(Shape * s[],int N) const
    {
      float total = 0;
      for (int i = 0;i<N;i++)
      {
       total+ = s[i]->getArea();
      }
      return total;
    }
};
int main()
{
    Shape **ppShape = new Shape * [3];
    ppShape[0] = new Circle(5);
    ppShape[1] = new Rectangle(4,6);
    ppShape[2] = new Square(5);
    cout<<"圆的面积是"<<ppShape[0]->getArea()<<endl;
    cout<<"长方形的面积是"<<ppShape[1]->getArea()<<endl;
```

```
cout<<"正方形的面积是"<<ppShape[2]->getArea()<<endl;
Canvas c1;
float total = c1.totalArea(ppShape,3);
cout<<"总面积是"<<total<<endl;
for (int i = 0;i<3;i++)
    delete ppShape[i];
delete[] ppShape;
return 0;
}
```

运行结果：

```
圆的面积是 78.5
长方形的面积是 24
正方形的面积是 25
总面积是 127.5
Press any key to continue
```

在例 8.8 中，Shape 类通过纯虚函数规定了 getArea 的函数名、形参表和返回类型，Shape 类的子类按照此规范给出了各自的实现。对于使用者 Canvas 而言，它只需要了解 Shape 类的规定，并不需要知道 Shape 子类的具体情况，这体现在 totalArea 函数根据一组 Shape 指针就可以完成汇总工作：每个子项 s[i]->getArea()动态绑定到各自的 getArea 实现。使用者与抽象类之间的依赖关系如图 8.1 所示。

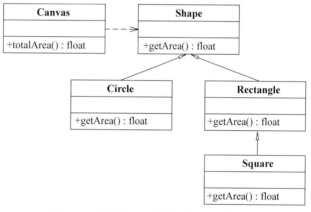

图 8.1　使用者与抽象类之间的依赖关系

8.4.3　抽象类的意义

抽象类为整个类族提供了一个统一的界面，使用者只需依赖这个界面，而不必关心具体的实现，这就为程序的可扩展性提供了极大的便利。当用户提出新的需求时，可以很方便地增加新的子类，而不必修改使用方式。如例 8.8，如果需要增加计算梯形面积的功能，只需给出梯形的具体实现即可，这对使用者 Canvas 不会产生任何影响。程序的可扩展性如图 8.2 所示。

在例 8.8 的基础上，增加一个子类 Trapezoid，代码如下：

```
class Trapezoid: public Shape        //梯形类
{
  public:
```

```
    Trapezoid(float TopLine,float BottomLine,float Height):topLine(TopLine),
    bottomLine(BottomLine),height(Height){}
  ~Trapezoid() {}
  float getArea()const {return(topLine+bottomLine) * height/2;}
private:
  float topLine;
  float bottomLine;
  float height;
};
```

将主程序改为

```
int main()
{
  Shape * * ppShape = new Shape *[4];
  ppShape[0] = new Circle(5);
  ppShape[1] = new Rectangle(4,6);
  ppShape[2] = new Square(5);
  ppShape[3] = new Trapezoid(7,8,9);
  cout<<"圆的面积是"<<ppShape[0]->getArea()<<endl;
  cout<<"长方形的面积是"<<ppShape[1]->getArea()<<endl;
  cout<<"正方形的面积是"<<ppShape[2]->getArea()<<endl;
  cout<<"梯形的面积是"<<ppShape[3]->getArea()<<endl;

  Canvas c1;
  float total = c1.totalArea(ppShape,4);

  cout<<"总面积是"<<total<<endl;

  for (int i = 0;i<4;i++)
    delete ppShape[i];
  delete[] ppShape;

  return 0;
}
```

运行结果：

```
圆的面积是 78.5
长方形的面积是 24
正方形的面积是 25
梯形的面积是 67.5
总面积是 195
Press any key to continue
```

在上述程序中，只是按新的需求增加了一个子类，原有的类未做任何修改。可见，该框架具有一定的前瞻性，能够"预见"并适应未来的变化。设计抽象类的方法与现实生活中管理多类对象的思路非常相似。在大学中，有专科生、本科生、硕士研究生、博士研究生等各类学生。对教务处而言，他们都是学生，都要按时上课，教务处只需要笼统地规定学生必须按时上课即可，没必要针对各类学生特别重申。即便将来增加了留学生，这条规定也依然有效。可见，这种抽象的说法具有更大的适用性。同理，以运行时多态为基础的抽象类设计，也是提高程序可扩展性的有效方法之一。

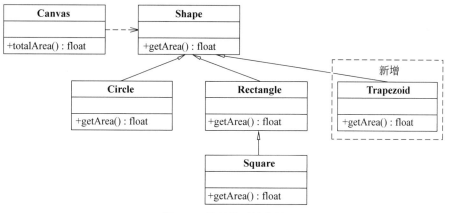

图 8.2　程序的可扩充性

8.5　知识扩展

运行时类型识别(Run-Time Type Identification,RTTI)是指当只有一个指向基类的指针或者引用的时候,确定一个对象的准确类型。RTTI 常被看成 C++ 的四大扩展之一(其他 3 个是异常、名字空间和模板)。

一般情况下,有了以虚函数为基础的运行时多态这一机制,往往不需要知道一个对象的准确类型。可以使用基类指针或引用来指向派生类对象,然后通过该指针或引用调用基类中声明的虚函数,系统在运行时就会自动绑定到派生类的具体实现。但这仅限于调用基类中声明的虚函数,当需求变化超出了设计基类时的预期,也就是说,子类新增的函数,在基类中没有预先考虑到(或虚函数的形参类型、个数不符合新需求),上述方法就无法奏效了。根据新的需求修改基类(增加新的虚函数或修改已有虚函数的形参类型、个数)是一种解决办法,但有时希望不修改基类就能适应此变化,以免基类的接口变得越来越庞大和笨拙。甚至有时基类来自商业类库或由别人控制,只有头文件和编译好的库文件,根本没有源程序可供修改。

在这种情况下,可以使用 static_cast,强制把基类指针或引用转化成派生类指针或引用,从而正确调用派生类新增的函数。但前提是必须能够预先知道基类指针所指向对象的确切类型。为了避免这种不安全的类型转换,有必要在程序运行时识别对象的实际类型。从安全、高效两方面解决上述问题,C++ 提供了两种运行时类型识别机制,分别是 dynamic_cast 运算符和 typeid 运算符。

8.5.1　dynamic_cast 安全向下转型

在类层次中,基类属于上层的概念,派生类属于下层的概念。所谓向下转型,是指将基类转换为派生类。C++ 新增的"强制类型转换运算符"共有 4 种,分别是 static_cast、const_cast、dynamic_cast、reinterpret_cast。其中 static_cast 是用来替代传统形式的强制转换运算符,它执行的仅仅是一个非多态的强制转换,不会做任何运行时的检测,因此这种转换并不安全。dynamic_cast 完成类族中的向下类型转换,可以将基类指针或引用强制转换为派

生类指针或引用。dynamic_cast 与 static_cast 的不同点在于运行时转换,执行转换前会检查待转换指针或引用实际指向的类型是否与转换的目的类型兼容。只有实际指向的类型是目标类型或者目标类型的派生类型时,强制转换才会成功;否则,强制转换失败,如果此时转换的是指针,那么经过 dynamic_cast 运算后将得到一个空指针,如果转换的是引用,那么 dynamic_cast 将会抛出 bad_cast 类型的异常(引用是无法置零的)。

【例 8.9】　dynamic_cast 示例。

注意:在 VC++ 6.0 中,RTTI 选项默认是关闭的,需要在 Project→Settings→C/C++→Category 中选择 C++ Language,再勾选 Enable Run-Time Type Information[RTTI]。

打开 VC++ 6.0 的 RTTI 选项。

```cpp
#include<iostream>
using namespace std;
class A
{
  public:
    virtual void f1()
    {
        cout<<"A 类中的 f1 调用"<<endl;
    }
    virtual ~A(){}              //确保基类是多态类
};
class B:public A
{
  public:
     virtual void f1()
     {
       cout<<"B 类中的 f1 调用"<<endl;
     }
     virtual void f2()
     {
        cout<<"B 类中新增的 f2 调用"<<endl;
     }
};
class C:public B
{
  public:
     virtual void f1()
     {
        cout<<"C 类中的 f1 调用"<<endl;
     }
     virtual void f2()
     {
        cout<<"C 类中的 f2 调用"<<endl;
     }
};
void frame(A * pA)
{
  pA->f1();
  if(B * pB = dynamic_cast<B * >(pA)) //将转换与结果测试写在同一句中,避免未经测试就使用
  {
      pB->f2();
```

```
        }
        else
        {
            cout<<"转换失败"<<endl;
        }
    }
    int main()
    {
        A a, * pA;
        B b;
        C c;
        cout<<"----------A 类指针指向 A 类对象,强转为 B 类指针----------"<<endl;
        pA = &a;
        frame(pA);
        cout<<"----------A 类指针指向 B 类对象,强转为 B 类指针----------"<<endl;
        pA = &b;
        frame(pA);
        cout<<"----------A 类指针指向 C 类对象,强转为 B 类指针----------"<<endl;
        pA = &c;
        frame(pA);
        return 1;
    }
```

运行结果:

```
----------A 类指针指向 A 类对象,强转为 B 类指针----------
A 类中的 f1 调用
转换失败
----------A 类指针指向 B 类对象,强转为 B 类指针----------
B 类中的 f1 调用
B 类中新增的 f2 调用
----------A 类指针指向 C 类对象,强转为 B 类指针----------
C 类中的 f1 调用
C 类中的 f2 调用
Press any key to continue
```

在 main 函数中,PA 实际指向的是 A 类对象时,试图将该指针转化为 B 类指针(调用 frame 函数),以便调用 B 类新增的 f2,但转换的结果为空指针,因此可以据此判断无法安全转换,避免调用 A 类对象中不存在的 f2。如果此时采用的是 static_cast,程序必然出错。后续代码中,由于 A 类指针实际指向的是 B 类对象,可以成功转换。接下来,A 类指针实际指向的是 C 类对象,把它当成 B 类对象使用也没有问题。可见,dynamic_cast 是有条件的强制转换,并且既可以把基类指针转换为实际对象类型的指针,也可以转换为"中间类型"的指针,具有较大的灵活性。

8.5.2 用 typeid 获取运行时类型信息

typeid()运算符以一个对象或者类型名作为参数,即 typeid(表达式)或 typeid(类型说明符)。返回一个对应于该类型的 type_info 类型的常引用,以描述对象的确切类型。type_info 是 C++ 标准库中的一个类,该类为所有的内置类型和多态类型的对象保存运行时类型信息,其定义在头文件<typeinfo>中。

C++ 标准只规定了 type_info 必须提供以下 4 种操作,对具体的实现方式没有明确限

定,因此不同编译器实现方式可能不同。

(1) t1＝＝t2 如果两个对象 t1 和 t2 类型相同,则返回 true,否则返回 false。

(2) t1!＝t2 如果两个对象 t1 和 t2 类型不同,则返回 true,否则返回 false。

(3) t.name()返回类型的名称,是一个 C 风格的字符串。

(4) t1.before(t2) t1 出现在 t2 之前,返回 true,否则返回 false。

其中,(1)、(2)可以用来比较类型信息;(3)用来获得类型的名称;(4)一般供内部使用,函数的返回值与类的层次结构没有关系。

如果 typeid 所作用的表达式具有多态类型(至少包含一个虚函数),则 typeid 操作符返回表达式的动态类型,需要在运行时获得;否则,typeid 操作符只返回表达式的静态类型,在编译时就可以确定。

【例 8.10】　typeid 示例。

```
//注意打开 VC++6.0 的 RTTI 选项
#include<iostream>
//#include<typeinfo>
using namespace std;
class A
{
  public:
    virtual void f1()
      {
          cout<<"A 类中的 f1 调用"<<endl;
      }
    virtual ~A(){}
};
class B:public A
{
  public:
    virtual void f1()
    {
        cout<<"B 类中的 f1 调用"<<endl;
    }
    virtual void f2()
    {
        cout<<"B 类中新增的 f2 调用"<<endl;
    }
};
class C:public B
{
    public:
      virtual void f1()
      {
        cout<<"C 类中的 f1 调用"<<endl;
      }
      virtual void f2()
      {
        cout<<"C 类中的 f2 调用"<<endl;
      }
};
void frame(A * pA)
```

```
{
    const type_info &t1 = typeid(pA);
    cout<<"typeid(pA):"<<t1.name()<<endl;
    const type_info &t2 = typeid( * pA);
    cout<<"typeid( * pA):"<<t2.name()<<endl;
    if(t2 ==typeid(B))
    {
        cout<<"是 B 类"<<endl;
        static_cast<B * >(pA)->f2();
    }
    else
        cout<<"不是 B 类"<<endl;
}
int main()
{
    A a, * pA;
    B b;
    C c;
    cout<<"---A类指针指向 A 类对象,指针的类型与所指对象的类型---"<<endl;
    pA = &a;
    frame(pA);
    cout<<"---A类指针指向 B 类对象,指针的类型与所指对象的类型---"<<endl;
    pA = &b;
    frame(pA);
    cout<<"---A类指针指向 C 类对象,指针的类型与所指对象的类型---"<<endl;
    pA = &c;
    frame(pA);
    return 1;
}
```

运行结果：

```
---A类指针指向 A 类对象,指针的类型与所指对象的类型---
typeid(pA):class A *
typeid( * pA):class A
不是 B 类
---A类指针指向 B 类对象,指针的类型与所指对象的类型---
typeid(pA):class A *
typeid( * pA):class B
是 B 类
B 类中新增的 f2 调用
---A类指针指向 C 类对象,指针的类型与所指对象的类型---
typeid(pA):class A *
typeid( * pA):class C
不是 B 类
Press any key to continue
```

程序 3 次调用 typeid(pA)，得到的名称都是"class A * "，这是因为指针类型本身并不是多态类型，在编译阶段就可以确定其类型名称。可见 typeid 需要作用于多态类的对象才能获得运行时类型信息。在 main 函数中，第二次调用 frame 函数时，A 类指针实际指向的是一个 B 类对象，typeid(* pA)与 typeid(B)相等，据此可以确定"static_cast<B * >(pA)->f2();"强制转换没有问题，并成功调用 B 类新增的 f2。但第三次调用 frame 函数时，A 类指针实际指向的是一个 C 类对象，但 typeid(* pA)并不能判断这是一个"特殊的 B

类”,因此没能调用 f2。可见 typeid 实现的是精确比较,这一点不如 dynamic_cast 灵活。

需要注意的是,RTTI 和虚函数并不是一回事。因为虚函数的动态绑定在 1993 年引入 RTTI 特征之前就有了,其实现并不依赖于 type_info 信息。引入 RTTI,只是进一步丰富了 C++ 对于多态性的支持,即能够在运行时获得一个多态指针或引用指向的具体对象的类型了。在实际工作中,应尽可能地使用虚函数,只在必要时才使用 RTTI(如基类来自类库或由别人控制,为照顾某些特定类而拖累了框架的效率)。

8.6　小结

多态是面向对象的重要特性,其核心思想是“一个接口,多种实现”,也就是同一种事物表现出的多种形态。Charlie Calverts 对多态的描述——多态性是允许将父对象设置成为和一个或更多的它的子对象相等的技术,赋值之后,父对象就可以根据当前赋值给它的子对象的特性以不同的方式运作。多态是面向对象程序设计(OOP)的一个重要特征。

C++ 中的多态性具体体现在运行和编译两方面。运行时多态是动态多态,其具体引用的对象在运行时才能确定。编译时多态是静态多态,在编译时就可以确定对象使用的形式。本章的主要内容包含以下几点。

多态的定义:同样的消息被不同类型的对象接收后导致不同的行为。运算符重载是一种编译时多态,是对重载函数的补充。虚函数是一种运行时多态,是真正意义上的多态。

运算符重载并不是定义新的运算符,而是使原有的运算符满足自定义类型的某种特殊操作的需要。运算符重载的实质是重载函数。运算符函数重载可以分为普通函数(通常是类的友元函数)和类成员函数两种形式。前者其参数个数一般与运算符原操作数的个数相同,对应关系也比较直观;后者以对象自身作为第一操作数,故而参数个数一般比运算符原操作数少一个。

虚函数是实现动态联编的基础。正确使用虚函数的条件是公有派生、派生类覆盖基类的虚函数,通过基类指针或基类引用访问虚函数。

构造函数不能声明为虚函数,但析构函数通常需要声明为虚函数。

包含纯虚函数的类称为抽象类,其作用不是为了创建对象,而是为整个类族提供一个统一的界面,是提高程序可扩展性的有效方法之一。

应尽可能地使用虚函数,只在必要时才使用 RTTI。

习题

一、填空题

1. 运算符重载是对已有的运算符赋予_____含义,使同一个运算符在作用于_____对象时导致不同的行为。运算符重载的实质是_____,是类的_____特征。

2. 运算符重载可以采用两种形式,分别是_____和_____。

3. 运算符重载时其函数名由_____构成。成员函数重载双目运算符时,左操作数是_____,右操作数是_____。

4. 在运行时才确定的函数调用称为_____,它通过_____来实现。

5. 虚函数的声明方法是在函数原型前加上关键字_____。

6. 要达到动态联编的效果,基类和派生类的对应函数不仅名字相同,而且返回类型、参数_____和_____也必须完全一致。

7. 当通过_____或_____使用虚函数时,C++会在与对象关联的派生类中正确地选择重定义的函数,实现了_____时多态,而通过_____使用虚函数则不行。

8. 通过在虚函数参数表后加_____,可以定义纯虚函数。含有纯虚函数的类称为_____,这种类不能_____,只能被其他类_____。

9. 类的_____函数不可以是虚函数,当类中存在动态内存分配时经常将类的_____函数声明成_____。

二、简答题

1. 什么是多态性?

2. 什么是静态联编和动态联编?

3. 什么是运算符重载?是否所有的运算符都能重载?

4. 虚析构函数有何作用?

5. 什么是纯虚函数?什么是抽象类?

三、编程题

1. 设计平面上一个点类,重载＋、－、＝、＋＋、＜＜运算符,选择合理的返回类型,以便写链式表达式。

2. 设向量 X＝(x1,x2,…,xn)和 Y＝(y1,y2,…,yn),它们之间的加、减分别定义为

X＋Y＝(x1+y1,x2+y2,…,xn+yn)
X－Y＝(x1-y1,x2-y2,…,xn-yn)

编程序定义向量类 Vector,重载运算符＋、－、＝,实现向量之间的加、减和赋值运算;用重载运算符＞＞和＜＜做向量的输入输出操作。注意检测运算的合法性。

3. 定义动物 Animal 类,由其派生出猫类(Cat)和豹类(Leopard),二者都包含虚函数 sound,要求根据派生类对象的不同调用各自重载后的成员函数。

4. 有一个交通工具类 vehicle,将它作为基类派生小车类 car、卡车类 truck 和轮船类 boat,定义这些类并定义一个虚函数用来显示各类信息。

5. 某学校对教师每月工资的计算公式如下:固定工资＋课时补贴。教授的固定工资为 5000 元,每个课时补贴 50 元;副教授的固定工资为 3000 元,每个课时补贴 30 元;讲师的固定工资为 2000 元,每个课时补贴 20 元。定义教师抽象类,派生不同职称的教师类,编写程序求若干教师的月工资。

第 **9** 章
流类库与输入输出

在 C++ 语言中,把各种数据的流动定义成流,简称为 I/O 流,并通过建立了很完善的类库结构来实现基本的输入输出功能,与此对应的各种流类,涵盖了输入流类、输出流类、输入输出流类,以及流缓冲区类。本章讨论在标准 C++ 下流类库的结构和使用。

【本章学习要求】

理解:C++ 标准流类库的结构。

理解:各种应用问题中流类及其对象的用法。

掌握:标准 I/O 流对象 cin、cout 的使用。

掌握:二进制流和字符流的区别,能根据具体应用选择相应的流类解决问题。

9.1　I/O 流的概念及流类库结构

9.1.1　I/O 流的概念

输入和输出是数据传送的过程,数据如流水从一处流向另一处。C++ 形象地将这个过程称为流(stream)。I/O 流是一种抽象,它负责在数据的生产者(输入)和数据的消费者(输出)之间建立联系,并管理数据的流动。

C++ 的 I/O 流是由若干字节组成的字节序列,在输入操作时,字节流从输入设备(如键盘、磁盘)流向内存,称为输入流;在输出操作时,字节流从内存流向输出设备(如显示器、打印机、磁盘等),称为输出流。流中的内容可以是 ASCII 字符、二进制形式的数据、图形、图像、数字音频视频或其他形式的信息。

输入操作在流数据抽象中被称为(从流中)提取,>> 是预定义的提取符。

输出操作被称为(向流中)插入,<< 是预定义的插入符。

在 C++ 中,I/O 流被定义为类,I/O 库中的类称为流类(stream class),用流类定义的对象称为流对象。头文件 iostream 中声明了 4 个预定义的流对象用来完成在标准设备上的输入输出操作。

(1) cin 用来处理标准输入,即键盘输入。

(2) cout 用来处理标准输出,即显示器输出。

(3) cerr 用来处理标准错误输出流,没有缓冲,发送给它的内容立即被输出。

(4) clog 类似于 cerr,有缓冲,缓冲区满时被输出。

　　程序运行时,在内存中为每一个数据流开辟一个内存缓冲区,用来存放流中的数据。例如,当用 cout 和插入运算符<<向显示器输出数据时,先将数据送入内存输出缓冲区保存,直到缓冲区满了或遇到 endl,就将缓冲区中的全部数据送到显示器显示;当用 cin 和提取运算符>>从键盘输入数据时,键盘输入的数据先放在键盘的缓冲区中,当按回车键时,键盘缓冲区中的数据送入内存输入缓冲区形成 cin 流,然后提取运算符>>从输入缓冲区提取数据送给程序中的变量。

9.1.2 流类库结构

　　I/O 流类库是用继承方法建立起来的一个输入输出类库,它有两个平行的基本类:streambuf 类和 ios 类,所有的流类都可以由它们派生出来。

1. streambuf 类

　　streambuf 类提供物理设备的接口,它提供缓冲或处理流的通用方法,几乎不需要任何格式。缓冲区由一个字符序列和两个指针组成,这两个指针是输入缓冲区指针和输出缓冲区指针,它们分别指向字符要被插入或取出的位置。filebuf、stringstreambuf 是它的派生类,其成员函数大多采用内置函数方式定义,以提高效率。

　　filebuf 类使用文件来保存缓冲区中的字符序列。当读文件时,实际上是将指定文件中的内容读入缓冲区;当写文件时,实际是将缓冲区的字符写到指定的文件中。

　　stringstreambuf 类扩展了 streambuf 类的功能,它提供了在内存中进行提取和插入操作的缓冲区管理。

2. ios 类

　　ios 类是一个虚基类,它主要定义了用于格式化输入输出以及出错处理的成员函数。在 ios 类和它的各级派生类中,均含有一个指向流缓冲类 streambuf 的对象的指针。ios 类及其派生类使用 streambuf 以及从它派生的文件缓冲类 filebuf 和字符缓冲类 strstreambuf 进行输入输出。ios 流类和它的派生类的结构关系如图 9.1 所示。

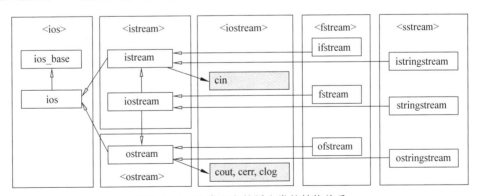

图 9.1　ios 流类和它的派生类的结构关系

　　ios 类的基础是一组类模板,类模板中提供了库中的大多数功能,而且可以作用于不同类型的元素。使用 I/O 流时一般无须直接引用这些模板,因为 C++ 的标准头文件中已经用 typedef 为这些模板的实例定义了别名。表 9.1 列出了常用的 ios 流类和类声明所在的头文件。

表 9.1 常用的 ios 流类和类声明所在的头文件

类 名		说 明	包含头文件
抽象流基类	ios	流基类	ios
输入流类	istream	普通输入流类和其他输入流类的基类	istream
	ifstream	文件输入流类	fstream
	istringstream	字符串输入流类	sstream
输出流类	ostream	普通输出流类和其他输出流类的基类	ostream
	ofstream	文件输出流类	fstream
	ostringstream	字符串输出流类	sstream
输入输出流类	iostream	普通输入输出流类和其他输入输出流类的基类	istream
	fstream	文件输入输出流类	fstream
	stringstream	字符串输入输出流类	sstream
流缓冲区类	streambuf	抽象流缓冲区基类	streambuf
	filebuf	磁盘文件的流缓冲区类	fstream
	stringbuf	字符串的流缓冲区类	sstream

9.2 输出流

一个输出流对象是信息流动的目标,最重要的 3 个输出流如下。

(1) ostream 类:用来向标准设备的输出,预先定义的 ostream 输出流对象有 cout、cerr、clog。

(2) ofstream 类:支持磁盘文件输出,可以接收二进制或文本模式数据。

(3) ostringstream 类:字符串输出,用于生成字符串。

【例 9.1】 cout、cerr 的区别。

```
#include<iostream>
#include<stdlib.h>
using namespace std;
int main()
{
    cout<<"hello "<<endl;
    cerr<<"hello world"<<endl;
    system("pause");
}
```

将例 9.1 编译形成项目可执行文件 9_1.exe,在命令提示符状态分别输入两个命令:"9_1>t1.txt"和"9_1 2>t2.txt",分别查看 t1.txt 和 t2.txt,可以看出不同。

9.2.1 插入运算符和操纵符

插入运算符(<<)是所有标准 C++ 数据类型预先设计的,用于传送字节到一个输出流

对象。

很多情况下,程序员需要控制输入输出格式。C++提供了两种格式控制方法:一种方法是使用 ios 类中有关格式控制的成员函数;另一种是使用预先定义的操纵符一起工作。下面重点讲述操纵符。

C++预定义的操纵符分为带参数的操纵符和不带参数的操纵符。通常情况下,不带参数的操纵符在 iostream 文件中定义(见表 9.2),而带参数的操纵符在 iomanip 文件中定义(见表 9.3)。在进行输入输出时,操纵符被嵌入输入或输出链中,用来控制输入输出的格式。程序中如果使用带参数的操纵符,还必须使用预编译命令:

```
#include<iomanip>
```

表 9.2　定义在 iostream 头文件中的操纵符

操　纵　符	作　　用
endl	输出时插入换行符并刷新流
ends	输出时在字符串后插入空字符(NULL)作为尾符
flush	刷新,把流从缓冲区输出到目标设备
ws	输入时略去空白字符
dec	以十进制形式输入或输出整型数
hex	以十六进制形式输入或输出整型数
oct	以八进制形式输入或输出整型数
left	以左对齐格式输出
right	以右对齐格式输出
scientific	以科学记数法格式显示浮点数
fixed	以定点格式显示浮点数

表 9.3　定义在 iomanip 头文件中的操纵符

操　纵　符	作　　用
setbase(int n)	设置转换基数为 n(n 取值为 0、8、10 或 16),默认为 0,表示采用十进制形式输出
resetiosflags(long f)	清除由参数 f 指定的标志位,用于输入输出
setiosflags(long f)	设置参数 f 指定的标志位
setfill(char c)	设置填充字符
setprecision(int n)	设置浮点数精度(默认为 6)
setw(int n)	设置数据宽度

下面具体介绍各主要操纵符。

1. 控制输出宽度和填充字符

(1)使用成员函数控制输出宽度和填充字符。

为了调整输出,可以通过调用 width 成员函数为每个项指定输出宽度,配合 fill 成员函

数可以设置填充的内容。width 成员函数仅影响紧随其后的域,在一个域输出完后,域宽度恢复默认值,fill 成员函数可以保持有效直到发生改变。请读者比较例 9.2 四种格式的不同。

【例 9.2】　使用成员函数控制输出宽度和填充格式。

```cpp
#include<iostream>
using namespace std;
int main()
{
  double values[ ] = {1.23,35.36,653.7,4358.24};
  cout<<"格式一: "<<endl;
  for(int i = 0;i<4;i++)
   {
     cout.width(10);
     cout << values[i] <<'\n';
   }
  cout<<"格式二: "<<endl;
  for(int i = 0;i<4;i++)
   {
     cout.width(10);cout.fill('*');
     cout << values[i] <<'\n';
   }
  cout<<"格式三: "<<endl;
  cout.width(10);cout.fill('*');
  for(int i = 0;i<4;i++)
   {
     cout << values[i] <<'\n';
   }
  cout<<"格式四: "<<endl;
  cout.fill('*');
  for(int i = 0;i<4;i++)
   {
     cout.width(10);
     cout << values[i] <<'\n';
   }
  return 0;
}
```

运行结果:

格式一:
```
      1.23
     35.36
     653.7
   4358.24
```
格式二:
```
******1.23
*****35.36
*****653.7
***4358.24
```
格式三:
```
******1.23
35.36
653.7
```

```
4358.24
格式四:
******1.23
*****35.36
*****653.7
***4358.24
```

（2）使用操纵符控制宽度和填充字符。

使用 setw 和 setfill 操纵符控制宽度和填充字符，需要包含头文件 iomanip。setw 仅影响紧随其后的域，在一个域输出完后域宽度恢复默认值，在再次使用 setfill 重新设定填充字符前，上一次设定的填充字符保持不变。

【例 9.3】 使用操纵符控制宽度和填充字符。

```cpp
#include<iostream>
#include<iomanip>
using namespace std;
int main()
{
    double values[] = {1.23,35.36,653.7,4358.24};
    char * names[] = {"Zoot","Jimmy","Al","Stan"};
    for(int i = 0;i<4;i++)
        cout<< setw(6) <<setfill(' ')<<names[i]
        << setw(10) <<setfill('*')<<values[i]<<endl;
}
```

2. 设置对齐方式

输出流默认为右对齐，下面用两种方法实现左对齐姓名和右对齐数值。

（1）用 iostream 中的操纵符实现左对齐姓名和右对齐数值。

【例 9.4】 设置对齐方式。

```cpp
#include<iostream>
#include<iomanip>
using namespace std;
int main()
{
    double values[ ] = {1.23,35.36,653.7,4358.24};
    char * names[ ] = {"Zoot","Jimmy","Al","Stan"};
    for(int i = 0;i<4;i++)
        cout<<left<<setw(6)<<names[i]<<right<<setw(10)<<values[i]<<endl;
    return 0;
}
```

（2）用 iomanip 中的 setiosflag 实现左对齐姓名和右对齐数值。

【例 9.5】 设置对齐方式。

```cpp
#include<iostream>
#include<iomanip>
using namespace std;
int main()
{
    double values[ ] = {1.23,35.36,653.7,4358.24};
    char * names[ ] = {"Zoot","Jimmy","Al","Stan"};
    for(int i = 0;i<4;i++)
```

```
        cout<<setiosflags(ios::left)      //设置左对齐
            <<setw(6)<<names[i]
            <<resetiosflags(ios::left)    //关闭左对齐,恢复右对齐
            <<setw(10)<<values[i]<<endl;
    return 0;
}
```

setiosflags 的参数是该流的格式标志值,这个值由位掩码制定,并可用位或(|)运算符进行组合。常用的参数如下。

(1) ios_base::showpos 对于非负数显示正号。

(2) ios_base::showpoint 对浮点数显示小数点和尾部的 0。

(3) ios_base::scientific 以科学格式显示浮点数值。

(4) ios_base::fixed 以定点格式显示浮点数值。

【例 9.6】 setiosflags 使用。

```
#include<iostream>
#include<iomanip>
using namespace std;
int main()
{
    double values[] = {1.23,35.36,653.7,4358.24};
    char * names[] = {"Zoot","Jimmy","Al","Stan"};
    for(int i = 0;i<4;i++)
        cout<<setw(6)<<names[i]
        <<setiosflags(ios_base::showpos|ios_base::showpoint)
        //右对齐,数字显示正号+和尾部 0
        <<setw(10)<<values[i]<<endl;
    return 0;
}
```

3. 精度

浮点数输出精度默认值是 6,例如,3 466.9 768,默认显示为 3 466.98,如果设置 ios_base::fixed,显示为 3 466.976 800;如果设置 ios_base::scientific,显示为 3.466 977e+003;也可以使用 setprecision 操纵符(头文件 iomanip 中)改变精度。

【例 9.7】 设置精度。

```
#include<iostream>
#include<iomanip>
using namespace std;
int main()
{
    double value = 3466.98;
    cout<<"默认精度显示: "<<value<<endl;
    cout<<"科学格式显示: "<<setiosflags(ios::scientific)<<value<<endl;
    cout<<"设置精度显示: "<<setprecision(1)<<value<<endl;
    cout<<"科学格式显示: "<<scientific<<setprecision(1) <<value<<endl;
    cout<<"定点格式显示: "<<fixed<<value<<endl;
    return 0;
}
```

9.2.2　文件输出流

如果是预定义 cout、cerr 或 clog 对象,都是以显示器作为标准输出设备,不需要构造输

出流。如果要将信息输出到磁盘文件,必须先构造 ofstream 类流对象,然后把这个流和实际的文件相关联,这称为打开文件;文件打开后,可以按要求进行输出或写操作(数据由主存缓冲区输送到外设),输出后,必须将已打开的文件关闭,即取消文件和流的关联。

1. 构造文件输出流对象并打开文件

构造文件输出流对象并打开文件常用的方法有 3 种。

(1) 使用默认构造函数,然后调用 open 成员函数。

```
ofstream myfile;
myfile.open("filename");
```

(2) 在构造函数中指定一个文件名,当构造这个文件时,该文件是自动打开的。

```
ofstream myFile("filename");
```

(3) 使用指针。

```
ofstream * pmyFile = new ofstream;
pmyFile->open("filename");
```

open 函数是流类 ofstream、ifstream 和 fstream 类对象的成员函数,用于打开一个文件流相关的文件,其原型是

```
void open(const unsigned char *, int open_mode, int access = filebuf::openprot);
```

第一个参数用来传递文件名,第二个参数 open_mode 的值决定文件的打开方式,第三个参数决定文件的保护方式,用户通常只使用默认值。

第二个参数 open_mode 已经在 ios 中定义了枚举常量(见表 9.4),可以用"|"组合这些标志。

表 9.4　open_mode 在 ios 中定义的枚举常量

open_mode	作　　用
ios_base::in	打开一个文件用于输入(读),对于一个 ofstream 文件,使用此模式可以避免删除一个现存文件中现有的内容
ios_base::out	打开一个文件用于输出(写),对于所有的 ofstream 对象,此模式是隐含指定的
ios_base::ate	打开一个已有的文件(用于输入或输出),文件指针指向文件尾
ios_base::app	打开一个文件用于输出(写),写入的数据添加在文件尾
ios_base::trunc	打开一个文件,如果文件已存在,则删除其中全部数据;如果文件不存在,则建立新文件。如果已经指定了 ios_base::out,而未指定 ios_base::app、ios_base::ate、ios_base::in,则同时默认此方式
ios_base::binary	以二进制模式打开一个文件(默认是文本模式)

用类 ofstream 产生的流,隐含为输出流,不必再说明打开方式 ios_base::out。
例如:

```
ofstream myfile;
myfile.open("filename");
```

或

```
ofstream myfile("filename");
```

打开方式可以用"|"组合。例如,"ios_base∷in|ios_base∷out|ios_base∷binary"表示打开的文件可以进行二进制的输入和输出。

只有在打开文件之后,才能对文件进行读写操作。如果由于某些原因打不开文件(即执行函数 open()失败),则流变量的值将为 0。可用如下方法进行检测。

```
ofstream myfile("filename");
if(!myfile)
{  cout<<"cannot open file!\n";
   //错误代码处理
}
```

2. 文件的关闭

当对一个打开的文件操作完成之后,应及时调用文件流的成员函数 close 来关闭与文件流关联的磁盘文件,利用 close 函数可以使用同一个流先后打开不同的文件。例如:

```
ofstream  file;
file.open("file1"); … ;file.close();
file.open("file2"); … ;file.close();
```

3. 文件的指针

每个打开的文件都有一个文件指针,该指针的初始位置由打开方式指定,文件每次读写都从文件指针的当前位置开始,每读入 1 字节,指针就后移 1 字节。当文件指针移到最后,就会遇到文件结束符 EOF(占 1 字节,值为−1),此时流对象的成员函数 eof 的值为非 0 值(一般设为 1),表示文件结束。

可以用 seekp 设置文件输出流内部指针位置,指出下次写数据的位置。其格式如下。

函数原型如下。

```
ostream& seekp(streampos pos);
ostream& seekp(streamoff off, ios::seek_dir dir);
istream& seekg(streampos pos);
istream& seekg(streamoff off, ios::seek_dir dir);
```

函数参数如下。

pos:新的文件流指针位置值,pos 是相对于文件头的位移量。

off:需要偏移的值,off 是相对于 dir 参数的位置。

dir:搜索的起始位置,dir 参数用于对文件流指针的定位操作上,代表搜索的起始位置,有以下 3 种。

(1) ios∷beg:文件流的起始位置。

(2) ios∷cur:文件流的当前位置。

(3) ios∷end:文件流的结束位置。

例如:

```
seekp(100);              //把输出文件的位置指针移动到离文件头 100 字节处
seekp(-80,ios::end);   //把输出文件的位置指针向前移动到离文件尾 80 字节处
```

tellp 函数返回输出文件指针的当前位置。

4. 写文本文件

文本文件的写操作可以用两种方法。

（1）用流输出运算符"<<"。这种方法和用 cout 和<<对标准设备进行输出一样，只是必须用与文件相连接的文件流代替 cout。

【例 9.8】 生成一个 table.txt 文本文件，文件内容为 100 以内整数的平方根表，结果精确到小数点后 4 位。

```cpp
#include<iostream>
#include<iomanip>
#include<fstream>
#include<cmath>
using namespace std;
int main()
{
    ofstream ofile("table.txt");
    if(!ofile)
    {
      cout<<"can not open file!"<<endl; return 1;
    }
    int i,j;
    ofile<<"   |";
    for(i = 0;i<10;i++) ofile<<setw(5)<<i<<"   ";
    ofile<<endl;
    ofile<<"--+";
    for(i = 0;i<10;i++) ofile<<"--------";
    ofile<<setiosflags(ios::fixed)<<setprecision(4);
    for(i = 0;i<10;i++)
    {
        ofile<<endl;
        ofile<<setw(2)<<i<<"|";
        for(j = 0;j<10;j++) ofile<<setw(8)<<sqrt(10 * i+j);
    }
    ofile.close();
    return 0;
}
```

打开文本文件 table.txt（用记事本打开），显示内容如图 9.2 所示。

	0	1	2	3	4	5	6	7	8	9
0	0.0000	1.0000	1.4142	1.7321	2.0000	2.2361	2.4495	2.6458	2.8284	3.0000
1	3.1623	3.3166	3.4641	3.6056	3.7417	3.8730	4.0000	4.1231	4.2426	4.3589
2	4.4721	4.5826	4.6904	4.7958	4.8990	5.0000	5.0990	5.1962	5.2915	5.3852
3	5.4772	5.5678	5.6569	5.7446	5.8310	5.9161	6.0000	6.0828	6.1644	6.2450
4	6.3246	6.4031	6.4807	6.5574	6.6332	6.7082	6.7823	6.8557	6.9282	7.0000
5	7.0711	7.1414	7.2111	7.2801	7.3485	7.4162	7.4833	7.5498	7.6158	7.6811
6	7.7460	7.8102	7.8740	7.9373	8.0000	8.0623	8.1240	8.1854	8.2462	8.3066
7	8.3666	8.4261	8.4853	8.5440	8.6023	8.6603	8.7178	8.7750	8.8318	8.8882
8	8.9443	9.0000	9.0554	9.1104	9.1652	9.2195	9.2736	9.3274	9.3808	9.4340
9	9.4868	9.5394	9.5917	9.6437	9.6954	9.7468	9.7980	9.8489	9.8995	9.9499

图 9.2　table 文件

（2）用文件流 put 成员函数进行字符的输入。

把一个字符写到输出流中。

```cpp
cout.put('A');          //精确地输出一个字符
cout<<'A';              //输出一个字符,此前设置的宽度和填充方式在此起作用
```

5. 错误处理函数

在写到一个流时进行错误处理：

（1）bad：如果出现一个不可恢复的错误，返回非 0。

（2）fail：如果出现一个不可恢复的错误或一个预期的条件，如转换错误或文件未找到，返回非 0。

（3）eof：遇到文件结束条件，返回非 0。

9.2.3 二进制输出文件

C++ 把文件看作字符（字节）的序列，即由一个一个字符（字节）的数据顺序组成，根据数据的组织形式，可分为 ASCII 文件和二进制文件。ASCII 文件也称为文本（Text）文件，它的每个字节存放一个 ASCII 代码，代表一个字符。二进制文件则把内存中的数据按其在内存中的存储形式原样输出到磁盘存放。

例如，有个整数 2501，在内存中占 2 字节，如果按 ASCII 形式输出到磁盘上存放，则占 4 字节；如果按二进制形式输出到磁盘上存放，则占 2 字节，如表 9.5 所示。

表 9.5　整数 2501 的存储形式

存　　储	存　储　形　式			
内存中的存储	00000110	10100101		
文件以 ASCII 形式存储	00110010	00110101	00110000	00110001
文件以二进制形式存储	00000110	10100101		

ASCII 形式和二进制形式各有其优缺点。用 ASCII 形式存储数值数据，优点是输出时可以与字符一一对应，便于对字符进行逐个处理，缺点是占用存储空间较多，并且要花费时间进行二进制形式与 ASCII 形式之间的转换；用二进制形式存储数值数据，优点是可以节省外存空间和转换时间，缺点是输出时需要转换为字符形式。对于需要暂时保存在外存上以后又需要输入内存的中间结果数据，通常用二进制形式保存。

默认的输出模式是文本，用 ios∷binary，写二进制文件不是以 ASCII 代码存放数据，它将内存中数据存储形式不加转换地传送到磁盘文件，二进制文件的写用成员函数 write 实现。write 函数原型如下。

```
ostream &write(const char * buffer, int len);
```

从 buffer 所指的缓冲区把 len 字节写到相应的流上。

【例 9.9】　将 1～1000 的所有素数以二进制形式存放在磁盘文件 table.dat 中。

```
#include<iostream>
#include<iomanip>
#include<fstream>
#include<cmath>
using namespace std;
int main()
{
    ofstream ofile("table.dat",ios_base::binary);
    if(!ofile) {cout<<"can not open file!"<<endl; return 1;}
```

```
    int i,j;
    for(i = 2;i<=1000;i++)
    {
     for(j = 2;j<=sqrt(i);j++)
      if(i%j ==0)break;
     if(j>sqrt(i)) ofile.write((char *)&i,sizeof(i));
    }
    ofile.close();
    return 0;
}
```

注意：运算符<<不能用于二进制文件的输入和输出。如果将程序中"ofile.write((char *)&i,sizeof(i));"改写为"ofile<<i;"，程序仍可以运行,但结果是以文本文件方式保存,而不是以二进制方式保存。

9.2.4　字符串输出流

ostringstream 类有如下两种构造函数。

(1) 一个形参,表示流的打开模式,默认为 ios_base∷out,通常取默认值。例如：

```
ostringstream os;
```

(2) 两个形参,第一个是 string 型常对象,用来设置初值,第二个是流的打开模式。例如：

```
ostringstream os("my age is");
```

ostringstream 类与 ofstream 类同为 ostream 类的派生类,ofstream 类所具有的大部分功能,ostringstream 类都具有,例如,插入运算符、操纵符、write 函数、各种控制格式的成员函数等,只有专用于文件操作的 open 函数和 close 函数是 ostringstream 类所不具有的。

ostringstream 类的一个典型用法是将一个数值转换为字符串,利用插入运算符可以将数值转换的字符串与其他字符串连接。ostringstream 类有个特有的函数 str,它返回一个 string 对象,表示该类对象中字符串的内容。例如：

```
ostringstream os;
os<<"my age is: "<<20<<endl;
cout<<os.str();
```

【例 9.10】　字符串输出流。

```
#include<sstream>
#include<string>
template<class T>
inline string tostring(const T &v)
{
  ostringstream os;
  os<<v;
  return os.str();
}
int main()
{
    string str1 = tostring(5); cout<<str1<<endl;
    string str2 = tostring(1.2); cout<<str2<<endl;
```

```
    return 0;
}
```

9.3　输入流

重要的输入流类有如下 3 种。

（1）istream 类最适合用于顺序文本模式输入。cin 用来完成标准设备输入。

（2）ifstream 类支持磁盘文件输入。

（3）istringstream 类支持从字符串中提取数据。

9.3.1　使用提取运算符

提取运算符（＞＞）对于所有标准 C++ 数据类型都是预先设计好的，是从一个输入流对象获取字节最容易的方法。输出流中的很多操纵符都可以应用于输入流，但是只有少数几个对输入流对象具有实际影响，其中最重要的是二进制操纵符 Dec、Oct 和 Hex。

在提取数据时，以空白符作为分隔，如果要输入一段包含空白符的文本，用提取符不方便，可以用 9.3.3 节中介绍的 getline 函数。

9.3.2　文件输入流

如果是预定义 cin 对象，都是以键盘作为标准输入设备，就不需要构造输入流。如果要从磁盘文件中读出信息，必须先构造 ifstream 类流对象，然后把这个流和实际的文件相关联，并打开此文件。文件打开后，可以按要求进行输入或读操作（数据由外设文件输送到主存缓冲区），输入后，必须将已打开的文件关闭，即取消文件和流的关联。

用类 ifstream 产生的流，隐含为输入流，不必再说明"ios::in"打开方式。

如果在构造函数中指定一个文件名，在构造该对象时该文件便自动打开。打开方式为

```
ifstream myFile("filename");
```

也可以在调用缺省构造函数之后使用 open 函数来打开文件。

```
ifstream myFile;              //建立一个文件流对象
myFile.open("filename");      //打开文件"filename"
```

9.3.3　输入流相关函数

1. open 函数

open 函数把该流与一个特定磁盘文件相关联，功能与用法与输出流相同。

2. close 函数

close 函数关闭与一个输入文件流关联的磁盘文件，功能与用法与输出流相同。

3. get 函数

get 函数的格式如下。

```
cin.get(字符数组名 St, 字符个数 N, 结束符);
```

功能：一次连续读入多个字符（可以包括空格），直到读满 N 个，或遇到指定的结束符

（默认为\n）。读入的字符串存放于字符数组 St 中。结束符既不读取也不存储。

【例 9.11】 get 函数示例。

```cpp
#include<iostream>
using namespace std;
int main()
{
    char ch;
    while((ch = cin.get())!=EOF)
        cout.put(ch);
    return 0;
}
```

按下 Ctrl+Z 及回车键时，程序读入的是 EOF。

4. getline 函数

成员函数 getline 的功能是从输入流中读取多个字符，并且允许指定输入终止字符（默认值是换行字符），读取完成后，从读取的内容中删除终止字符。该函数只能将输入结果存在字符数组中。

非成员函数 getline 可以完成同样功能，并将结果保存在 string 类型对象中。该函数有 3 个参数：输入流、保存结果的 string 对象、终止字符，声明在 string 头文件中。

getline 的格式如下。

```cpp
cin.getline(字符数组名 St, 字符个数 N, 结束符);
```

功能是一次连续读入多个字符（可以包括空格），直到读满 N 个，或遇到指定的结束符（默认为\n）。读入的字符串存放于字符数组 St 中。读取但不存储结束符。

【例 9.12】 getline 函数示例。

```cpp
#include<iostream>
using namespace std;
void main(void)
{
    char city[80];
    char state[80];
    int i;
    for (i = 0; i < 2; i++)
      {
        cin.getline(city,80,',');
        cin.getline(state,80,'\n');
        cout << " City: " << city << " State: " << state <<endl;
      }
}
```

5. read 函数

read 成员函数的功能是从一个文件读字节到一个指定的内存区域，由长度参数确定要读的字节数。如果给出长度参数，当遇到文件结束或者在文本模式文件中遇到文件结束标记字符时结束读取。

【例 9.13】 把 table.dat 读入内存并显示。

```cpp
#include<iostream>
#include<iomanip>
```

```
#include<fstream>
#include<cmath>
using namespace std;
int main()
{
    ifstream ifile("table.dat",ios_base::binary);
    if(!ifile) {cout<<"can not open file!"<<endl; return 1;}
     int i;
     while(!ifile.eof())
      {
          ifile.read((char *)&i,sizeof(i));
          cout<<setw(5)<<i;
      }
     cout<<endl;
     ifile.close();
    return 0;
}
```

6. seekg 函数、tellg 函数

seekg 函数用来设置输入文件流中读取数据位置的指针,使用 seekg 函数可以实现面向记录的数据管理系统。

tellg 函数用来返回当前文件读指针的位置。

seekg 函数对输入文件定位,有两个参数。

第一个参数是偏移量,正值表示向后偏移,负值表示向前偏移。

第二个参数是基地址,具体介绍如下。

(1) ios::beg 表示输入流的开始位置。

(2) ios::cur 表示输入流的当前位置。

(3) ios::end 表示输入流的结束位置。

【**例 9.14**】 显示文件大小。

```
#include<fstream>
void main()
{
    ifstream in("test.txt",ios::binary);
    if(in.fail())
      {cout<<"ERROR: Cannot open file."<<endl;
        return;
      }
    in.seekg(0,ios::end);        //基地址为文件结束处,偏移量为 0
    streampos here = in.tellg();
    cout<<" file size "<< here<<endl;
    in.close();
}
```

7. 错误处理函数

输出流的错误处理函数同样可以应用于输入流。在提取中测试错误很重要。

9.3.4 字符串输入流

istringstream 类的一个典型用法是将一个字符串转换为数值。

istringstream 类有如下两个构造函数。

（1）一个形参，表示流的打开模式，默认为 ios_base∷in。

（2）两个形参，第一个是 string 型常对象，用来设置初值，第二个是流的打开模式。

【例 9.15】 字符串转换为数值。

```
#include<sstream>
#include<string>
#include<iostream>
using namespace std;
template<class T>
inline T fromstring(const string &str)
{
  istringstream is(str);
  T v;   is>>v; return v;
}
int main()
{
  int v1 = fromstring<int>("5"); cout<<v1<<endl;
  double v2 = fromstring<double> ("1.2"); cout<<v2<<endl;
  return 0;
}
```

9.4　输入输出流

fstream 类支持磁盘文件的输入和输出，如果需要在同一个程序中从一个特定磁盘文件读并写到该磁盘文件，就可以构造一个 fstream 对象。

stringstream 类支持面向字符串的输入和输出，可以用于对同一个字符串的内容交替读写。

对于 fstream 类和 stringstream 类，本节不做详细介绍，具体内容，读者可以参考 VC 的帮助文档 MSDN。

9.5　综合实例

【例 9.16】 建立一个通讯录管理程序。要求：（1）输入通讯录并保存到磁盘文件 phonenumber.txt 中；（2）显示通讯录的数据；（3）查找并修改第 n 个联系人的信息。

telephonebook.h：

```
#ifndef TELEPHONEBOOK_H_INCLUDED
#define TELEPHONEBOOK_H_INCLUDED
#include<string>
using namespace std;
class TelephoneBook
{
  public:
    TelephoneBook(string na = "", string co = "");
    //int WritetoBook(ofstream ofile, TelephoneBook &tb);  //将通讯录写入文件位置 i
    //TelephoneBook ReadfromBook(ifstream ifile);    //从通讯录读出位置 i 的记录
```

```cpp
    static int GetCount();
    static void SetCount(int n);
    string GetName();
    void SetName(string na);
    void SetCode(string co);
    string GetCode();
  private:
    string name;
    string code;
    static int count;                //通讯录中记录数
};
#endif //TELEPHONEBOOK_H_INCLUDED
```

telephonebook.cpp：

```cpp
#include "telephonebook.h"
#include<string>
int TelephoneBook::count = 0;
TelephoneBook::TelephoneBook(string na,string co)
{
  name = na;code = co;count++;
}
/* int TelephoneBook::WritetoBook(ofstream ofile,TelephoneBook &tb)
//将通讯录写入末尾
{
    seekp(0,ios::end);
    ofile.write((char *)&tb,sizeof(tb));
    return 0;
}
TelephoneBook TelephoneBook::ReadfromBook(ifstream ifile)
//从通讯录读出位置 i 的记录
{
    TelephoneBook tb;
    ifile.read((char *)&tb,sizeof(tb));
    return tb;
}*/
int TelephoneBook::GetCount()
{
    return count;
}
string TelephoneBook::GetName()
{
    return name;
}
string TelephoneBook::GetCode()
{
    return code;
}
void TelephoneBook::SetCount(int n)
{
    count = n;
}
void TelephoneBook::SetName(string na)
{
    name = na;
```

```cpp
}
void TelephoneBook::SetCode(string co)
{
    code = co;
}
```

9_16.cpp：

```cpp
#include<iostream>
#include<iomanip>
#include<fstream>
#include<string>
#include<windows.h>
#include "telephonebook.h"
using namespace std;
#define MAX 100
int readfromfile(TelephoneBook tb[]);                          //从文件中读出通讯录到 tb
int writetofile(TelephoneBook tb[]);                           //将通讯录写入文件
void showbook(TelephoneBook tb[]);                             //显示通讯录
int appendbook(TelephoneBook tb[]);                            //添加通讯录,添加成功返回 1
int updatebook(TelephoneBook tb[]);                            //修改通讯录,修改成功返回 1
int searchname(TelephoneBook tb[],int i,string name);         //从 i 为位置开始查找姓名
void menu();                                                    //系统菜单
int main()
{
    TelephoneBook tb[MAX];
    TelephoneBook::SetCount(0);
    int i = readfromfile(tb);
    if(i==1)
    {
      cout<<"先添加通讯录!"<<endl;
      system("pause");
      }
    int u = 0;                    //修改变量,u 为 0 表示通讯录没有修改,为 1 表示通讯录有修改
    while(1)
    {
      system("cls");
      menu();
      char ch;
      cin>>ch;
      if(ch<'1'||ch>'4')
      {
        cout<<endl<<"输入错误,输入任意键重新选择(1-4)!";
        cout<<flush;system("pause");
        //system("cls");
        continue;
      }
    if(ch=='4') break;
    switch(ch)
     {
       case '1':showbook(tb);break;
       case '2':u = appendbook(tb);break;
       case '3':u = updatebook(tb);break;
       }
     system("cls");
```

```
        }
    if(u==1)
     {
         int i = writetofile(tb);
         if(i==1)
         {
             cout<<"打开文件失败";return 1;
         }
     }
     cout<<"goodbye!!"<<endl;
}
void menu()
{
    cout<<"--------------------"<<endl;
    cout<<"---通讯录管理程序---"<<endl;
    cout<<"----1.显示通讯录----"<<endl;
    cout<<"----2.添加通讯录----"<<endl;
    cout<<"----3.修改通讯录----"<<endl;
    cout<<"----4.退出----"<<endl;
    cout<<"----请选择(1-4)：";
    }
   int readfromfile(TelephoneBook tb[])
    {
    ifstream ifile("telephonenumber.txt");
    if(!ifile)
      {
          cout<<"通讯录还没有任何记录!"<<endl; return 1;
      }
    int n;
    ifile>>n;ifile.get();
    TelephoneBook::SetCount(n);
    for(int i = 0;i<n;i++)
    {
      string name,code;
      getline(ifile,name,' ');
      getline(ifile,code);
      tb[i].SetName(name);
      tb[i].SetCode(code);
    }
    cout<<endl;
    ifile.close();
    return 0;
}
int writetofile(TelephoneBook tb[])
{
        ofstream ofile("telephonenumber.txt");
        if(!ofile)
          {
             cout<<"can not open file!"<<endl; return 1;
          }
        int n = TelephoneBook::GetCount();
        ofile<<n<<endl;
        for(int i = 0;i<n;i++)
         {
```

```cpp
                            string name,code;
                            name = tb[i].GetName();
                            code = tb[i].GetCode();
                            ofile<<name<<"   "<<code<<endl;
                            }
                        ofile.close();
                return 0;
        }
        void showbook(TelephoneBook tb[])
        {
        int n = TelephoneBook::GetCount();
        system("cls");
        cout<<endl;
        cout<<"---姓名---"<<"---电话号码---"<<endl;
        for(int i = 0;i<n;i++)
          {
            cout<<setw(10)<<tb[i].GetName();
            cout<<setw(10)<<tb[i].GetCode()<<endl;
          }
         system("pause");
        }
    int appendbook(TelephoneBook tb[])
    {
        int n = TelephoneBook::GetCount();
        if(n==MAX)
          {
            cout<<"通讯录容量超出,无法添加!";return 0;
          }
        cout<<"开始添加通讯录:";
        string name,code;
        cout<<"输入姓名:";
        cin>>name;
        cout<<"输入电话号码:";
        cin>>code;
        if(name=="")return 0;
        tb[n].SetName(name);
        tb[n].SetCode(code);
        n++;
        TelephoneBook::SetCount(n);
        return 1;
    }
    int searchname(TelephoneBook tb[],int i,string name)    //从 i 开始查找 name
    {    //返回-1 表示没有找到,i 的值从 0 开始有效
        int n = TelephoneBook::GetCount();
        while(i<n)
        {
          if(tb[i].GetName()==name) return i;
          i++;
        }
        return(-1);
    }
    int updatebook(TelephoneBook tb[])
    {
        int i;
```

```
string name,code;
cout<<"输入要修改的姓名: ";
cin.sync();
getline(cin,name);
if(name=="")return 0;
i = 0;
i = searchname(tb,i,name);
while(i >= 0)
{
  cout<<setw(15)<<tb[i].GetName()<<setw(15)<<tb[i].GetCode()<<endl;
  cout<<"是这个人吗?(Y/N):";
  char ch;
  cin>>ch;
  if(ch =='Y'||ch =='y')  break;
  if(ch =='N'||ch =='n')  i = searchname(tb,i+1,name);
    else cout<<"输入错误!";
}
if(i < 0)
{
  cout<<"没有找到!";system("pause");return 0;
}
cout<<"输入新的电话号码: ";
cin>>code;
tb[i].SetCode(code);
return 1;
}
```

9.6　知识扩展

C++ 创建流库的主要目的就是使用户自定义类型数据的输入输出也能像系统预定义类型数据的输入输出一样简单、方便,这通过重载输出运算符<<和输入运算符>>来实现。

9.6.1　重载输出运算符

通过重载输出运算符<<可以实现用户自定义类型的输出。定义输出运算符<<重载函数的一般格式如下。

```
ostream &operate<<(ostream &stream,user_type obj)
{
    //操作代码
    return stream;
}
```

函数中第一个参数是对 ostream 对象的引用,这意味着 stream 必须是输出流对象,它可以是其他任何合法的标识符,但必须与 return 后面的标识符相同;第二个参数接收将要被输出的对象,其中 user_type 是用户自定义类型名,obj 为该类型的对象名。程序中输出运算符<<的重载函数的返回类型为 ostream 流对象的引用。

【**例 9.17**】　利用重载输出运算符,将二维数组的各元素直接显示在屏幕上。

```
#include<iostream.h>
#include<iomanip.h>
```

```
//using namespace std; 在 VC 6.0 编译环境下,用标准名空间出错
class Array
{
   private: int * phead, H, L;
   public :Array(int * a,int h,int l);
   ~Array(){delete []phead;}
   friend ostream & operator<<(ostream &out,Array &a);
};
Array::Array(int * a,int h,int l)
{
   int * t;
   H = h;L = l; phead = new int[H * L];   t = phead;
   for(int i = 0;i<H;i++)   for(int j = 0;j<L;j++)
     * t++ = * a++;
}
ostream & operator<<(ostream &out,Array &a)
{
   out<<"输出结果: "<<endl;
   for(int i = 0;i<a.H;i++)
     {
        for(int j = 0;j<a.L;j++)
          out<<setw(4)<< * (a.phead+i * a.L+j);
        out<<endl;
     }
   return out;
}
void main(int argc, char * argv[])
{
   int a[3][4] = {{1,3,5,9},{11,13,15,17},{19,21,23,25}};
   Array A(* a,3,4);
   cout<<A;
}
```

　　一般情况下,重载运算符不能是类的成员。因为如果一个运算符函数是类的成员,则其左边操作数就应当是调用运算符函数的类的对象。从例 9.17 可以看出,重载输出运算符"<<"其左边的参数是流,右边的参数是类的对象。因此,重载输出运算符必须是非成员函数。为了方便访问 Array 类中的数据成员,将输出运算符定义为类的友元,这样可以直接访问类中的私有成员。

9.6.2　重载输入运算符

　　通过重载输入运算符">>"可以实现用户自定义类型的输出。定义输入运算符">>"重载函数的一般格式如下。

```
istream &operate>>(istream &stream,user_type  &obj)
{
   //操作代码
   return stream;
}
```

　　函数中第一个参数是对 istream 对象的引用,这意味着 stream 必须是输入流对象,它可

以是其他任何合法的标识符,但必须与 return 后面的标识符相同;第二个参数接收将要被输出的对象,其中 user_type 是用户自定义类型名,obj 为该类型的对象的引用。程序中输入运算符"＞＞"的重载函数的返回类型为 istream 流对象的引用。

【例 9.18】　利用重载输入运算符,直接输入二维数组的各个元素,并输出。

```cpp
#include<iostream.h>
#include<iomanip.h>
//using namespace std;
class Array{
    private:
        int * phead, H, L;
    public :
        Array(int h,int l);
        Array(int * a,int h,int l);
        ~Array(){delete []phead;}
    friend ostream & operator<<(ostream &out, Array &a);
    friend istream & operator>>(istream &in, Array &a);
};
Array::Array(int h,int l)
{
  H = h;L = l; phead = new int[H * L];
}
Array::Array(int * a,int h,int l)
{
   int * t;
   H = h;L = l; phead = new int[H * L];   t = phead;
    for(int i = 0;i<H;i++)
      for(int j = 0;j<L;j++)
        * t++ = * a++;
}
ostream & operator<<(ostream &out, Array &a)
{
  out<<"输出结果: "<<endl;
  for(int i = 0;i<a.H;i++)
   {
      for(int j = 0;j<a.L;j++)
        out<<setw(4)<< * (a.phead+i * a.L+j);
      out<<endl;
   }
   return out;
}
istream & operator>>(istream &in, Array &a)
{
  int m = a.H,n = a.L;
  cout<<"输入"<<m<<"行"<<n<<"列"<<"数据,空格或回车分隔: "<<endl;
  for(int i = 0;i<a.H;i++)
   {
    for(int j = 0;j<a.L;j++)
```

```
        in>> * (a.phead+i * a.L+j);
    }
    return in;
}
int main(int argc, char * argv[])
{
    Array A(3,4);
    cin>>A;
    cout<<A;
    return 0;
}
```

同重载输出运算符一样,重载输入运算符必须是非成员函数,为方便调用 Array 类的私有数据成员,定义为友元函数。

9.7　小结

C++ 中没有输入输出语句,但是 C++ 有流的概念。流是一种抽象,负责在数据的生产者和数据的消费者之间建立联系,并管理数据的流动。本章介绍了流的概念、流类库的结构和使用。

流分为输入流和输出流。一个输出流对象是信息流动的目标,最重要的 3 个输出流是 ostream、ofstream 和 ostringstream;一个输入流对象是数据流出的源头,最重要的 3 个输入流是 istream、ifstream 和 istringstream。

通过重载输入运算符和重载输出运算符可以实现用户自定义类型的输入和输出。

习题

1. 什么是流? 流的提取和插入是指什么?

2. 为什么 cin 输入时,空格和回车无法读入? 这时可改用哪些函数?

3. 简述文本文件和二进制文件在存储格式、读写格式等方面的不同,以及它们各自的优缺点。

4. 执行如下程序,输入"abcd 1234"后回车,则输出结果是什么?

```
char   * str;
cin>>str;
cout<<str;
```

5. 执行如下程序,输入"abcd 1234"后回车,则输出结果是什么?

```
char   str[200];
cin.getline(str,200,' ');
cout<<str;
```

6. 执行如下程序,输出结果是什么?

```
cout.fill('#');
cout.width(10);
cout<<setiosflags(ios_base::left)<<123.456;
```

7. 当使用 ifstream 定义一个文件流,并将一个打开文件与之连接,文件默认的打开方式是什么?

8. 编程实现以下数据输入输出:

(1) 以左对齐方式输出整数,域宽为 10。

(2) 以八进制、十进制、十六进制输入输出整数。

(3) 实现浮点数的指数格式和定点格式的输入输出,并指定精度。

(4) 把字符串读入字符型数组变量中,从键盘输入,要求输入串的空格也全部读入,以回车符结束。

9. 编写一个程序,将两个文件合并成一个文件。

10. 编写一个程序,统计一篇英文文章单词的个数与行数。

11. 定义一个 student 类,其中含学号、姓名、成绩数据成员。建立对象数组输入全部学生数据,保存到文件 student.dat 中,然后显示文件中的内容。

第 10 章
异常处理

大多数程序员在软件开发过程中往往忽略错误处理,似乎是在没有错误的"真空"状态下编程。一种正确的写程序的方式是首先假定不会产生任何异常,写好用于处理正常情况的程序;之后,利用 C++ 的异常处理机制,添加用于处理非正常情况的程序代码。例如,用户登录时需要输入用户名和密码,首先考虑编写用户名和密码录入都正确的处理程序,然后再考虑用户名或密码错误,或者两个都是错误的情况下的处理程序代码。

异常处理是对非正常情况或出现错误的一种处理,可以将它视为处理"异常"的一种机制。如果代码能够正确处理"错误",那么"错误"就不再成为错误。

C++ 为编程提供了一种机制:当出现异常情况时发出信号,这称为抛出异常。之后,要添加合适的程序来处理前面出现的异常情况,这称为处理异常。这种机制能使程序代码变得更合理、更有条理、更易阅读。

【本章学习要求】

理解:异常的处理思想与执行流程。

掌握:异常机制的程序框架,设计简单的异常处理程序。

掌握:C++ 中类库基本异常类的使用方法。

10.1 异常处理的一个简单程序

【例 10.1】 编写一个除法函数 Div,要求避免除数为零的情况。

传统处理除数为零的问题时,需先判断除数是否为零,若为零则警告出错;若非零做除法运算,返回结果。

```
#include<iostream.h>
#include<stdlib.h>
double Div(double a,double b)
{
  if(b==0)            //除数 b 为零,报错中断
   {
     cout<<"Error:attempted to divid by zero!\n";
     exit(1);
   }
   else
     return a/b;      //除数 b 为非零,正常返回除法运算结果
}
void main()
```

```
{
    cout<<"10.8/2.0 = "<<Div(10.8,2.0)<<endl;
    cout<<"10.8/0.0 = "<<Div(10.8,0.0)<<endl;
    cout<<"10.8/3.5 = "<<Div(10.8,3.5)<<endl;
}
```

利用 C++ 中提供的异常机制来处理除数为零的问题。在 Div 函数中，当除数为零时，使用 throw 方法抛出异常变量或对象，在 try 复合语句段调用 Div 函数时，该语句段是代码的保护段，当出现异常时，在 catch 语句段中进行捕获并进行相应的异常处理。使用 try-catch 处理的程序如下。

```
double Div(double a,double b)
{
    if(b==0) throw b;    //发现异常,抛出异常对象 b
    return a/b;
}
void main()
{
    try {
        cout<<"10.8/2.0 = "<<Div(10.8,2.0)<<endl;
        cout<<"10.8/0.0 = "<<Div(10.8,0.0)<<endl;
        cout<<"10.8/3.5 = "<<Div(10.8,3.5)<<endl;
    }
    catch(double)       //异常处理程序
    {
        cout<<"Error:attempted to divid by zero!\n";
    }
    cout<<"main Function end!"<<endl;
}
```

说明：

（1）被检测的函数或代码块必须放在 try 块中，否则异常无法被捕捉。

（2）try-catch 必须作为一个整体出现，不能单独使用，次序不能前后颠倒，在二者之间不能插入任何语句。

（3）try 块内第三条语句没有被执行。因为第二条语句发生异常，程序跳转到 catch 块内。

10.2　异常处理机制

10.2.1　异常

异常（exception）是程序可能检测到的、运行时不正常的情况，如被零除、数组越界、存储空间不足等。异常可以被预见，也可以事先判断所处的代码块，但是无法判断何时发生、怎样发生。对于大型应用程序来说，程序由多个不同的模块构成，模块之间的接口可能会发生错误，异常也可能发生在事先想不到的条件组合上。

C++ 提供了内置的语言机制实现抛出（throw）异常，通知捕捉的程序"异常已经发生"。然后由调用异常处理的程序段来捕捉（catch）异常，当有异常发生时，对它进行相应的处理；如果没有任何异常，则 catch 段的相应程序不会被执行。

引入异常机制的目的如下。

（1）异常是一种容错机制，给程序员提供了一种解决运行时错误的方法。

（2）不是要把函数转变为一种容错的容器，而是一种机制，提供给子模块一种容错能力。

（3）异常使得 C++ 语言更有表达能力，使 C++ 程序更健壮、稳定。

10.2.2　异常处理的任务

编程者希望自己所编写的代码都是正确无误的，而且运行的结果也没有逻辑错误。但是这一般是不可能的，"智者千虑，必有一失"。因此，不能理想地认为程序没有错误，而要在编程时考虑程序出现错误时，应该如何处理？有些错误是可以修改并消除的，但有些错误是不能消除的，此时，要尽可能地正确处理这些错误，使程序能够正常运行。

1. 语法错误

在编译程序时，编译系统能发现程序中的语法错误（如关键字书写错误、缺失分号、小括号不配对、大小写错误等），编译系统会指出程序错误的行号及错误信息提示。编译错误是比较容易发现并解决的，因为它们一般都是有规律的。编程者在有一定的编程经验后，会逐步减少这种错误的发生，即使出现这种错误，也能较快地解决。

2. 运行时错误

程序虽然通过编译，但是运行时还会出现错误。当程序运行过程中出现意外，会得不到正确的运行结果，甚至导致整个程序非正常终止，如除数为零、申请内存时空间不够、文件打开或读写错误、数据类型不一致等。

如果程序中没有应对和防范措施，系统很容易终止。这类错误比较隐蔽，不易发现，查错时往往耗费很多时间和精力。因此，在设计程序时，要事先分析程序运行时可能会出现的异常情况，制定相应的处理方法，这就是异常处理的根本任务。

一般情况下，异常是指程序意外出错，但异常处理（catch）并不完全等同于对出错部分的处理，还需要设计出符合应用需求的处理程序。当出现与设计要求不符的情况时，都可以认为是异常，并对它进行异常处理。例如，在输入学生成绩时，如果成绩不符合约束条件，程序则报错（如输入错误，请重新输入），通过"重新输入"机制使程序回到正常运行流程中。因此，异常处理是指对运行时出现的差错以及其他例外情况进行处理，使程序正常运行。

10.2.3　异常处理的机制

C++ 异常处理机制是一个用来有效地处理运行错误的非常强大且灵活的工具，它提供了更多的弹性、安全性和稳固性，克服了传统方法所带来的问题。异常的抛出和处理主要使用了以下 3 个关键字：try、throw、catch。抛出异常即检测是否产生异常，在 C++ 中采用 throw 语句来实现，如果检测到产生异常，则抛出异常。该语句的格式为

throw 表达式；

如果在 try 语句块的程序段中（包括在其中调用的函数）发现了异常，且抛出了该异常，则这个异常就可以被 try 语句块后的某个 catch 语句所捕获并处理，捕获和处理的条件是被抛出的异常的类型与 catch 语句的异常类型相匹配。由于 C++ 使用数据类型来区分不同的异常，因此在判断异常时，throw 语句中的表达式的值就没有实际意义，而表达式的类型就

特别重要。try-catch 语句形式如下。

```
try
{
    //包含可能抛出异常的语句
}
catch(类型名[形参名])              //捕获特定类型的异常
{
    //处理 1
}
catch(类型名[形参名])              //捕获特定类型的异常
{
    //处理 2
}
catch(...)                        //...则表示捕获所有类型的异常
{
    //处理 3
}
```

异常处理的执行过程如下。

（1）把可能会产生异常的程序段放在 try 块内。

（2）被保护的程序段如果在执行期间没有发生异常，那么跟在 try 块后的 catch 子句就不会被执行。

（3）如果在被保护的程序段执行期间，该程序段内有异常被抛出，则从 throw 语句创建一个异常类对象，编译器匹配 try 子句中抛出异常的类型与处理异常的 catch 子句中声明的类型（或者一个能处理任何类型异常的 catch 子句）。catch 块按其在 try 块后出现的顺序来匹配。

（4）如果找到一个匹配的 catch 块，且它通过值进行捕获，则其形参通过复制以后，将对象进行初始化。如果是通过引用进行捕获，则形参初始化为指向异常对象。

catch 子句的异常类型可以是基本类型，如 int、double、类类型等。

【例 10.2】 int 类型的异常。

```
#include<iostream.h>
int fun(int num){
    if(num<0)
       throw num;
    int sum = 1;
    for(int i = 1;i<=num;i++)
       sum = sum * i;
       return sum;
}
void main(){
   try{
        cout<<"6!="<<fun(6)<<endl;
        cout<<"-5!="<<fun(-5)<<endl;
        cout<<"5!="<<fun(5)<<endl;        //没有被执行
      }catch(int n){
        cout<<"int number = "<<n<<",负数不能计算阶乘(n!)"<<endl;
                      }
        cout<<"主函数执行结束!"<<endl;
}
```

运行结果：

```
6! = 720
int number = -5,负数不能计算阶乘(n!)
主函数执行结束!
```

说明：

(1) 上述程序中，当 num≤0 时，则抛出异常，也就是执行 try 块内程序的第 2 行语句后，函数 fun 抛出异常，在 main 函数中捕获该异常。

(2) 当捕获异常后，try 块后面的程序就不会被执行，程序会跳转到 catch 块中，执行 catch 块中的程序。当然 try-catch 块后的程序不受异常的影响，继续执行。

【例 10.3】 类类型异常。

```cpp
#include<iostream.h>
class wrong{};
class student
{
    int age;
public:
    void input()
        {
            cout<<"please input age:"<<endl;
            cin>>age;
            if(age>=100 || age<=0)
                {
                  cout<<"年龄输入不对"<<endl;
                  throw wrong();
                }
        }
};
void main()
{
   try
     {
        student s1;
        s1.input();
     }
   catch(wrong)
     {
        cout<<"该异常被捕捉到!"<<endl;
     }
}
```

运行结果：

```
please input age:
121
年龄输入不对
该异常被捕捉到!
```

说明：

(1) 当异常发生时，导致异常出现的代码会抛出(throw)wrong 对象。throw 用来表示错误已经发生了，它后面是抛出的异常类型对象。

(2) 当抛出的类类型与 catch 块所接收的参数类型相匹配时，控制语句就会从 throw 语句跳转到 catch 块中。

10.2.4　多个 catch 结构

try 块内的程序可能会出现多种类型异常，这就需要使用多个 catch 块。

【**例 10.4**】　使用多个 catch 块，捕捉 int、char、double 类型的异常。

```
#include<iostream.h>
void fun(int n)
{
  try
  {
      if(0==n) throw n;          //int 类型异常
      if(1==n) throw 'x';        //char 类型异常
      if(2==n) throw 3.14;       //double 类型异常
  }
  catch(int n)
      {
          cout<<"捕捉到 int 类型异常: "<<n<<endl;
      }
  catch(char c)
      {
          cout<<"捕捉到 char 类型异常: "<<c<<endl;
      }
  catch(double d)
      {
          cout<<"捕捉到 double 类型的异常: "<<d<<endl;
      }
}
void main()
{
    fun(0);
    fun(1);
    fun(2);
}
```

运行结果：

```
捕捉到 int 类型异常: 0
捕捉到 char 类型异常: x
捕捉到 double 类型的异常: 3.14
```

说明：

（1）从运行结果可以看到，当执行 fun(0)时，抛出一个整数类型的异常，catch 的形参是 int 类型，形参名 n，n 的值就是抛出的整数值。

（2）当执行 fun(1)时，抛出一个字符类型的异常，catch 的形参是 char 类型，形参名 c，c 的值就是抛出的字符。

（3）当执行 fun(2)时，抛出一个 double 类型的异常，catch 的形参是 double 类型，形参名 d，d 的值就是抛出的浮点数值。

此外，catch(…)中的…表示捕获所有类型的异常，如果在 catch(…)之后定义其他 catch 块，其他 catch 子句都不会被检查。因此，catch(…)应该放在最后。

【**例 10.5**】　catch(…)捕捉所有类型的异常。

```
#include<iostream.h>
void fun(int n)
```

```
{
    try
      {
        if(0==n) throw n;        //int 类型异常
        if(1==n) throw 'x';      //char 类型异常
        if(2==n) throw 3.14;     //double 类型异常
      }
    catch(int n)
      {
          cout<<"捕捉到 int 类型异常: "<<n<<endl;
      }
    catch(...)
      {
          cout<<"捕捉到所有类型异常: "<<endl;
      }
}
void main()
{
    fun(0);
    fun(1);
    fun(2);
}
```

运行结果:

捕捉到 int 类型异常: 0
捕捉到所有类型异常:
捕捉到所有类型异常:

说明: catch(…)形参中没有形参类型和形参名,因此,无法获得抛出的异常类型对应的值。

10.3　自定义异常类

下面看一个常见的异常处理例子,这个例子的目的是防止一种常见的算术问题——除数是 0 的情况。在 C++ 中,当整数除法中遇到除数为 0 时,通常会使程序不正常终止。在浮点除法中,有些 C++ 版本允许除数为 0,当正无穷大和负无穷大分别显示 INF 和-INF。

【例 10.6】 自定义异常类。

```
#include<iostream>
#include<stdexcept>
using namespace std;
using std::runtime_error;
class DivByZeroException:public runtime_error
{
    public:
        DivByZeroException():runtime_error("试图除以 0"){}
};
double Div(int x,int y)
{
  if(y ==0)throw DivByZeroException();
  return(double)(x)/y;
}
```

```
void main()
{
  int n,m;
  double result;
  while(cin>>n>>m)
    {
      try
       {
         result=Div(n,m);
         cout<<"n/m = "<<result<<endl;
       }
       catch(DivByZeroException &d)
         {
          cout<<"发生异常: "<<d.what()<<endl;
         }
    }
}
```

运行结果：

```
123  0
发生异常：试图除以 0
12  3
n/m = 4
```

说明：

（1）Div 函数中包含两个参数 x 和 y，y 试图输入 0 时，则函数会抛出一个异常。在上例的运行结果中，当输入 123 和 0 时，抛出异常。

（2）catch(DivByZeroException &d)块的形参是自定义的异常类，会抛出在该类中定义的错误描述"试图除以 0"。

10.4　C++ 标准异常类

C++ 异常分成几种类型，在 C++ 标准库中包含了多个异常类，构成了一个异常类层次（见图 10.1）。这个层次的根类被称为 exception，定义在库的头文件<exception>中。

exception 类的定义如下。

```
namespace std{
    class exception{
        public:
                exception() throw();
                exception(const exception&) throw();
                operator = (const exception&) throw();
                virtual ~exception() throw();
                virtual const char * what() const throw();
    };
}
```

exception 类所定义的唯一操作是一个名为 what 的虚成员函数，该函数返回 const char * 对象，它一般返回用来在抛出位置构造异常对象的信息。因为 what 是虚函数，如果捕获了基类类型引用，对 what 函数的调用将执行适合异常对象的动态类型的版本。

在 C++ 的头文件<stdexcept>中，定义了 runtime_error 和 logic_error 两个异常类，它

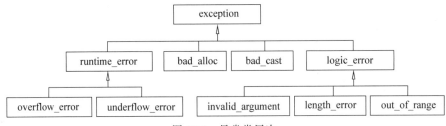

图 10.1 异常类层次

们都是 exception 的派生类,这两个类都有自己的派生类。bad 开头的 exception 的派生类,是由 C++ 运算符抛出的异常,如 bad_alloc 异常是由 C++ 的 new 运算符抛出的,而 bad_cast 异常是由 dynamic_case 运算抛出的。

runtime_error 类是 overflow_error 和 underflow_error 等标准异常类的基类,这些异常类表示的是执行时错误。其中 overflow_error 类表示算术上溢错误(即算术运算的结果大于计算机可存储的最大数值),而 underflow_error 类表示算术下溢错误(即算术运算的结果小于计算机可存储的最小数值)。

logic_error 类是 invalid_argument、length_error 和 out_of_range 等标准异常类的基类,这些异常类表示的是程序逻辑错误。其中 invalid_argument 类表示将无效的实参传递给了函数。length_error 类表示操作对象的时候,使用了超出当前对象最大允许范围的长度。out_of_range 类表示某个值(如数组下标)超出了它所允许的值范围(如数组访问时下标越界)。

10.5 综合实例

【例 10.7】 编写程序,设计一个自定义类 ScoreException,表示"成绩超出范围";实现一个学生类 Student,采用异常处理,在输入学生类对象的成绩时检测成绩输入是否正确。

```cpp
#include<iostream>
#include<stdexcept>
#include<iomanip>
using namespace std;
using std::runtime_error;
const int N = 3;
class ScoreException:public runtime_error
{
  public:
    ScoreException():runtime_error("成绩超出范围"){}
};
class Student
{
    private:
      int no;
      char name[10];
      int score;
    public:
      Student(){}
      void inputData(){
```

```
            cout<<"请输入学号　姓名　　成绩: "<<endl;
            cin>>no>>name>>score;
            if(score>100 || score <0) throw ScoreException();
    }
    void inputScore(){cin>>score;}
    void output()
    {
            cout<<setw(4)<<no<<setw(10)<<name<<setw(6)<<score<<endl;
    }
};
void main()
{
    Student stu[N];
    cout<<"输入数据"<<endl;
    for(int i = 0;i<N;i++)
    {
        try
          {
              stu[i].inputData();
          }
      catch(ScoreException &s)
          {
              cout<<"\t"<<s.what()<<"\t 请重新输入";
              stu[i].inputScore();
          }
    }
    cout<<"输出数据"<<endl;
    for(i = 0;i<N;i++) stu[i].output();
}
```

运行结果:

```
输入数据
请输入学号　姓名　　成绩:
1 rose 89
请输入学号　姓名　　成绩:
2 smith 100
请输入学号　姓名　　成绩:
3 black 123
            成绩超出范围　　请重新输入 88
输出数据
    1    rose      89
    2    smith    100
    3    black     88
```

10.6　知识扩展

10.6.1　异常处理中对象的构造和析构

　　C++异常处理机制不仅能够处理多种不同类型的异常,还能够为异常抛出前构造的所有局部对象自动调用析构函数。在程序中,异常匹配到某个 catch 块后,如果 catch 形参的异常类型声明是一个值参数(基本类型),则其初始化被抛出的异常值。如果 catch 形参的异常类型声明是一个引用类型，则其初始化引用所指向的异常对象。

当 catch 块的异常声明参数被初始化后，便开始展开栈的过程：

（1）从对应 try 块开始到异常被抛出之间构造的所有对象自动进行析构。

（2）析构的次序与构造相反。

【例 10.8】 异常处理中多对象的构造与析构。

```cpp
#include<iostream>
using namespace std;
void fun();
class A
{
  public:
    A(){}
    ~A(){}
    const char * getReason()
      {
          return "在 A 类中出现异常!";
      }
};
class B
{
  public:
    B(){cout<<"B 构造函数调用"<<endl;}
    ~B(){cout<<"B 析构函数调用"<<endl;}
};
void fun()
{
  B b;
  cout<<"fun()函数中抛出一个 A 类异常"<<endl;
  throw A();
}
void main()
{
  cout<<"main 函数开始运行"<<endl;
  try
   {
     cout<<"在 try 块中调用 fun 函数"<<endl;
     fun();
   }
   catch(A E)
     {
        cout<<"在 catch 块中捕获一个异常: \t";
        cout<<E.getReason()<<endl;
     }
   catch(char * str)
    {
       cout<<"捕获其他异常: "<<str<<endl;
    }
   cout<<"main 函数结束运行"<<endl;
}
```

运行结果：

main 函数开始运行
在 try 块中调用 fun 函数
B 构造函数调用
fun 函数中抛出一个 A 类异常
B 析构函数调用
在 catch 块中捕获一个异常：　　　　在 A 类中出现异常！
main 函数结束运行

说明：在主函数中的 try 块内调用 fun 函数，创建一个 B 类的对象 b；自动调用 B 类的构造函数，执行 fun 函数内语句 throw A()时抛出异常，此时自动析构对象 b，由 catch(A E)捕获异常并处理。

10.6.2　重抛异常

当异常捕捉 catch 块接收到异常时，可能发现自己无法处理该异常，或者只能处理该异常的部分情况。此时，异常处理块可以将异常推送给另一个异常处理块。重抛异常使用下面的语句：

```
throw;
```

一般地，throw 后不跟表达式或类型。不管当前是否处理异常，它都能重抛该异常，在它的外面进行进一步处理。它只能出现在 catch 或 catch 调用的函数中，如果出现在其他地方，会导致调用 terminate 函数。

被重新抛出的异常是原来的异常对象，不是 catch 形参。该异常类型取决于异常对象的动态类型，而不是 catch 形参的静态类型。例如，来自基类类型形参 catch 的重新抛出，可能实际抛出的是一个派生类对象。

只有当异常说明符是引用时，在 catch 中对形参的改变，才会传播到重新抛出的异常对象中。下面给出一个重抛异常的例子。

【**例 10.9**】　重抛异常的例子。

```
#include<iostream>
#include<exception>
using namespace std;
void reThrowException()
  {
    try
     {
       throw exception();
     }
    catch(exception &)
      {
        cout<<"重抛异常"<<endl;
        throw;
      }
}
void main()
{
```

```
      try
       {
         cout<<"调用重抛异常的函数"<<endl;
         reThrowException();
         cout<<"该处不会被执行!"<<endl;
         }
       catch(exception &)
       {
          cout<<"重抛的异常在这里得到处理"<<endl;
       }
      }
```

运行结果：

调用重抛异常的函数
重抛异常
重抛的异常在这里得到处理

10.7 小结

本章介绍了如何使用 C++ 的异常处理机制来处理程序中出现的错误。

（1）当不用异常处理机制处理程序可能出现的错误时，使用判断对可能出现错误情况进行处理，传统方法灵活性、安全性都达不到程序设计要求；本章给出了一个使用传统方法及异常处理的例子，比较了两者的区别。

（2）异常是程序可能检测到的、运行时不正常的情况，如被零除、数组越界、存储空间不足等情况。本章主要介绍了异常处理的任务、机制和多 catch 结构。

（3）异常类除了标准异常类之外，还可以自定义异常类，本章演示了如何设计一个自定义异常类，及如何使用它。

（4）C++ 标准库中包含了多个异常类，构成了一个异常类层次。这个层次的根类被称为 exception。

（5）综合实例中给出了在自定义类类型 Student 中，如何抛出异常，及异常的处理。

习题

1. 什么是异常？异常处理时 try、catch 的作用是什么？
2. catch(...)中的...实现什么功能？
3. 阅读下面程序，给出程序执行结果。

```
#include<iostream>
using namespace std;
int a[3] = {12,13,14};
int f(int i)
   {
      if(i>=3)
            throw i;
      return a[i];
```

```
}
void main()
{
  try{
        for(int i = 0;i<4;i++)
            cout<<"a["<<i<<"] = "<<f(i)<<endl;
      }
  catch(int iValue)
  {
    cout<<"下标"<<iValue<<"错误"<<endl;
  }
}
```

4. 阅读下面程序,给出程序执行结果。

```
#include<iostream>
using namespace std;
void f();
class ExceptionEx
{
  public:
    ExceptionEx(){}
    ~ExceptionEx(){}
    const char * getEx()
      {
          return "发生××异常";
      }
};
class A
{
  public:
    A(){cout<<"A 类调用构造函数"<<endl;}
    ~A(){cout<<"A 类调用析构函数"<<endl;}
};
void f()
  {
    A a;
    cout<<"f 函数内: 抛出 ExceptionEx 异常"<<endl;
    throw ExceptionEx();
}
void main()
{
  cout<<"主函数执行开始"<<endl;
  try
  {
      cout<<"try 块内调用 f 函数"<<endl;
      f();
  }
  catch(ExceptionEx ee)
  {
    cout<<"捕获异常: "<<ee.getEx()<<endl;
  }
```

```
    catch(char * str)
    {
        cout<<"捕获其他异常"<<str<<endl;
    }
    cout<<"主函数执行结束"<<endl;
}
```

5. 编写程序,设计一个教师类(教师工号、姓名、性别、年龄、职称、工资)。

(1) 在输入教师对象数据时,检测数据是否正确。根据职称检查年龄是否正确,标准为教授年龄应大于 28 岁,副教授年龄应大于 26 岁,讲师年龄应大于 23 岁,助教年龄应大于 20 岁。

(2) 性别必须是"男"或"女",不能出现第 3 种情况。

6. 设计一个自定义异常类 RangeException,判断数组的访问越界问题。

第 11 章

MFC 简介

现实中有很多以 C++ 作为编程语言的开发平台,其中以微软的 Visual C++ 最为流行。Visual C++(VC)以 C++ 作为语言蓝本,提供了多种实际的编程模式,而 MFC(Microsoft Foundation Classes)作为 VC 基础类库,以 C++ 类的形式封装了 Windows API(Application Programming Interface),并且包含了一个应用程序框架,以减少应用程序开发人员的工作量。其中大量 Windows 句柄封装类与很多 Windows 的内建控件和组件的封装类为构建 Windows 应用程序提供了极大的便利。

MFC 由两部分组成:一是通常所说的 C++ 类库,是 MFC 类库的主体部分,这些类构成了 MFC 应用程序框架;二是 MFC 预定义的宏、全局变量和全局函数,是 MFC 类库的辅助部分。它们都是 MFC 进行 Windows 应用程序开发不可缺少的组成部分。

此外,本章是 12 章 MFC 绘图基础和第 13 章课程设计的前导章节,重点描述了 MFC 类库相关的基础概念和利用 MFC 类库构建应用程序的基本方法,对后续章节的学习具有理论指导意义。

【本章学习要求】

理解:MFC 的概念,MFC 的主要特征。

理解:通过 MFC 构建应用程序和使用 Win32 API 构建应用程序的区别。

理解:MFC 中 CObject 类的定义内容。

掌握:MFC 中的消息映射机制。

11.1 MFC 的主要特征

从具体使用的角度上看,MFC 是一种比 SDK(Software Development Kit)更为简单的方法。因为 MFC 定义了应用程序的基本框架,并提供了用户接口的标准实现方法,程序员要做的就是通过预定义的接口把具体应用程序的处理逻辑(代码)填入这个框架。而且,Microsoft Visual C++ 提供了相应的工具来完成这个工作:AppWizard(应用程序向导)可以用来生成初步的框架文件(代码和资源等);资源编辑器用来直观地设计用户接口;ClassWizard 用来协助添加代码到框架文件;最后,编译、连接实现了类库到应用程序完整的逻辑。

而 MFC 之所以能实现这种编程的框架并提供有效的接口,是因为 MicroSoft 在设计之初赋予了 MFC 一些重要的特征。

11.1.1　封装

构成 MFC 框架的是 MFC 类库。同时,MFC 类库根源于 C++ 类库。这些类或者封装了 Win32 应用程序编程接口,或者封装了应用程序的概念、OLE 特性,以及 ODBC、DAO 数据访问的功能。

(1) 对 Win32 应用程序编程接口的封装。

用一个 C++ Object 来包装一个 Windows Object。例如,class CWnd 是一个 C++ Window Object,它把 Windows window(HWND 句柄)和 Windows window 有关的 API 函数封装在 C++ Window Object 的成员函数内,后者的成员变量 m_hWnd 就是前者的窗口句柄。

(2) 对应用程序概念的封装。

使用 SDK 编写 Windows 应用程序时,需要完成定义窗口过程、注册 Windows Class、创建窗口等工作。MFC 把许多类似的处理封装起来,替程序员完成这些工作。另外,MFC 提供以文档—视图为中心的编程模式,MFC 类库封装了对它的支持。文档是用户操作的数据对象,视图是数据操作的窗口,用户通过它处理、查看数据。

(3) 对 COM/OLE 特性的封装。

OLE(Object Linking and Embedding)建立在 COM(Component Object Model)模型之上,支持 OLE 的应用程序必须实现一系列的接口(Interface),相当烦琐。MFC 的 OLE 类封装了 OLE API 大量的复杂工作,这些类提供了实现 OLE 的更高级接口。

(4) 对 ODBC 功能的封装。

MFC 以少量的能提供与 ODBC(Open Database Connectivity)之间更高级接口的 C++ 类,封装了 ODBC API 大量的复杂工作,提供了一种数据库编程模式。

11.1.2　继承

首先,MFC 抽象出众多类的共同特性,设计出一些基类作为实现其他类的基础。这些类中,最重要的类是 CObject 和 CCmdTarget。CObject 是 MFC 的根类,绝大多数 MFC 类是其派生的,包括 CCmdTarget。CObject 实现了一些重要的特性,包括动态类信息、动态创建、对象序列化、对程序调试的支持等。所有从 CObject 派生的类都将具备或者可以具备 CObject 所拥有的特性。CCmdTarget 通过封装一些属性和方法,提供了消息处理的架构。在 MFC 中,任何可以处理消息的类都从 CCmdTarget 派生。

针对不同类别的对象,MFC 都设计了一组类对这些对象进行封装,每一组类都有一个基类,从基类派生出众多更具体的类:如窗口对象,其基类是 CWnd;应用程序对象,其基类是 CwinThread;文档对象,其基类是 Cdocument。

在实施具体应用程序时,一般从适当的 MFC 类中派生出自己的类,实现特定的功能和具体的事务逻辑。

11.1.3　虚拟函数和动态约束

MFC 以 C++ 为基础,支持虚拟函数和动态约束。但是,单纯通过虚拟函数来支持动态约束,必然导致虚拟函数表过于臃肿,消耗内存、效率低下。例如,CWnd 封装 Windows 窗口对象时,每一条 Windows 消息对应一个成员函数,这些成员函数为派生类所继承。如果这些函数都设计成虚拟函数,由于数量太多,实现起来效率不高。对此,MFC 建立了消息映射机制,以一种富有效率、便于使用的手段解决消息处理函数的动态约束问题。

通过虚拟函数和消息映射,MFC 类提供了丰富的编程接口。程序员继承基类的同时,把自己实现的虚拟函数和消息处理函数嵌入 MFC 的编程框架。MFC 编程框架将在适当的时候、适当的地方来调用程序的代码。

11.1.4　MFC 的宏观框架体系

综上所述,MFC 实现了对应用程序概念的封装,把类、类的继承、动态约束、类的关系和相互作用等封装起来。这样封装的结果就是一套开发模板(模式)。针对不同的应用和目的,可以采用不同的模板,如 SDI 应用程序的模板、MDI 应用程序的模板、规则 DLL 应用程序的模板等。

这些模板都基于文档—视图为中心的思想,每个模板都包含一组特定的类。

为了支持对应用程序概念的封装,MFC 内部完成了大量的构建工作。如为了实现消息映射机制,MFC 编程框架要保证先得到消息,然后按既定的方法进行处理;为了实现对 DLL 编程的支持和多线程编程的支持,MFC 内部使用了模块状态、线程状态等来管理一些重要信息。这些内部机制对程序员是透明的,懂得和理解 MFC 内部机制有助于写出功能灵活而强大的程序。

总之,MFC 封装了 Win32 API、OLE API、ODBC API 等底层函数的功能,并提供更高一层的接口,简化了 Windows 编程。同时,MFC 也支持对底层 API 的直接调用。

MFC 提供了一个 Windows 应用程序开发模式,对程序的控制主要是由 MFC 框架完成的,而且 MFC 预定义或实现了许多事件和消息处理,不依赖程序者的代码;或者调用编程者的代码来处理应用程序特定的事件。

实际上,MFC 是 C++ 类库,编程就是通过使用、继承和扩展适当的类来实现特定的目的。例如,在继承时,应用程序特定的事件由自定义的派生类来处理,无须关注的事件由基类处理。实现这种功能的基础是 C++ 对继承的支持、对虚拟函数的支持以及 MFC 实现的消息映射机制。

11.2　MFC 和 Win32

MFC 是微软封装好了的类库,并提供了很多扩展功能和高级功能,便于使用,无须从底层调用 API 来实现各种具体的功能。而 API 是 MFC 的下一层,能实现更灵活的功能细节,可以根据具体的业务需求来实现业务逻辑,并且不会被 MFC 类库所限制。

Win32 和 MFC 编程的最大不同是,Win32 是编程者自己把消息和响应函数联系在一起。MFC 是采用微软已经构建好的 MESSAGE-MAP 机制来处理消息,正因如此,使用 MFC 更为方便。

MFC 中最重要的封装是对 Win32 API 的封装,因此,区分 Windows Object 和 MFC Object(C++ 对象,一个 C++ 类的实例)是理解 MFC 的关键之一。Windows Object(Windows 对象)是 Win32 下用句柄表示的 Windows 操作系统对象;而 MFC Object(MFC

对象)是 C++ 对象,是一个 C++ 类的实例。本章中,MFC Object 是有特定含义的,指封装 Windows Object 的 C++ Object,并非指任意的 C++ Object。

下面通过多个角度对 MFC Object 和 Windows Object 做对比。

(1) 数据结构。

MFC Object 是相应 C++ 类的实例,这些类是 MFC 或者程序员定义的;Windows Object 是 Windows 系统的内部结构,通过一个句柄来引用。MFC 给这些类定义了一个成员变量来保存 MFC Object 对应的 Windows Object 的句柄。

(2) 层次。

MFC Object 是高层的,Windows Object 是低层的;MFC Object 封装了 Windows Object 的大部分或全部功能,MFC Object 的使用者不需要直接应用 Windows Object 的 HANDLE(句柄)使用 Win32 API,代替它的是引用相应的 MFC Object 的成员函数。

(3) 创建。

MFC Object 通过构造函数由程序直接创建;Windows Object 则由相应的 SDK 函数创建。

MFC 中,使用这些 MFC Object,一般分两步。

① 第一步,创建一个 MFC Object,或者在 STACK 中创建,或者在 HEAP 中创建,这时,MFC Object 的句柄实例变量为空,或者说不是一个有效的句柄。

② 第二步,调用 MFC Object 的成员函数创建相应的 Windows Object,MFC 的句柄变量存储一个有效句柄。

也可以在 MFC Object 的构造函数中创建相应的 Windows 对象,如 MFC 中 GDI (Graphics Device Interface)类。一般认为,MFC Object 的创建和 Windows Object 的创建的过程是不同的。

(4) 转换。

可以从一个 MFC Object 得到对应的 Windows Object 的句柄。一般使用 MFC Object 的成员函数 GetSafeHandle 得到对应的句柄。

可以从一个已存在的 Windows Object 创建一个对应的 MFC Object。一般使用 MFC Object 的成员函数 Attach 或者 FromHandle 来创建,前者得到一个永久性对象,后者得到的可能是一个临时对象。

(5) 使用范围。

MFC Object 对系统的其他进程来说是不可见、不可用的;而 Windows Object 一旦创建,其句柄是 Windows 系统全局的。一些句柄可以被其他进程使用,比较典型的是一个进程可以获得另一进程的窗口句柄,并给该窗口发送消息。

对同一个进程的线程来说,只可以使用本线程创建的 MFC Object,不能使用其他线程的 MFC Object。

(6) 销毁。

MFC Object 随着析构函数的调用而消失;Windows Object 必须由相应的 Windows 系统函数销毁。但设备描述表 CDC 类的对象有所不同,它对应的 HDC 句柄对象可能不是被销毁,而是被释放。

可以在 MFC Object 的析构函数中完成 Windows Object 的销毁,MFC Object 的 GDI

类等就是如此实现的。总体上,二者在销毁上也有所不同。

11.3　CObject 类

　　CObject 是大多数 MFC 类的根类或基类。CObject 类有很多有用的特性:对运行时类信息的支持,对动态创建的支持,对串行化的支持,对对象诊断输出的支持等。MFC 从 CObject 派生出许多类,具备其中的一个或者多个特性。程序员可以从 CObject 类派生出自己的类,利用 CObject 类的这些特性。

　　本节概要性讨论 MFC 如何设计 CObject 类的这些特性;分析 CObject 类的定义,其结构和方法(成员变量和成员函数)对 CObject 特性的支持;最后,讨论 CObject 特性及其实现机制。

11.3.1　CObject 类的定义

　　在 MFC 中,CObject 类的定义如下。

```
class CObject
{
  public:
    virtual CRuntimeClass * GetRuntimeClass() const; //与动态创建相关的函数
    virtual ~CObject();        //virtual destructors are necessary 析构函数
    //以下是与构造函数相关的内存分配函数,可以用于 DEBUG 下输出诊断信息
    void * PASCAL operator new(size_t nSize);
    void * PASCAL operator new(size_t, void * p);
    void PASCAL operator delete(void * p);
    #if defined(_DEBUG) && !defined(_AFX_NO_DEBUG_CRT)
        void * PASCAL operator new(size_t nSize, LPCSTR lpszFileName, int
nLine);
    #endif
    //缺省情况下,复制构造函数和赋值构造函数是不可用的
    //如果程序员通过传值或者赋值来传递对象,将得到一个编译错误
  protected:
    //缺省构造函数
  CObject();
private:
    //复制构造函数,私有
    CObject(const CObject& objectSrc);               //no implementation
    //赋值构造函数,私有
    void operator = (const CObject& objectSrc);      //no implementation
  //Attributes
  public:
    //与运行时类信息、串行化相关的函数
    BOOL IsSerializable() const;
    BOOL IsKindOf(const CRuntimeClass * pClass) const;
    //Overridables
    virtual void Serialize(CArchive& ar);
    //诊断函数
    virtual void AssertValid() const;
```

```
    virtual void Dump(CDumpContext& dc) const;
    //Implementation
public:
    //与动态创建对象相关的函数
    static const AFX_DATA CRuntimeClass classCObject;
    #ifdef _AFXDLL
    static CRuntimeClass* PASCAL _GetBaseClass();
    #endif
};
```

综上可以看出,CObject 定义了一个 CRuntimeClass 类型的静态成员变量: CRuntimeClass classCObject,定义了如下几组函数。

(1) 构造函数、析构函数类。

(2) 诊断函数。

(3) 与运行时类信息相关的函数。

(4) 与串行化相关的函数。

其中,有一个静态函数(_GetBaseClass)和 5 个虚拟函数(析构函数、GetRuntimeClass、Serialize、AssertValid、Dump)。这些虚拟函数,在 CObject 的派生类中应该有更具体的实现。必要的话,派生类实现它们时可能要求先调用基类的实现,例如,Serialize 和 Dump 就要求这样。

静态成员变量 classCObject 和相关函数实现了对 CObject 特性的支持。

11.3.2　CObject 类的特性

下面对 CObject 类的 3 种特性进行分别描述,并说明程序员在派生类中支持这些特性的方法。

1. 对运行时类信息的支持

该特性用于在运行时确定一个对象是否属于一个特定类(是该类的实例),或者从一个特定类派生来的。CObject 提供 IsKindOf 函数来实现这个功能。

从 CObject 派生的类要具有这样的特性,需要:

(1) 定义该类时,在类说明中使用 DECLARE_DYNAMIC(CLASSNMAE)宏。

(2) 在类的实现文件中使用 IMPLEMENT_DYNAMIC(CLASSNAME,BASECLASS)宏。

2. 对动态创建的支持

动态创建指的是运行时创建指定类的实例。动态创建在 MFC 中大量使用,如前所述的框架窗口对象、视对象,还有文档对象都需要由文档模板类(CDocTemplate)对象来动态创建。

从 CObject 派生的类要具有动态创建的功能,需要:

(1) 定义该类时,在类说明中使用 DECLARE_DYNCREATE(CLASSNMAE)宏。

(2) 定义一个不带参数的构造函数(默认构造函数)。

(3) 在类的实现文件中使用 IMPLEMENT_DYNCREATE(CLASSNAME,BASECLASS)宏。

(4) 使用时先通过宏 RUNTIME_CLASS 得到类的 RunTime 信息,然后使用 CRuntimeClass 的成员函数 CreateObject 创建一个该类的实例。

例如：

```
CRuntimeClass * pRuntimeClass = RUNTIME_CLASS(CNname)
//CName 必须有一个缺省构造函数
CObject * pObject = pRuntimeClass->CreateObject();
//用 IsKindOf 检测是否是 CName 类的实例
Assert(pObject->IsKindOf(RUNTIME_CLASS(CName)));
```

3. 对序列化的支持

"序列化"就是把对象内容存入一个文件或从一个文件中读取对象内容的过程。从 CObject 派生的类要具有序列化的功能，需要：

（1）定义该类时，在类说明中使用 DECLARE_SERIAL(CLASSNMAE)宏。

（2）定义一个不带参数的构造函数（默认构造函数）。

（3）在类的实现文件中使用 IMPLEMENT_SERIAL(CLASSNAME,BASECLASS)宏。

（4）覆盖 Serialize 成员函数。（如果直接调用 Serialize 函数进行序列化读写，可以省略前面 3 步。）

对运行时类信息的支持、动态创建的支持、序列化的支持（不包括直接调用 Serialize 实现序列化），这 3 种功能的层次依次升高。如果对后面的功能支持，必定对前面的功能支持。支持动态创建的话，必定支持运行时类信息；支持序列化，必定支持前面的两个功能，因为它们的声明和实现都是后者包含前者。

【例 11.1】 定义一个支持序列化的类 CPerson。

```
class CPerson : public CObject
{
  public:
    DECLARE_SERIAL(CPerson)
    CPerson(){}{};            //缺省构造函数
    CString m_name;
    WORD m_number;
    void Serialize(CArchive& archive);
    //rest of class declaration
};
```

实现该类的成员函数 Serialize，覆盖 CObject 的函数：

```
void CPerson::Serialize(CArchive& archive)
{
//先调用基类函数的实现
CObject::Serialize(archive);
//now do the stuff for our specific class
if(archive.IsStoring())
    archive << m_name << m_number;
else
    archive >> m_name >> m_number;
}
```

使用运行时类信息：

```
CPerson a;
ASSERT(a.IsKindOf(RUNTIME_CLASS(CPerson)));
ASSERT(a.IsKindOf(RUNTIME_CLASS(CObject)));
```

动态创建：

```
CRuntimeClass * pRuntimeClass = RUNTIME_CLASS(CPerson)
//Cperson 有一个缺省构造函数
CObject * pObject = pRuntimeClass->CreateObject();
Assert(pObject->IsKindOf(RUNTIME_CLASS(CPerson));
```

11.4　MFC 中的消息映射

消息主要指由用户操作而向应用程序发出的信息，包括操作系统内部产生的消息。例如，单击鼠标左键，Windows 将产生 WM_LBUTTONDOWN 消息；而释放鼠标左键将产生 WM_LBUTTONUP 消息；按下键盘上的字母键，将产生 WM_CHAR 消息。

Windows 应用程序的输入由 Windows 系统以消息的形式发送给应用程序的窗口。这些窗口通过窗口过程来接收和处理消息，然后把控制返回给 Windows。

11.4.1　消息的分类

MFC 中，根据考察的角度，可以对消息分成不同的类别。

1. 队列消息和非队列消息

从消息的发送途径来看，消息分两种：队列消息和非队列消息。队列消息送到系统消息队列，然后到线程消息队列；非队列消息直接送给目的窗口过程。

对于消息队列，Windows 维护一个系统消息队列（system message queue），每个 GUI 线程有一个线程消息队列（thread message queue）。

例如，鼠标、键盘事件由鼠标或键盘驱动程序转换成输入消息，并把消息放进系统消息队列，如 WM_MOUSEMOVE、WM_LBUTTONUP、WM_KEYDOWN、WM_CHAR 等。Windows 每次从系统消息队列移走一个消息，确定它是送给哪个窗口的和这个窗口是由哪个线程创建的，然后，把它放进窗口创建线程的线程消息队列。线程消息队列接收送给该线程所创建窗口的消息。线程从消息队列取出消息，通过 Windows 把它送给适当的窗口过程来处理。

除键盘、鼠标消息以外，队列消息还有 WM_PAINT、WM_TIMER 和 WM_QUIT。

这些队列消息以外的绝大多数消息是非队列消息。

2. 系统消息和应用程序消息

从消息的来源来看，消息可以分为系统消息和应用程序消息。

系统消息 ID 的范围是从 0 到 WM_USER-1，或 0X80000 到 0XBFFFF。

应用程序消息 ID 的范围从 WM_USER(0X0400) 到 0X7FFF，或 0XC000 到 0XFFFF。

WM_USER 到 0X7FFF 的消息由应用程序使用；0XC000 到 0XFFFF 的消息用来和其他应用程序通信。为了 ID 的唯一性，使用 RegisterWindowMessage 函数来得到该范围的消息 ID。

11.4.2　消息结构和消息处理

1. 消息的结构

为了从消息队列获取消息信息，需要使用 MSG 结构。例如，GetMessage 函数（从消息队列得到消息并从队列中移走)和 PeekMessage 函数(从消息队列得到消息但是不移走)都使用了该结构来保存获得的消息信息。

MSG 结构的定义如下:

```
typedef struct tagMSG {
HWND hwnd;
UINT message;
WPARAM wParam;
LPARAM lParam;
DWORD time;
POINT pt;
} MSG;
```

该结构包括 6 个成员,用来描述消息的有关属性:

(1) 接收消息的窗口句柄。

(2) 消息标识(ID)。

(3) 第一个消息参数。

(4) 第二个消息参数。

(5) 消息产生的时间。

(6) 消息产生时鼠标的位置。

应用程序通过窗口过程来处理消息,同时,每个"窗口类"都要登记一个如下形式的窗口过程。

```
LRESULT CALLBACK MainWndProc(
HWND hwnd,                    //窗口句柄
UINT msg,                     //消息标识
WPARAM wParam,                //消息参数 1
LPARAM lParam                 //消息参数 2
)
```

2. 应用程序通过窗口过程来处理消息

非队列消息由 Windows 直接送给目标窗口的窗口过程进行处理,队列消息由 DispatchMessage 函数派送给目标窗口的窗口过程。窗口过程被调用时,接收如下 4 个参数。

(1) window handle(窗口句柄)。

(2) message identifier(消息标识)。

(3) 两个 32-bit values called message parameters(32 位的消息参数)。

此外,窗口过程根据实际情形用 GetMessageTime 获取消息产生的时间,用 GetMessagePos 获取消息产生时鼠标光标所在的位置。

3. 应用程序通过消息循环进行消息处理

在主窗口创建之后,每个 GDI 应用程序都会进入消息循环,接收用户输入、解释和处理消息。

消息循环的结构如下。

```
while(GetMessage(&msg, (HWND) NULL, 0, 0))
  {  //从消息队列得到消息
    if(hwndDlgModeless == (HWND) NULL ||
```

```
        !IsDialogMessage(hwndDlgModeless, &msg) &&
        !TranslateAccelerator(hwndMain, haccel, &msg))
        {
            TranslateMessage(&msg);
            DispatchMessage(&msg);          //发送消息
        }
}
```

消息循环从消息队列中得到消息,如果不是快捷键消息或者对话框消息,就进行消息转换和派发,让目的窗口的窗口过程来处理。

当得到消息 WM_QUIT,或者调用 GetMessage 函数出错时,退出消息循环。

4. MFC 消息处理

使用 MFC 框架编程时,消息发送和处理过程基本上和上面所述相似。但是,所有的 MFC 窗口都使用同一窗口过程,程序员不必去设计和实现自己的窗口过程,而是通过 MFC 提供的一套消息映射机制来处理消息。因此,MFC 简化了程序员编程时处理消息的复杂性,同时也保证了系统的稳定性。

所谓消息映射,简单地讲,就是让程序员指定要某个 MFC 类(有消息处理能力的类)处理某个消息。在 MFC 中,系统提供了工具 ClassWizard 来帮助实现消息映射;在处理消息的类中添加一些有关消息映射的内容和处理消息的成员函数。程序员编写消息处理函数,实现所希望的消息处理能力。

如果派生类要覆盖基类的消息处理函数,就用 ClassWizard 在派生类中添加一个消息映射条目,用同样的原型定义一个函数,然后实现该函数。这个函数覆盖其基类的同名处理函数。

下面将分析 MFC 的消息机制的实现原理和消息处理的过程。为此,首先要分析 ClassWizard 实现消息映射的内幕,然后讨论 MFC 的窗口过程,分析 MFC 窗口过程是如何实现消息处理的。

11.4.3 消息映射的定义

在 MFC 中,根据处理函数和处理过程的不同,MFC 主要处理 3 类消息。

1. Windows 消息

Windows 消息以前缀"WM_"开头,WM_COMMAND 例外。Windows 消息直接送给 MFC 窗口过程处理,窗口过程调用对应的消息处理函数。一般情况下,由窗口对象来处理这类消息,也就是说,这类消息处理函数一般是 MFC 窗口类的成员函数。

2. 控制通知消息

控制通知消息是控制子窗口送给父窗口的 WM_COMMAND 通知消息。窗口过程调用对应的消息处理函数。一般情况下,由窗口对象来处理这类消息,也就是说,这类消息处理函数一般是 MFC 窗口类的成员函数。

需要特别指出,Win32 使用新的 WM_NOFITY 来处理复杂的通知消息。

WM_COMMAND 类型的通知消息仅仅能传递一个控制窗口句柄(lparam)、控制窗 ID 和通知代码(wparam)。WM_NOTIFY 消息能传递任意复杂的信息。

3. 命令消息

命令消息是来自菜单、工具条按钮、加速键等用户接口对象的 WM_COMMAND 通知消息,属于应用程序自己定义的消息。通过消息映射机制,MFC 框架把命令按一定的路径分发给多种类型的对象(具备消息处理能力)处理,如文档、窗口、应用程序、文档模板等对象。能处理消息映射的类必须从 CCmdTarget 类派生。

11.4.4　MFC 消息映射的实现方法

MFC 使用 ClassWizard 帮助实现消息映射,它在源码中添加一些消息映射的内容,并声明和实现消息处理函数。接下来分析这些被添加的内容。

在类的定义(头文件)里,增加了消息处理函数声明,并添加一行声明消息映射的宏 DECLARE_MESSAGE_MAP。

在类的实现文件中,编写消息处理函数,并使用 IMPLEMENT_MESSAGE_MAP 宏实现消息映射。一般情况下,这些声明和实现是由 MFC 的 ClassWizard 自动来维护的。例如,在 AppWizard 产生的应用程序类的源码中,应用程序类的定义(头文件)包含了如下的类似代码。

```
//{{AFX_MSG(CTttApp)
afx_msg void OnAppAbout();
//}}AFX_MSG
DECLARE_MESSAGE_MAP()
```

应用程序类的实现文件中包含了如下的类似代码。

```
BEGIN_MESSAGE_MAP(CTApp, CWinApp)
//{{AFX_MSG_MAP(CTttApp)
ON_COMMAND(ID_APP_ABOUT, OnAppAbout)
//}}AFX_MSG_MAP
END_MESSAGE_MAP()
```

头文件(.h 文件)里是消息映射和消息处理函数的声明,实现文件(.cpp 文件)里是消息映射的实现和消息处理函数的实现。它表示让应用程序对象处理命令消息 ID_APP_ABOUT,消息处理函数是 OnAppAbout。

为什么这样做之后就完成了一个消息映射?这些声明和实现到底做了些什么呢?下一节将接着讨论这些问题。

11.4.5　消息映射的相关宏

在 MFC 中,有以下几个很重要的宏定义了消息映射的重要关系。

1. DECLARE_MESSAGE_MAP 宏

```
#ifdef _AFXDLL
    #define DECLARE_MESSAGE_MAP() \
    private: \
      static const AFX_MSGMAP_ENTRY _messageEntries[]; \
    protected: \
      static AFX_DATA const AFX_MSGMAP messageMap; \
      static const AFX_MSGMAP * PASCAL _GetBaseMessageMap(); \
      virtual const AFX_MSGMAP * GetMessageMap() const; \
#else
    #define DECLARE_MESSAGE_MAP() \
    private: \
```

```
static const AFX_MSGMAP_ENTRY _messageEntries[]; \
    protected: \
      static AFX_DATA const AFX_MSGMAP messageMap; \
      virtual const AFX_MSGMAP * GetMessageMap() const; \
#endif
```

DECLARE_MESSAGE_MAP 定义了两个版本，分别用于静态或者动态链接到 MFC DLL 的情形。

2. BEGIN_MESSAGE_MAP 宏

```
#ifdef _AFXDLL
    #define BEGIN_MESSAGE_MAP(theClass, baseClass) \
    const AFX_MSGMAP * PASCAL theClass::_GetBaseMessageMap() \
    {return &baseClass::messageMap; } \
const AFX_MSGMAP * theClass::GetMessageMap() const \
    {return &theClass::messageMap; } \
AFX_DATADEF const AFX_MSGMAP theClass::messageMap = \
    {&theClass::_GetBaseMessageMap, &theClass::_messageEntries[0]}; \
const AFX_MSGMAP_ENTRY theClass::_messageEntries[] = \
  {\
#else
  #define BEGIN_MESSAGE_MAP(theClass, baseClass) \
  const AFX_MSGMAP * theClass::GetMessageMap() const \
  {return &theClass::messageMap; } \
  AFX_DATADEF const AFX_MSGMAP theClass::messageMap = \
  {&baseClass::messageMap, &theClass::_messageEntries[0]}; \
  const AFX_MSGMAP_ENTRY theClass::_messageEntries[] = \
    {\
#endif
  #define END_MESSAGE_MAP() \
  {0, 0, 0, 0, AfxSig_end, (AFX_PMSG)0} \
};
```

对应地，BEGIN_MESSAGE_MAP 定义了两个版本，分别用于静态或者动态链接到 MFC DLL 的情形。END_MESSAGE_MAP 相对简单，只有一种定义。

3. ON_COMMAND 宏

```
#define ON_COMMAND(id, memberFxn) \
{\
  WM_COMMAND, \
  CN_COMMAND, \
  (WORD)id, \
  (WORD)id, \
   AfxSig_vv, \
  (AFX_PMSG)memberFxn\
};
```

11.4.6 消息映射声明

在有关宏的定义基础上，消息映射声明的实质就是给所在类添加几个静态成员变量和静态或虚拟函数，它们是与消息映射相关的变量和函数。

1. 成员变量

有两个成员变量被添加，第一个是_messageEntries，第二个是 messageMap。

（1）第一个成员变量的声明：

```
AFX_MSGMAP_ENTRY messageEntries[]
```

这是一个 AFX_MSGMAP_ENTRY 类型的数组变量，是一个静态成员变量，用来容纳类的消息映射条目。一个消息映射条目可以用 AFX_MSGMAP_ENTRY 结构来描述。

AFX_MSGMAP_ENTRY 结构的定义如下。

```
struct AFX_MSGMAP_ENTRY
{
    //Windows 消息 ID
    UINT nMessage;
    //控制消息的通知码
    UINT nCode;
    //Windows Control 的 ID
    UINT nID;
    //如果是一定范围的消息被映射,则 nLastID 指定其范围
    UINT nLastID;
    UINT nSig;          //消息的动作标识
    //响应消息时应执行的函数(routine to call (or special value))
    AFX_PMSG pfn;
};
```

上述结构中，每条映射有两部分的内容：第一部分是关于消息 ID 的，包括前 4 个域；第二部分是关于消息对应的执行函数，包括后两个域。

此外，上述结构的 6 个域中，pfn 是一个指向 CCmdTarget 成员函数的指针。函数指针的类型定义如下。

```
typedef void (AFX_MSG_CALL CCmdTarget:: * AFX_PMSG)(void);
```

当使用一条或者多条消息映射条目初始化消息映射数组时，各种不同类型的消息函数都被转换成这样的类型：不接收参数，也不返回参数的类型。因为所有可以有消息映射的类都是从 CCmdTarget 派生的，所以可以实现这样的转换。

nSig 是一个标识变量，用来标识不同原型的消息处理函数，每一个不同原型的消息处理函数对应一个不同的 nSig。在消息分发时，MFC 内部根据 nSig 把消息派发给对应的成员函数处理，实际上，就是根据 nSig 的值把 pfn 还原成相应类型的消息处理函数并执行它。

（2）第二个成员变量的声明：

```
AFX_MSGMAP messageMap;
```

这是一个 AFX_MSGMAP 类型的静态成员变量，从其类型名称和变量名称可以猜出，它是一个包含了消息映射信息的变量。的确，它把消息映射的信息（消息映射数组）和相关函数打包在一起，也就是说，得到了一个消息处理类的该变量，就得到了它全部的消息映射数据和功能。AFX_MSGMAP 结构的定义如下。

```
struct AFX_MSGMAP
  {
    //得到基类的消息映射入口地址的数据或者函数
    #ifdef _AFXDLL
      //pfnGetBaseMap 指向_GetBaseMessageMap 函数
      const AFX_MSGMAP * (PASCAL * pfnGetBaseMap)();
    #else
```

```
      //pBaseMap 保存基类消息映射入口_messageEntries 的地址
      const AFX_MSGMAP * pBaseMap;
   #endif
      //lpEntries 保存消息映射入口_messageEntries 的地址
      const AFX_MSGMAP_ENTRY * lpEntries;
};
```

从上面的定义可以看出,通过 messageMap 可以得到类的消息映射数组_messageEntries 和函数_GetBaseMessageMap 的地址(不使用 MFC DLL 时,是基类消息映射数组的地址)。

2. 成员函数

_GetBaseMessageMap 用来得到基类消息映射的函数。

GetMessageMap 用来得到自身消息映射的函数。

11.4.7　消息映射实现

消息映射的具体实现是通过初始化声明中定义的静态成员函数_messageEntries 和 messageMap,实现所声明的静态或虚拟函数 GetMessageMap、_GetBaseMessageMap 的。

在进入 WinMain 函数之前,每个可以响应消息的 MFC 类都生成了一个消息映射表,程序运行时通过查询该表判断是否需要响应某条消息。

1. 消息映射入口表(消息映射数组)初始化

消息映射数组的元素是消息映射条目,条目的格式符合结构 AFX_MESSAGE_ENTRY 的描述。因为,要初始化消息映射数组,就必须使用符合该格式的数据来填充:如果指定当前类处理某个消息,则把和该消息有关的信息和消息处理函数的地址及原型组合成为一个消息映射条目,并加入消息映射数组中。

MFC 根据消息的不同和消息处理方式的不同,把消息映射划分成若干类别,每一类的消息映射至少有一个共性:消息处理函数的原型相同。对每一类消息映射,MFC 定义了一个宏来简化初始化消息数组的工作。例如,11.4.5 节提到的 ON_COMMAND 宏用来映射命令消息,只要指定命令 ID 和消息处理函数即可,对这类命令消息映射条目,其他 4 个属性都是固定的。ON_COMMAND 宏的初始化内容如下。

```
{
WM_COMMAND,
CN_COMMAND,
(WORD)ID_APP_ABOUT,
(WORD)ID_APP_ABOUT,
AfxSig_vv,
(AFX_PMSG)OnAppAbout
}
```

这个消息映射条目的含义是:消息 ID 是 ID_APP_ABOUT,OnAppAbout 被转换成 AFX_PMSG 指针类型,AfxSig_vv 是 MFC 预定义的枚举变量,用来标识 OnAppAbout 的函数类型为参数空(void)和返回空(void)。

在消息映射数组的最后,是宏 END_MESSAGE_MAP 的内容,它标识消息处理类的消息映射条目的终止。

2. messageMap 的初始化

messageMap 的类型是 AFX_MESSMAP。经过初始化,域 lpEntries 保存了消息映射

数组_messageEntries 的地址。如果动态链接到 MFC DLL,则 pfnGetBaseMap 保存了
_GetBaseMessageMap 成员函数的地址;否则,pBaseMap 保存了基类的消息映射数组的
地址。

3. 函数的实现

_GetBaseMessageMap 函数返回基类的成员变量 messagMap(当使用 MFC DLL 时),
使用该函数得到基类消息映射入口表。

GetMessageMap 函数返回成员变量 messageMap,使用该函数得到自身消息映射入
口表。

此外,消息映射类的基类 CCmdTarget 也实现了上述和消息映射相关的函数,不过,它
的消息映射数组是空的。

11.4.8　消息映射宏

为了简化程序员的工作,MFC 定义了一系列消息映射宏,以及像 AfxSig_vv 这样的枚
举变量、标准消息处理函数,并且具体地实现这些函数。常用的消息映射宏分为以下几类。

1. 用于 Windows 消息的宏,前缀为 ON_WM_

这类宏不带参数,因为它对应的消息和消息处理函数的函数名称、函数原型是确定的。
MFC 提供了这类消息处理函数的定义和缺省实现。每个这样的宏处理不同的 Windows
消息。

例如,宏 ON_WM_CREATE 把消息 WM_CREATE 映射到 OnCreate 函数,消息映射
条目的第一个成员 nMessage 指定为要处理的 Windows 消息的 ID,第二个成员 nCode 指定
为 0。

2. 用于命令消息的宏 ON_COMMAND

这类宏带有参数,需要通过参数指定命令 ID 和消息处理函数。这些消息都映射到
WM_COMMAND 上,是将消息映射条目的第一个成员 nMessage 指定为 WM_COMMAND,
第二个成员 nCode 指定为 CN_COMMAND(即 0)。消息处理函数的原型是 void (void),不
带参数,无返回值。

除了单条命令消息的映射,还有把一定范围的命令消息映射到一个消息处理函数的映
射宏 ON_COMMAND_RANGE。这类宏带有参数,需要指定命令 ID 的范围和消息处理函
数。这些消息都映射到 WM_COMMAND 上,也就是将消息映射条目的第一个成员
nMessage 指定为 WM_COMMAND,第二个成员 nCode 指定为 CN_COMMAND,第三个
成员 nID 和第四个成员 nLastID 指定了映射消息的起止范围。消息处理函数的原型是
void (UINT),有一个 UINT 类型的参数,表示要处理的命令消息 ID,无返回值。

3. 用于控制通知消息的宏

这类宏可能带有 3 个参数,如 ON_CONTROL,需要指定控制窗口 ID、通知码和消息处
理函数;也可带有两个参数,如具体处理特定通知消息的宏 ON_BN_CLICKED、ON_LBN_
DBLCLK 等,需要指定控制窗口 ID 和消息处理函数。

控制通知消息也被映射到 WM_COMMAND 上,也就是将消息映射条目的第一个成员
的 nMessage 指定为 WM_COMMAND,第二个成员 nCode 是特定的通知码,第三个成员
nID 是控制子窗口的 ID,第四个成员 nLastID 等于第三个成员的值。消息处理函数的原型

是 void（void）。

还有一类宏处理通知消息 ON_NOTIFY，它类似于 ON_CONTROL，但是控制通知消息被映射到 WM_NOTIFY。消息映射条目的第一个成员的 nMessage 被指定为 WM_NOTIFY，第二个成员 nCode 是特定的通知码，第三个成员 nID 是控制子窗口的 ID，第四个成员 nLastID 等于第三个成员的值。消息处理函数的原型是 void（NMHDR *，LRESULT *），参数 1 是 NMHDR 指针，参数 2 是 LRESULT 指针，用于返回结果。

4. 用于用户界面接口状态更新的 ON_UPDATE_COMMAND_UI 宏

这类宏被映射到消息 WM_COMMND 上，带有两个参数，需要指定用户接口对象 ID 和消息处理函数。消息映射条目的第一个成员 nMessage 被指定为 WM_COMMAND，第二个成员 nCode 被指定为 -1，第三个成员 nID 和第四个成员 nLastID 都指定为用户接口对象 ID。消息处理函数的原型是 void（CCmdUI *），参数指向一个 CCmdUI 对象，无返回值。

5. 用于其他消息的宏

这类宏中典型的有用户定义消息的 ON_MESSAGE。这类宏带有参数，需要指定消息 ID 和消息处理函数。消息映射条目的第一个成员 nMessage 被指定为消息 ID，第二个成员 nCode 被指定为 0，第三个成员 nID 和第四个成员也是 0。消息处理的原型是 LRESULT（WPARAM，LPARAM），参数 1 和参数 2 是消息参数 wParam 和 lParam，返回 LRESULT 类型的值。

6. 扩展消息映射宏

很多普通消息映射宏都有对应的扩展消息映射宏，例如，ON_COMMAND 对应的 ON_COMMAND_EX，ON_ONTIFY 对应的 ON_ONTIFY_EX 等。扩展宏除了具有普通宏的功能，还有特别的用途。关于扩展宏的具体分析，本章不做讨论。

表 11.1 列出了这些常用的消息映射宏。

表 11.1 常用的消息映射宏

宏 名	功 能
ON_COMMAND	把 command message 映射到相应的函数
ON_CONTROL	把 control notification message 映射到相应的函数。MFC 根据不同的控制消息，在此基础上定义了更具体的宏，这样，用户在使用时就不需要指定通知代码 ID，如 ON_BN_CLICKED
ON_MESSAGE	把 user-defined message 映射到相应的函数
ON_REGISTERED_MESSAGE	把 registered user-defined message 映射到相应的函数，实际上 nMessage 等于 0x0C000，nSig 等于宏的消息参数。nSig 的真实值为 Afxsig_lwl
ON_UPDATE_COMMAND_UI	把 user interface user update command message 映射到相应的函数上
ON_COMMAND_RANGE	把一定范围内的 command IDs 映射到相应的函数上
ON_UPDATE_COMMAND_UI_RANGE	把一定范围内的 user interface user update command message 映射到相应的函数上
ON_CONTROL_RANGE	把一定范围内的 control notification message 映射到相应的函数上

11.5　MFC 窗口过程

在 MFC 应用程序中,所有的消息都送给窗口过程处理,MFC 的所有窗口都使用同一窗口过程,消息或者直接由窗口过程调用相应的消息处理函数处理,或者按 MFC 命令消息派发路径送给指定的命令目标处理。

11.5.1　MFC 窗口过程的指定

一般情况下,每一个"窗口类"都有自己的窗口过程。正常情况下,使用该"窗口类"创建的窗口都使用它的窗口过程。

在创建 HWND 窗口时,MFC 的窗口对象使用了已经注册的"窗口类",这些"窗口类"或者使用应用程序提供的窗口过程,或者使用 Windows 提供的窗口过程(如 Windows 控制窗口、对话框等)。

在 MFC 中,所有的窗口都使用同一个窗口过程:AfxWndProc 或 AfxWndProcBase(如果定义了_AFXDLL)。它们的原型如下。

```
LRESULT CALLBACK AfxWndProc(HWND hWnd, UINT nMsg, WPARAM wParam, LPARAM lParam)
LRESULT CALLBACK AfxWndProcBase (HWND hWnd, UINT nMsg, WPARAM wParam, LPARAM lParam)
```

如果动态链接到 MFC DLL(定义了_AFXDLL),则 AfxWndProcBase 被用作窗口过程,否则,AfxWndProc 被用作窗口过程。AfxWndProcBase 首先使用宏 AFX_MANAGE_STATE 设置正确的模块状态,然后调用 AfxWndProc。

11.5.2　对 Windows 消息的接收和处理

Windows 消息送给 AfxWndProc 窗口过程之后,AfxWndProc 得到 HWND 窗口对应的 MFC 窗口对象。然后,搜索该 MFC 窗口对象和其基类的消息映射数组,判定它们是否处理当前消息,如果是则调用对应的消息处理函数;否则,进行缺省处理。

11.5.3　对命令消息的接收和处理

在 SDI 或者 MDI 应用程序中,命令消息由用户界面对象(如菜单、工具条等)产生,然后送给主边框窗口。主边框窗口使用标准 MFC 窗口过程处理命令消息。窗口过程把命令传递给 MFC 主边框窗口对象,开始命令消息的分发。MFC 边框窗口类 CFrameWnd 提供了消息分发的能力。

11.5.4　对控制通知消息的接收和处理

WM_COMMAND 控制通知消息的处理和 WM_COMMAND 命令消息的处理类似,但是也有不同之处。

首先,WM_COMMAND 控制通知消息和命令消息的相似之处在于:命令消息和控制通知消息都是由窗口过程给 OnCommand 处理,OnCommand 通过 wParam 和 lParam 参数区分是命令消息或通知消息,然后送给 OnCmdMsg 处理。

其次,两者的不同之处是:命令消息一般是送给主边框窗口的,这时,边框窗口的 OnCmdMsg 被调用;而控制通知消息送给控制子窗口的父窗口,这时,父窗口的 OnCmdMsg 被调用。

OnCmdMsg 处理命令消息时,通过命令分发可以由多种命令目标处理,包括文档对象等(非窗口对象);而处理控制通知消息时,不会有消息分发的过程,控制通知消息最终肯定是由窗口对象处理的。

11.6　对象创建

11.6.1　对象创建与相互关系

在 MFC 应用程序中、存在着应用程序对象、文档对象、边框窗口对象、文档边框窗口对

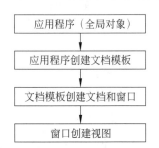

图 11.1　MFC 对象创建顺序图

象、视对象、文档模板对象等。这些对象的关系是什么,以及是如何创建起来的? 实际上,一般的 MFC 应用程序建立时,首先构造应用程序对象,由应用程序对象创建文档模板,文档模板再创建文档和窗口,再由窗口创建视图,如图 11.1 所示。

应用程序对象有一个文档模板列表,存放一个或多个文档模板对象;文档模板对象有一个打开文档列表,存放一个或多个已经打开的文档对象;文档对象有一个视列表,存放显示该文档数据的一个或多个视对象;还有一个指针指向创建该文档的文档模板对象;视图有一个指向其关联文档的指针,视图是一个子窗口,其父窗口是边框窗口(或者文档边框窗口);文档边框窗口有一个指向其当前活动视图的指针;文档边框窗口是边框窗口的子窗口。

Windows 管理所有已经打开的窗口,把消息或事件发送给目标窗口。通常情况下,命令消息发送给主边框窗口。MFC 提供了一些函数来维护这些关系。表 11.2 列出了对象之间的调用方法。

表 11.2　对象之间的调用方法

本　对　象	要得到的对象	使用的成员函数
CDocument 对象	视图列表	GetFirstViewPosition GetNextView
	文档模板	GetDocTemplate
CView 对象	文档对象	GetDocument
	边框窗口	GetParentFrame
CMDIChildWnd 或 CFrameWnd 对象	活动视图	GetActiveView
	活动视图的文档	GetActiveDocument
CMDIFrameWnd 对象	活动文档边框窗口	MDIGetActive

在 MFC 应用程序中,多种不同的对象之间需要相互把一些消息通知给其他对象,表 11.3 列出了某个对象的一些消息传递方法。

表 11.3　对象的一些消息传递方法

本　对　象	要通知的对象/动作	使用的成员函数
CView 对象	通知文档更新所有视图	CDocument∷UpdateAllViews
CDocument 对象	更新一个视图	CView∷OnUpdate
CFrameWnd 或 CMDIFrameWnd 对象	通知一个视图为活动视图	CView∷OnActivateView
	设置一个视图为活动视图	SetActiveView

可以通过表 11.2 得到相关对象,再调用表 11.3 中相应的函数。例如,视图在接收了新数据或者数据被修改之后,使用表 11.3 中的文档函数 UpdateAllViews 更新其他和文档对象关联的视图。CView 对象指 CView 或派生类的实例;成员函数列中如果没有指定类属,就是第一列对象的类的成员函数。

11.6.2　MFC 提供的接口

在利用 MFC 构建应用程序时,MFC 的编程框架已经为程序做了很大一部分工作,剩下的就是把一些应用程序特有的东西填入 MFC 框架。MFC 提供了两种填入方法:一种就是使用消息映射,消息映射给应用程序的各种对象处理各种消息的机会;另一种就是使用虚拟函数,MFC 在实现许多功能或者处理消息、事件的过程中,调用了虚拟函数来完成一些任务,这样就给了派生类覆盖这些虚拟函数实现特定处理的机会。

一般的 MFC 类都定义和使用了虚拟成员函数,这样就可以在派生类中覆盖它们。通常情况下,MFC 提供了这些函数的缺省实现,所以覆盖函数应该调用基类的实现。由于基类的虚拟函数被派生类继承,所以在派生类中无须做重复说明。

覆盖基类的虚拟函数可以通过 ClassWizard 进行,但有的必须手工加入函数声明和实现。

11.7　小结

本章是 MFC 类库的科普性内容,对 MFC 类库框架做了纲要性的介绍,包括 MFC 的基本概念与特征,MFC 编程模式与 Win32 API 编程的联系与区别,并选取 MFC 类库中的最顶层的基类 CObject 做了较为详细的阐述,让读者对 MFC 类库的层次与构建有个粗略的认识。

随后,本章重点阐述了 MFC 下的消息映射机制,包括消息映射相关宏的定义。接下来,以窗口过程为例,讨论了窗口过程建立和运作机制。最后,简要提及了一个完整的 MFC 应用程序中各种对象的创建及使用方式。

习题

1. 什么是 MFC,MFC 的主要特征是什么?
2. MFC 和 Win32 在构建应用程序时有何区别?
3. MFC 中消息分为哪几类,如何处理这些消息?
4. MFC 如何建立窗口过程,窗口过程的作用是什么?
5. 在 MFC 应用程序中,有哪几类对象,它们之间的创建和调用关系是什么?

第 **12** 章

MFC 绘图基础

本章介绍在 MFC 框架下,基础的绘图知识和案例。MFC 中为了支持绘图,提供了两种重要的类:设备上下文 DC(Device Context)类,用于设置绘图属性和绘制图形;绘图对象类,封装、实现了各种 GDI(Graphics Device Interface)绘图对象,包括画笔、刷子、字体、位图、调色板等。

【本章学习要求】

理解:MFC 框架下,利用时钟控制函数 SetTimer、OnTimer 和 KillTimer 实现动画的基本原理。

掌握:在 MFC 框架下,基础的绘图原理与相关函数的使用。

掌握:在 View 视图类中利用 OnDraw 函数进行图形的绘制和基本的动画制作。

12.1 绘图相关的概念

12.1.1 图形设备接口 CDC

DC 称为设备描述表或设备上下文。在 VC 6 中,GDI 图形设备接口被抽象为上下文 CDC 类。Windows 平台直接接受的图形数据信息不是显示器和打印机等硬件设备,而是 CDC 对象。MFC 中,CDC 类定义设备上下文对象的基类,封装了所需的成员函数,调用 CDC 类的成员函数,实现绘制和打印图形及文字。

设备环境保存了绘图操作中一些共同需要设置的信息,如当前的画笔、画刷、字体和位图等图形对象及其属性,以及坐标映射、颜色和背景等影响图形输出的绘图模式。形象地说,一个设备环境提供了一张画布和一些绘画的工具,我们可以使用不同格式、颜色的绘画工具进行绘图。

这里,设备环境中的"设备"是指任何类型的显示器或打印机等输出设备。绘图时,不必关心所使用设备的编程原理和方法,所有的绘制操作必须通过设备环境进行间接处理,Windows 会自动将设备环境所描述的结构映射到相应的物理设备上。

同时,设备上下文 DC 是一个 Windows 数据结构,它包含了某个设备的绘制属性。通常,绘制调用都是借助于上下文对象,而这些设备上下文对象封装了用于画线、形状、文本等的 Windows API。设备上下文是与设备无关的,它既可以用于绘制屏幕,也可以用于绘制打印机甚至元文件。设备上下文在内存中创建,而内存经常受到扰动,它的地址是不固定的。因此,一个设备上下文句柄不是直接指向设备上下文对象,而是指向另外一个跟踪设备上下文地址的指针。

设备环境不像其他 Windows 结构,在程序中不能直接存取设备环境结构,只能通过系统提供的一系列函数或使用设备环境的句柄 HDC 来间接地获取设置设备环境结构中的各项属性,这些属性包括显示器高度和宽度、支持的颜色数和分辨率等。

在 MFC 中,CDC 是设备环境类的基类,除了一般的窗口显示外,还用于基于桌面的全屏幕绘制和非屏幕显示的打印机输出。CDC 类封装了所有图形输出函数,包括矢量、光栅和文本输出。CDC 的派生类包括 CClientDC、CPaintDC、WindowDC、CMetaFileDC。

与 CDC 类密切相关的类是 CGdiObject,即图形对象类。在 Windows 应用程序中,设备环境与图形对象共同工作,协同完成绘图显示工作。就像画家绘画一样,设备环境好比画家的画布,图形对象好比画家的画笔。用画笔在画布上绘画,不同的画笔将画出不同的画来。选择合适的图形对象和绘图对象,按照要求完成绘图任务。

12.1.2　图形对象类

Windows 绘图的实质就是利用 Windows 提供的图形设备接口 GDI(Graphics Device Interface)将图形绘制在显示器上。

在 Windows 操作系统中,动态链接库 C:/WINDOWS/system32/gdi32.dll(GDI Client DLL)中定义了 GDI 函数,实现与设备无关的功能,包括屏幕上输出像素、在打印机上输出硬拷贝以及绘制 Windows 用户界面。

图形对象类包括 CGdiObject、画笔、刷子、字体、位图、调色板、区域等。CGdiObject 是图形对象类的基类,但该类不能直接为应用程序所使用。要使用 GDI 对象,必须使用它的派生类:画笔、刷子、字体、位图、区域等。

使用图形对象要注意以下两点。

(1) 同其他 MFC 对象一样,GDI 对象的创建分为两步:第一步,定义一个 GDI 绘图对象类的实例;第二步,调用该对象的创建方法真正创建对象。

(2) 使用对象前,先调用 CDC::SelectObject 将当前对象选入设备上下文中,同时保存原来设置的旧对象到一个 GDI 对象指针 pOldObject 中,CDC::SelectObject 函数返回值是之前保存的旧对象地址,在使用完后,再用 SelectObject(pOldObject)恢复原来的设置。

例如,创建一个画笔进行使用的代码如下:

```
CPen pen;
pen.CreatePen(PS_SOLID,1,RGB(255, 0, 0));      //创建画笔
CPen * pOldPen=pDC->SelectObject(&pen);        //将新画笔选入 Pdc,并保存原画笔
pDC->MoveTo(0,0);
pDC->LineTo(300,300);
pDC->SelectObject(pOldPen);                    //结束,画笔还原
```

但是,如果该设备上下文不是用户自己创建的,则不必恢复原来设置。因为框架会在该设备上下文生存期结束时,删除该设备上下文,同时也就删除了原来存放于该设备上下文中的绘图对象设置。

12.2　常用绘图函数

在 MFC 程序框架下,一般采用视图类的 OnDraw 函数来实现绘图功能,在 OnDraw 函数中有个 CDC ＊类型参数 pDC,通过该参数可以直接调用相应的绘图函数,实现一些基本图形的绘制,下面重点介绍一些常用的绘图函数。

1. 移动当前画笔到指定位置的函数

MoveTo

函数原型:

```
CPoint MoveTo(int x, int y);
CPoint MoveTo(POINT point);
```

说明:函数有两种参数形式。(int x,int y)表示用屏幕中点的位置指定移动的目标位置;(POINT point)表示用 VC 中预定义的 POINT 结构体类型的参数 point 来指定移动的目标位置。

返回值类型是 VC 中预定义的类 CPoint 的对象值,表示移动的目标位置。

2. 获取画笔的当前位置函数

GetCurrentPosition

函数原型:

```
CPoint GetCurrentPosition() const
```

说明:该函数为常成员函数,返回画笔的当前位置;用 CPoint 类对象作为返回值。

3. 画直线函数

LineTo

函数原型:

```
BOOL LineTo(int x, int y);
BOOL LineTo(POINT point);
```

说明:该函数实现从当前坐标位置画线段到指定位置点,有两个重载函数,参数不同,可以用(x,y)坐标指定绘制线条的终点,也可以用 POINT 结构体变量,或者 CPoint 类的对象值来指定绘制线条的终点。

返回值为布尔类型,非零值表示画线成功,零值表示画线失败。

【例 12.1】 在 MFC 框架下,视图类 OnDraw 函数中实现绘制线条功能。

```
void CMyView::OnDraw(CDC * pDC)
{
    CAaaDoc * pDoc = GetDocument();
    ASSERT_VALID(pDoc);
    //TODO: add draw code for native data here
    pDC->MoveTo(50,60);        //表示将当前画笔位置移动到(50,60)
    pDC->LineTo(300,400);      //表示从当前点到(300,400)画一条直线段,当前画笔位置变
                               //为(300,400)
    pDC->LineTo(500,200);      //继续绘制直线线段
}
```

4. 画椭圆和圆函数

Ellipse

函数原型：

```
BOOL Ellipse(int x1, int y1, int x2, int y2);
BOOL Ellipse(LPCRECT lpRect);
```

说明：利用 Ellipse 函数绘制椭圆，其中(x1,y1)表示椭圆外接矩形的左上角顶点坐标，(x2,y2)表示椭圆外接矩形的右下角顶点坐标；参数 lpRect 代表是一个指向 RECT(包含矩形的左上角顶点和右下角顶点)结构体类型的指针，其具体定义如下：

```
typedef struct tagRECT
{
    LONG    left;
    LONG    top;
    LONG    right;
    LONG    bottom;
} RECT, * PRECT, NEAR * NPRECT, FAR * LPRECT;
```

当外接矩形是一个正方形时，画出的椭圆其实是一个圆。

【例 12.2】　在 MFC 框架下，视图类 OnDraw 函数中实现绘制一个圆。

```
void CMyView::OnDraw(CDC * pDC)
{
    CAaaDoc * pDoc = GetDocument();
    ASSERT_VALID(pDoc);
    //TODO: add draw code for native data here
    CRect rectClient;
    GetClientRect(rectClient);
    CPen penBlue;
    CPen * pOldPen;
    penBlue.CreatePen(PS_SOLID | PS_COSMETIC, 5, RGB(0, 0, 255));
    pOldPen = pDC->SelectObject(&penBlue);
    pDC->Ellipse(30,30,100,100);
    pDC->SelectObject(pOldPen);         //恢复系统原先的画笔
    penBlue.DeleteObject();             //释放画笔
}
```

执行的结果如图 12.1 所示。

5. 画矩形函数

Rectangle

函数原型：

```
BOOL Rectangle(int x1, int y1, int x2, int y2);
BOOL Rectangle(LPCRECT lpRect);
```

说明：绘制矩形，矩形的位置大小有两种参数形式，通过(x1,y1),(x2,y2)指定矩形的左上角顶点和右下角顶点坐标，或者通过结构体类型的指针 LPCRECT 的变量来指定。

6. 绘制多边形函数

Polygon

函数原型：

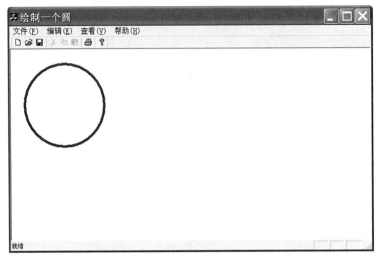

图 12.1　在视图中绘制一个圆

```
BOOL Polygon(LPPOINT lpPoints, int nCount);
```

函数正常执行返回非零值,否则返回 0 值。

说明:可以利用 Polygon 函数绘制多种多边形,如三角形、四边形、五边形等,一般情况下,把多边形的各个顶点坐标依次存放在一个 POINT 类型的数组中,调用时,把数组的地址传递给形参 lpPoints,把多边形顶点的个数传递给整型的形参 nCount 即可。

此外,如果传入的 nCount 参数的值是 2,则绘制的是一条直线。

【例 12.3】　利用 Polygon 函数绘制一个充满整个视图区域的菱形。

```cpp
void CMyView::OnDraw(CDC * pDC)
{   CAaaDoc * pDoc = GetDocument();
    ASSERT_VALID(pDoc);
    //TODO: add draw code for native data here
    CPen penBlue;
    CPen * pOldPen;
    CRect rect;
    CPoint pts[4];
    GetClientRect(rect);                //定义一个矩形区域对象,并获取当前视图区域大小
    penBlue.CreatePen(PS_SOLID | PS_COSMETIC, 5, RGB(0, 0, 255));
    pOldPen = pDC->SelectObject(&penBlue);
    pts[0].x = rect.left + rect.Width()/2;    //以下代码计算充满视图区域菱形的 4 个
                                              //顶点坐标
    pts[0].y = rect.top;
    pts[1].x = rect.right;
    pts[1].y = rect.top + rect.Height()/2;
    pts[2].x = pts[0].x;
    pts[2].y = rect.bottom;
    pts[3].x = rect.left;
    pts[3].y = pts[1].y;                 //设计一个充满当前视图的菱形
    pDC->Polygon(pts, 4);               //绘制菱形
    pDC->SelectObject(pOldPen);         //恢复系统默认的画笔
    penBlue.DeleteObject();             //释放画笔

}
```

绘制的效果如图 12.2 所示。

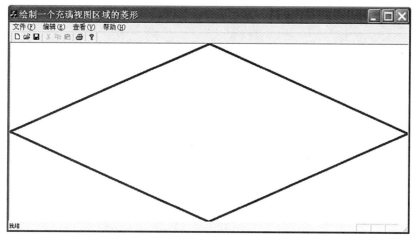

图 12.2　绘制一个菱形

说明：如果在调用 Polygon 函数前，创建了画刷并将画刷选入 pDC，则绘制的是一个填充画刷指定颜色的实心菱形。

7. 绘制圆弧函数

Arc

函数原型：

```
BOOL Arc(int x1, int y1, int x2, int y2, int x3, int y3, int x4, int y4);
BOOL Arc(LPCRECT lpRect, POINT ptStart, POINT ptEnd);
```

说明：该函数包含两种参数形式，即两个重载函数。第一个函数的第一组参数($x1$，$y1$)，($x2$，$y2$)用来指定外接圆弧的矩形左上角顶点和右下角顶点坐标；第二组参数($x3$，$y3$)，($x4$，$y4$)用来指定待绘制圆弧的起点与终点坐标。注意，圆弧的绘制方向是逆时针方向。

【**例 12.4**】　利用 Arc 的第二种重载函数在视图区域画一段圆弧。

```
void CMyView::OnDraw(CDC * pDC)
{   CAaaDoc * pDoc = GetDocument();
    ASSERT_VALID(pDoc);
    //TODO: add draw code for native data here
    CRect rectClient;
    GetClientRect(rectClient);
    CPen penBlue;
    CPen * pOldPen;
    penBlue.CreatePen(PS_SOLID | PS_COSMETIC, 1, RGB(0, 0, 255));
    //创建一个蓝色的画笔
    pOldPen = pDC->SelectObject(&penBlue);
    pDC - > Arc ( rectClient, CPoint ( rectClient. CenterPoint ( ). x,  rectClient.
    bottom),CPoint(rectClient.right, rectClient.CenterPoint().y));
    //按照逆时针方向，画一个从 6 点到 3 点的圆弧
    penBlue.DeleteObject();         //释放画笔
}
```

该段代码的执行效果如图 12.3 所示。

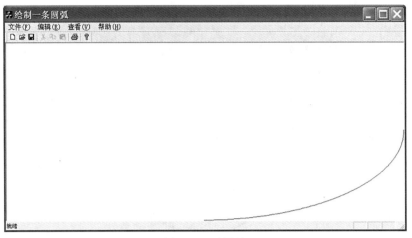

图 12.3　画圆弧

8. 绘制圆弧函数

ArcTo

函数原型：

```
BOOL ArcTo(int x1, int y1, int x2, int y2, int x3, int y3, int x4, int y4);
BOOL ArcTo(LPCRECT lpRect, POINT ptStart, POINT ptEnd);
```

说明：该函数的功能和用法与 Arc 类似；不同点是，利用该函数绘图后，当前绘图位置会变成 ptEnd，或者(x4,y4)，而 Arc 函数不改变画笔的位置；另外，在 VC 6 中，使用 ArcTo 函数前，需要将画笔的当前位置移动到 ptStart。

对于例 12.4 的代码，如果把 Arc 函数换成 ArcTo 函数，在调用 ArcTo 函数前，需要加上如下一行代码：

```
pDC->MoveTo(rectClient.CenterPoint().x, rectClient.bottom);
```

此行代码将当前画笔的位置移动到要绘制圆弧的起点。

9. 用指定画刷填充指定的矩形函数

FillRect

函数原型：

```
void FillRect(LPCRECT lpRect, CBrush * pBrush);
```

说明：用指定的画刷填充矩形区域。

【例 12.5】 画一个矩形，并用红色进行填充。

```
void CMyView::OnDraw(CDC * pDC)
{   CAaaDoc * pDoc = GetDocument();
    ASSERT_VALID(pDoc);
    //TODO: add draw code for native data here
    CBrush brushRed;
    CBrush * pOldbrush;
    RECT rect;
    brushRed.CreateSolidBrush(RGB(255,0,0));
    pOldbrush = pDC->SelectObject(&brushRed);
```

```
        rect.left = 50;rect.top = 50;
        rect.right = 400; rect.bottom =300;          //定义矩形
        pDC->FillRect(&rect,&brushRed);              //画矩形并用红色填充
        pDC->SelectObject(pOldbrush);
        brushRed. DeleteObject();                    //释放画刷
    }
```

以上代码的执行结果如图 12.4 所示。

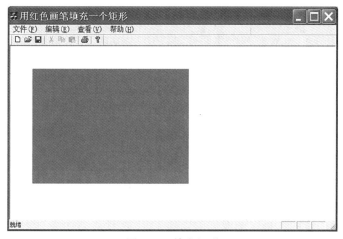

图 12.4　填充矩形

12.3　动画制作

在 MFC 框架下,一般利用定时器产生的时钟中断来实现动画。定时器可以向系统,按设定的时间间隔定时发送信号,触发 OnTimer 函数。在 OnTimer 函数中改变所绘制图形的位置,再用 Invalidate 函数激发视图类中的 OnDraw 函数来进行图形的重绘,实现动画的效果,此外,时钟中断间隔大小,决定动画显示的快慢。

在定时器使用过程中涉及 3 个常用函数,分别对应着使用定时器的 3 个步骤。

(1)创建定时器。创建定时器使用 Set Timer 函数。MFC 中提供两个 SetTimer 函数,一个是全局函数,可以在程序的任意位置调用。更常使用的是第二种 SetTimer 函数,由CWnd 类重载。函数有 3 个参数,分别是定时器编号、时间间隔和回调函数地址(一般情况下,回调函数的地址参数用 NULL,表示调用视图类的父类 CWnd 的处理函数)。

CWnd∷SetTimer 函数原型是

```
UINT SetTimer(UINT nIDEvent, UINT nElapse, void (CALLBACK EXPORT * lpfnTimer)
(HWND, UINT, UINT, DWORD));
```

(2)处理定时器信号。MFC 在 OnTimer 函数中处理定时器信号。OnTimer 函数具有一个参数 nIDEvent,是捕捉到的定时器编号。可以利用其区分不同的定时器信号,执行不同代码。

CWnd∷OnTimer 函数原型是

```
afx_msg void OnTimer(UINT nIDEvent);
```

（3）销毁定时器。定时器占用一定的系统资源，不用时销毁，否则会影响系统运行效率。MFC 中使用 KillTimer 函数销毁定时器，该函数参数 nIDEvent 就是待销毁的定时器编号。

CWnd∷KillTimer 函数原型是

```
BOOL KillTimer(int nIDEvent);
```

MFC 中绘制动画的基本思路是在固定时间间隔内绘制图像，擦除旧图像再重新绘制新图像，这样不断连续起来就在视觉上形成动画。为了实现这种"绘制—擦除—再绘制"的思路，一般的方法是在 OnDraw 函数中绘图，然后用 OnTimer 定时器响应函数改变图形的形状和位置，再利用 InValidate 函数来清空屏幕，重新绘制新图像，产生动画效果。因为绘制新旧两幅图像之间必定需要一定的计算和绘制时间，如果绘制擦除的频率太高，可能会导致闪烁现象的产生。窗体在刷新前，会首先擦除（OnEraseBkgnd）之前的内容，然后利用背景色填充，再调用绘制代码进行绘制。一擦一填一写，就会形成颜色的反差。当反差过于明显且频繁时，闪烁就来了。

擦除绘制需要时间去处理。如果不在窗体上直接绘制，而是在"别的地方"绘制好，然后再直接搬过来，就不会有这种问题了。这就是双缓存的基本原理。

双缓存机制，其具体思想是在显示一幅图像的同时，在后台计算一幅新图像，并将新图像保存为一个完整的位图。指定的时间间隔到了，一次性将新图像位图读入并显示出来即可。这样将大大节省计算和绘制的时间，运行过程中闪烁的现象会基本消除。

双缓存技术中，内存缓冲区就充当了后台，即"别的地方"。双缓存技术分为如下 5 步。

（1）在内存中申请缓冲区，创建兼容内存；

（2）创建位图，并将位图与缓冲区内存关联起来；

（3）在兼容内存里绘制；

（4）将绘制好的位图复制到当前设备；

（5）释放兼容内存。

具体代码实现可参考例 12.9。

下面以例子介绍动画程序的基本设计过程。

【例 12.6】 画一个小球，通过菜单控制小球运动，碰到视图区域的边界反弹后继续运动。

设计思路：在视图类的 OnDraw 函数中，绘制一个圆表示小球，小球的移动可以通过改变小球圆心的位置来实现，设定小球的初始速度，初始速度用 Vx、Vy 来表示，分别表示小球速度在水平方向和垂直方向的速度分量。当小球的边缘碰撞到视图区域的边界后，速度大小不变（也可以考虑碰撞能量损失，设定一定的衰减率），相应的水平或者垂直速度的方向取反（如碰撞到视图区域的垂直边缘，Vx 改变成－Vx）。

此外，在 MFC 工程中创建一个动画菜单，包含启动和停止两个菜单项，实现动画启动和停止的控制，设定定时器的时间间隔，间隔的大小决定着动画的快慢；建立相应的 OnTimer 事件，该事件在指定的时间间隔里改变小球的圆心位置，实现动画的效果。

第一步，先建立 MFC 工程框架，如图 12.5 所示。

再选择单文档工程，如图 12.6 所示。

选择不包含数据库，如图 12.7 所示。

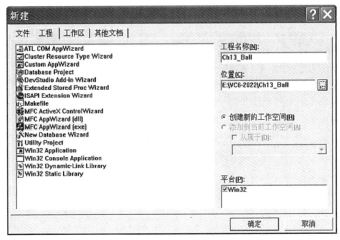

图 12.5　建立 MFC 工程框架

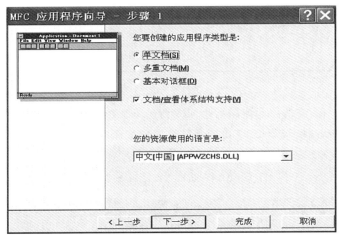

图 12.6　单文档工程

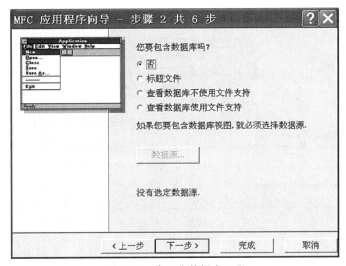

图 12.7　建立非数据库工程

在此对话框上直接单击"完成"按钮即可，出现如图 12.8 所示界面。

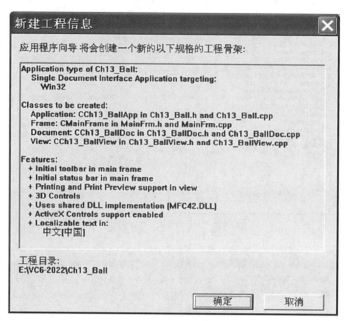

图 12.8　MFC 工程创建完成

单击"确定"按钮，完成一个不带数据库支持的单文档 MFC 工程的创建。

第二步，建立动画控制菜单、菜单项及其消息响应函数。

在资源窗口建立一个动画菜单和启动、停止菜单项，并给启动菜单项和停止菜单项分别赋予 ID 号：ID_M_Start 和 ID_M_Stop，如图 12.9 和图 12.10 所示。

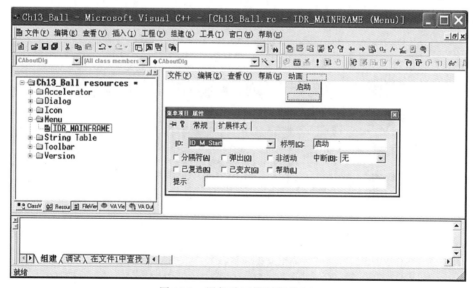

图 12.9　添加动画控制菜单(1)

为这两个菜单项建立两个消息相应函数，在 VC 6 中，在查看菜单中选择建立类向导菜单项，弹出如图 12.11 所示的对话框。

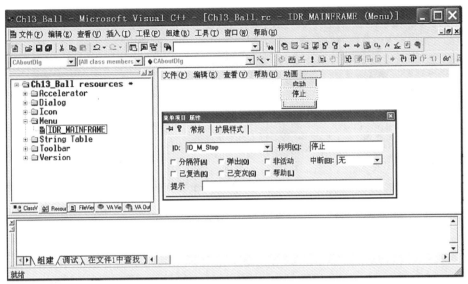

图 12.10　添加动画控制菜单(2)

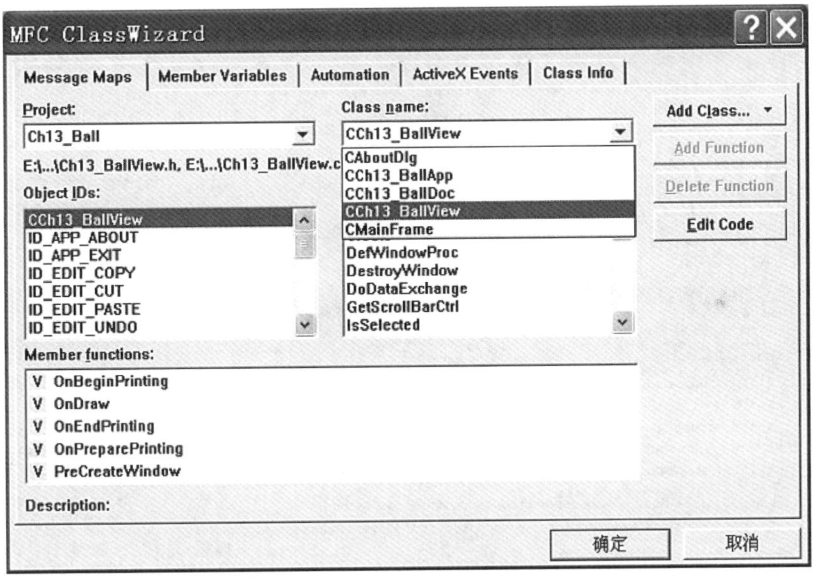

图 12.11　建立类向导

在图 12.11 所示的类下拉框中选择 CCh13_BallView 视图类。

在图 12.12 所示的对话框中分别建立启动和停止菜单项的 COMMAND 消息相应函数,在 Object IDs 列表框依次选中相应菜单项 ID 号(ID_M_Start 和 ID_M_Stop),在 Messages 列表框中选择 COMMAND 消息,单击对话框右上角的 Add Function 按钮,添加菜单项的消息相应函数,如图 12.13 所示。

单击 Add Member Function 对话框中的 OK 按钮,再单击原 MFC ClassWizard 对话框中最右侧 Edit Code 按钮,查看 ID_M_Start 菜单项对应的消息响应函数,如图 12.14 所示。

用同样的处理方式,添加 OnStop 处理函数。

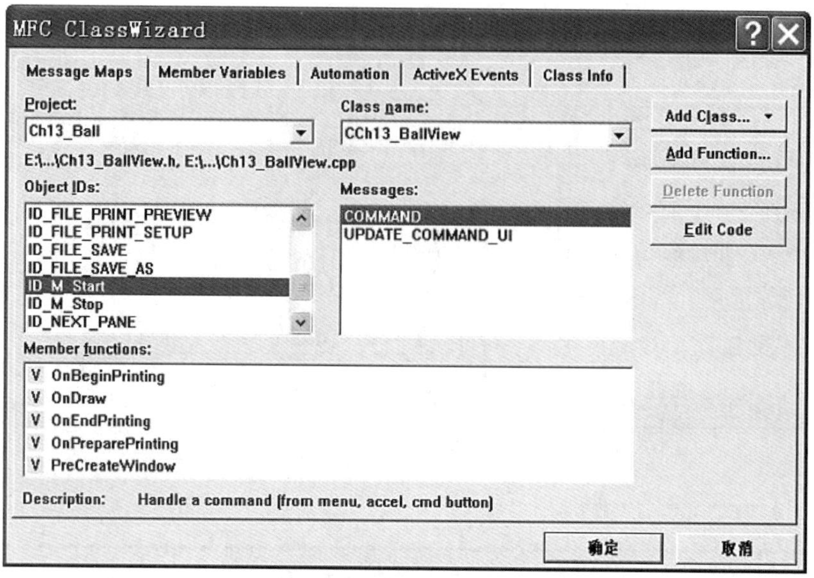

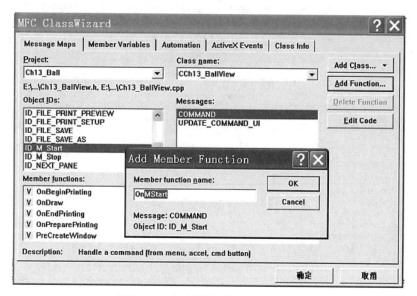

图 12.12　启动菜单项消息响应函数

图 12.13　启动菜单项消息响应函数

第三步,定义相应数据结构。

打开视图类 CCh13_BallView.h 文件,在文件首部定义小球的结构体如下:

```
typedef struct{
    POINT center;
    int radius;          //半径
    int vx,vy;           //水平速度和垂直速度
}MyBall;
```

在视图类窗口中右击 CCh13_BallView,弹出快捷菜单,选择 Add Virtual Function 菜单项,如图 12.15 所示。

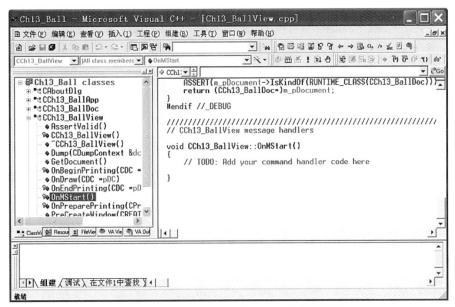

图 12.14　启动菜单项消息响应函数代码框架

图 12.15　添加类成员函数

选择 OnInitalUpdate 函数,建立视图类的初始化函数,单击右边 Add and Edit 按钮,如图 12.16 所示。进入对应的代码编辑区域,如图 12.17 所示。

给工程视图类添加 MyBall 类型的成员变量 m_ball 和 RECT 类型的成员变量 m_rect,如图 12.18 所示。

用同样的方法添加成员变量 m_rect。

在视图类的 OnInitalUpdate 函数中添加下面的代码对成员变量 m_ball 进行初始化:

```
m_ball.center.x = m_ball.center.y = 100;//初始化小球的位置
```

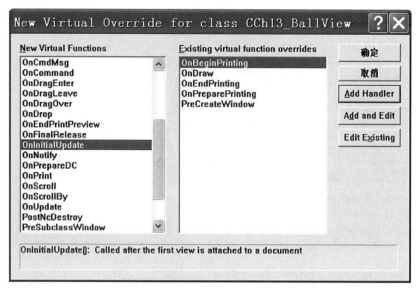

图 12.16　建立 OnInitialUpdate 函数

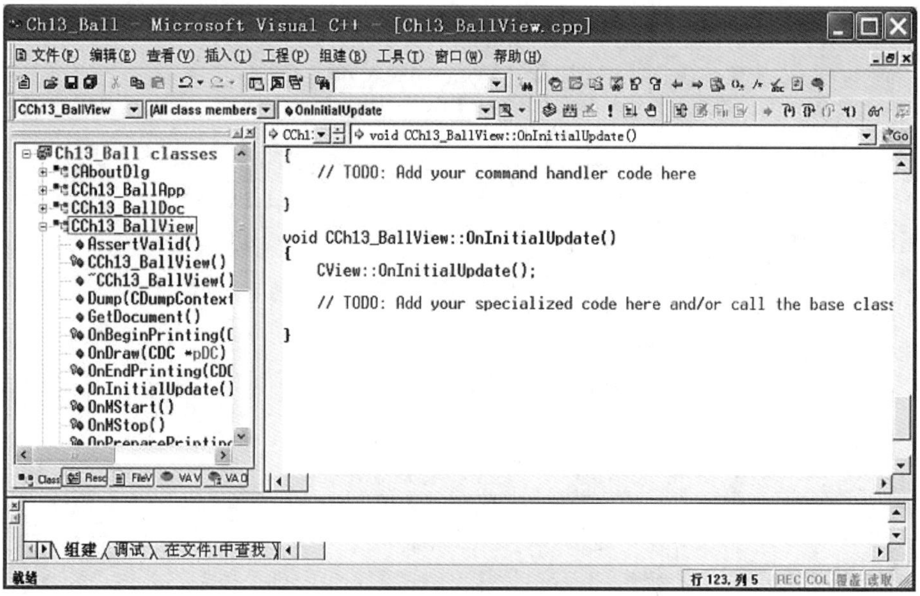

图 12.17　OnInitialUpdate 函数

```
m_ball.radius = 30;                        //初始化小球的半径
m_ball.vx = 70;
m_ball.vy = 60;                            //初始化小球的水平和垂直速度分量
```

在视图类列表窗口中,选择视图类,右击,选择快捷菜单项 Add Windows MessageHandler 添加时钟事件响应程序,如图 12.19 所示。

单击图 12.20 所示的对话框右上角的 Add and Edit 按钮,添加定时器响应函数 OnTimer。

接下来切换到视图类所对应的代码编辑区域,进行小球动画的编程,编写动画菜单启动

图 12.18　添加类成员变量

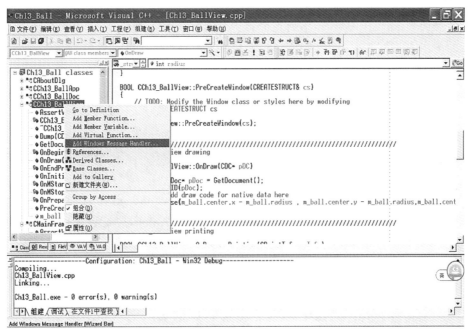

图 12.19　添加时钟事件响应程序

和停止菜单项所对应的响应函数代码：

```
void CCh13_BallView::OnMStart()
{
    //TODO: Add your command handler code here
    SetTimer(1,50,NULL);  //construct the timer
}
```

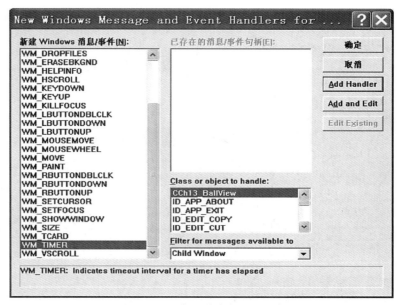

图 12.20   添加时钟事件响应程序

OnMStart 是启动动画的控制消息处理函数,SetTimer 表示启动定时器,第一个参数 1 表示定时器编号,第二个参数 50 表示定时器中断的时间间隔为 50 毫秒,第三个参数是启动定时器的调用的回调函数,一般用 NULL 表示调用系统默认的回调函数。

```
void CCh13_BallView::OnMStop()
{
    //TODO: Add your command handler code here
    KillTimer(1);
}
```

OnMStop 是停止动画的控制消息处理函数,KillTimer 表示停止定时器,响应动画停止。

下面编写时钟中断响应函数 OnTimer 的代码,在 OnTimer 函数中,改变小球的位置,如果小球到视图的边缘区域,调整小球相应的速度方向,如果小球触及视图区域的顶部和底部,让速度分量 vy 取反,如果小球触及视图区域的左边界或者右边界,则 vx 值变为−vx。

具体函数代码如下:

```
void CCh13_BallView::OnTimer(UINT nIDEvent)
{
    //TODO: Add your message handler code here and/or call default
    GetClientRect(&m_rect);              //获得屏幕显示区域大小至视图类成员 m_rect 中
    if(m_ball.center.y + m_ball.radius >= m_rect.bottom)
    {
        m_ball.vy = - m_ball.vy;
    } //碰底
    if(m_ball.center.y - m_ball.radius <= m_rect.top)
    {
        m_ball.vy = - m_ball.vy;
    } //碰顶
    if(m_ball.center.x + m_ball.radius >= m_rect.right)
```

```
    {
        m_ball.vx = - m_ball.vx;
    } //碰右侧
    if(m_ball.center.x - m_ball.radius <= m_rect.left)
    {
        m_ball.vx = - m_ball.vx;
    } //碰左侧
    m_ball.center.x += m_ball.vx;
    m_ball.center.y -= m_ball.vy;
    Invalidate(true);                    //擦除重绘
    CView::OnTimer(nIDEvent);
}
```

执行此工程,选择动画菜单中的启动菜单项,会看到小球不停地在视图区域中运动,碰到视图边缘反弹后继续运动。

12.4　绘图实例

在 MFC 框架下,可以利用上述的函数来绘制一些简单的图形。具体方法是在视图类的 OnDraw 函数中编程实现。

【例 12.7】　画一个三个顶点在视图边缘上的三角形,并用特定的颜色填充。

思路分析:首先用 GetClientRect 函数获取当前视图区域的大小,来确定三角形的三个顶点位置,创建相应的画笔和画刷,将三角形的三个顶点位置存放在一个 Cpoint 类数组中,再调用 Polygon 函数,用画多边形的方式画出三角形。效果如图 12.21 所示。

实现的代码如下。

```
void CCh13View::OnDraw(CDC * pDC)
{
        CCh13Doc * pDoc = GetDocument();
        ASSERT_VALID(pDoc);
        //TODO: add draw code for native data here
        CRect rect;
        GetClientRect(rect);                    //获取当前视图大小
        CPen penBlue(PS_SOLID, 5, RGB(0, 0, 255));          //创建一个蓝色的画笔
        CPen * pOldPen = pDC->SelectObject(&penBlue);       //将画笔选入 pDC
        CBrush brushRed(RGB(255, 0, 0));    //创建一个红色的画刷
        CBrush * pOldBrush = pDC->SelectObject(&brushRed);
        CPoint pts[3];
        pts[0].x = rect.left + rect.Width()/2;
        pts[0].y = rect.top;
        pts[1].x = rect.right;
        pts[1].y = rect.top + rect.Height()/2;
        pts[2].x = pts[0].x;
        pts[2].y = rect.bottom;
        pDC->Polygon(pts,3);                    //利用画多边形函数画一个三角形
        pDC->SelectObject(pOldPen);
        pDC->SelectObject(pOldBrush);           //恢复系统原先的画笔和画刷
        penBlue.DeleteObject();
```

```
brushRed.DeleteObject();                    //释放画笔和画刷
}
```

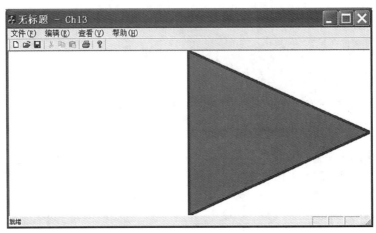

图 12.21　绘制填充红色的三角形

【**例 12.8**】　在视图中画直角坐标系,并在坐标系中绘制正弦曲线。

思路分析:将绘制工作分成两部分,首先绘制直角坐标系,先确定坐标系的原点CoordinateOrigin,以当前视图区域的左侧四分之一处、水平的中间位置作为坐标原点,绘制X、Y轴,X轴的正方向向右,Y轴的正方向向下。再绘制3个周期的正弦曲线,一般情况下,自变量 x 从0°到1080°变化,对应3个自变量变化周期。本例中自变量 x 前面的系数是2,因此,实际绘出来的是6个周期的正弦曲线;把每度对应 X 轴上的一个像素点,计算此时x 值对应的 y 值,因为正弦函数的值从 −1 到 1 之间变化,这个值太小,绘制曲线几乎就是一条直线,因此要把 y 的值进行放大,把 y 值放大 50 倍。此外,要注意 Y 轴的正方向是向下的,计算出来的 y 值要取反。效果如图 12.22 所示。

```
CRect rect;
POINT CoordinateOrigin;                        //定义坐标原点
float a, float b, float c, float d;            //定义正弦函数的 4 个参数变量
float y; POINT curP;
GetClientRect(rect);
CoordinateOrigin.x = rect.left + (rect.right - rect.left)/4;
CoordinateOrigin.y = rect.top + (rect.bottom - rect.top)/2;
pDC->MoveTo(0,CoordinateOrigin.y);
pDC->LineTo(rect.right,CoordinateOrigin.y);    //画水平坐标轴
pDC->MoveTo(rect.right/4,0);
pDC->LineTo(rect.right/4,rect.bottom);         //画垂直坐标轴
a = 2,b = 3; c = 0, d =0;                       //设定正弦函数参数
int x = 0;                 //默认画 3 个周期的正弦函数,系数 a 是 2,实际上画了 6 个周期
y = a * sin(b * (x * PI/180 + c))+d;
curP.x = CoordinateOrigin.x + x;
curP.y = CoordinateOrigin.y - floor(50 * y);
pDC->MoveTo(curP);
for(x=0;x<1080;x++)
{
    y = a * sin(b * (x * PI/180 + c))+d;
    curP.x = CoordinateOrigin.x + x;
```

```
    curP.y = CoordinateOrigin.y - floor(50 * y);      //把正弦函数值放大 50 倍
    pDC->LineTo(curP);
}
```

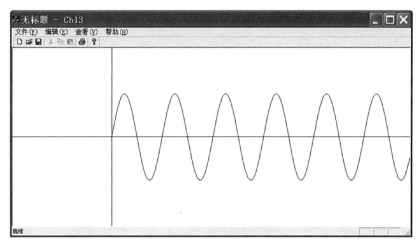

图 12.22　绘制正弦曲线

【例 12.9】　画一个正弦曲线,再画一个小球沿着曲线运动。

思路分析:正弦曲线的绘制参考例 12.8,设计动画的过程在 12.3 节中做了详细描述。本例中,先在视图类中绘制小球,创建定时器消息响应函数 OnTimer,按照指定大小的时间间隔,以正弦函数曲线上点的位置不断改变小球的位置,再调用 Invalidate 函数刷新视图,进行图形的重绘,实现小球在正弦曲线上运动。

代码实现上,每一个具体的子功能用一个函数去实现,思路清晰,模块化程度高,核心代码如下。

在视图类.h 头文件中定义小球结构体 Myball:

```
typedef struct{
    POINT center;
    int r;
}MyBall;
```

在视图类.cpp 实现文件中定义类成员变量:

```
RECT m_rect;
POINT m_coordinate;
MyBall m_ball;
float m_a,m_b,m_c,m_d;              //定义正弦函数的 4 个参数
```

给视图类添加以下基本功能的成员函数:

```
void  CMyView::DrawBall(CDC * pDC, POINT center, int r)
{ //画小球函数
    pDC->Ellipse(center.x - r,center.y - r,center.x + r,center.y + r);
}
void CEx2View::DrawBall(CDC * pDC, MyBall ball)
{ //画小球函数
    DrawBall(pDC,ball.center,ball.r);
}
void CMyView::DrawCoordinate(CDC * pDC, POINT coor)
```

```
    { //画坐标系函数,参数 coor 表示坐标原点
        POINT p1,p2;
        p1.x = m_rect.left;
        p1.y = coor.y;
        p2.x = m_rect.right;
        p2.y = coor.y;
        DrawLine(pDC,p1,p2);                     //画 X 轴
        p1.x = coor.x;
        p2.x = coor.x;
        p1.y = m_rect.top;
        p2.y = m_rect.bottom;
        DrawLine(pDC,p1,p2);                          //画 Y 轴
    }
void CMyView::DrawSin(CDC * pDC, float a, float b, float c, float d)
{    //画正弦曲线函数,y = a * sin(b * (x * PI/180 + c))+d;
    int x;                                          //默认画 3 个周期的正弦函数
    float y;
    POINT curP;
    for(x=0;x<1080;x++)
    {
        y = a * sin(b * (x * PI/180 + c))+d;
        curP.x = m_coordinate.x + x;
        curP.y = m_coordinate.y - floor(50 * y);   //把正弦函数值放大 50 倍
        pDC->MoveTo(curP);
        pDC->SetPixel(curP,RGB(0,0,0));
    }
}
void CMyView::OnInitialUpdate()
{ //初始化函数
    CView::OnInitialUpdate();
    //TODO: Add your specialized code here and/or call the base class
    GetClientRect(&m_rect);
    m_coordinate.x = m_rect.left + (m_rect.right - m_rect.left) * 1.0/4;
    m_coordinate.y = m_rect.top + (m_rect.bottom - m_rect.top) /2;
    m_a = 2; m_b = 1; m_c = 0; m_d = 0;             //初始化正弦函数的 4 个参数
    m_ball.center.x = m_coordinate.x;
    m_ball.center.y = m_coordinate.y;
    m_ball.r = 20;
    m_x = 0;
}

void CMyView::OnDraw(CDC * pDC)
{ //视图类的绘图函数
    CEx2Doc * pDoc = GetDocument();
    ASSERT_VALID(pDoc);
    //TODO: add draw code for native data here
    CDC MemDc;
    int width,height;
    CRect rect;
    CBitmap MemBitMap;
    //双缓存技术画小球的运动,消除动画闪烁
    GetWindowRect(&rect);
    width = rect.Width();
    height = rect.Height();
```

```
        MemDc.CreateCompatibleDC(pDC);
        MemBitMap.CreateCompatibleBitmap(pDC,width,height);
        MemDc.SelectObject(&MemBitMap);
        MemDc.SetBkMode(TRANSPARENT);
        MemDc.FillSolidRect(0,0,width,height,RGB(200,200,200));          //背景填充灰色
        //===================================
        DrawCoordinate(&MemDc,m_coordinate);
        DrawSin(&MemDc,m_a,m_b,m_c,m_d);
        DrawBall(&MemDc,m_ball);

        pDC->BitBlt(0,0,width,height,&MemDc,0,0,SRCCOPY);
        //把内存 DC 的内容复制到 pDC,完成双缓存机制
        MemBitMap.DeleteObject();
        MemDc.DeleteDC();
}
void CMyView::OnTimer(UINT nIDEvent)
{    //TODO: Add your message handler code here and/or call default
        int x;
        m_ball.center.x += 3;                            //改变小球的横坐标位置
        x = m_ball.center.x;
        float y = m_a * sin(m_b * ((x-m_coordinate.x) * PI/180 + m_c))+m_d;
                                                        //计算对应的三角函数值
        m_ball.center.y = m_coordinate.y - floor(50 * y);      //加上坐标原点的坐标值
        Invalidate(true);
        CView::OnTimer(nIDEvent);
}
```

添加动画控制：

```
void CMyView::OnMStart()
{ //控制动画开始
    //TODO: Add your command handler code here
    SetTimer(1,100,NULL);
}

void CMyView::OnMStop()
{ //控制动画停止
    //TODO: Add your command handler code here
    KillTimer(1);

}
```

12.5　小结

本章介绍了在 MFC 类库框架下,基本的绘图过程及其相关类、函数的用法,并以丰富的举例,翔实地描述了如何实现基本的绘图功能与简单的动画制作。

DC 称为设备描述表或设备上下文,在 VC 中,图形设备接口被抽象成 CDC,CDC 是一个非常重要的类,在 VC 中,它实现了基本的绘图功能。在使用 CDC 的过程中,可以选入多种不同的 GDI 图形对象(图形类的实例),如画笔、画刷等,以实现特定模式的绘图。同时,设备上下文是与设备无关的,它既可以用于绘制屏幕,也可以用于绘制打印机甚至元文件,这样,让编程者可以不考虑硬件的具体特性要求进行绘图的编程。

　　本章对 CDC 类所支持的主要绘图函数进行了较为详细的介绍,包括函数的功能,函数的原型及调用方法,应用的具体实例,让读者从简单到复杂,理解如何在 MFC 框架下进行基本的绘图。

　　在 MFC 中,动画的实现需要定时器的支持,设定定时器的工作参数,按照指定的时间间隔,擦除图形、绘制图形来实现基本的动画。图形可以进行擦除、变换,重绘是动画的基本方法,本章对相关内容做了详细描述。

　　最后,本章用 3 个例子,循序渐进地介绍了绘图的过程,以及简单动画的制作和双缓存技术的运用。

习题

　　1. 在视图中画多个圆、三角形和矩形等图形,设定好每个图形的初始运动速度,碰到边框后可以反弹。

　　2. 输入一个物体的初始位置、速度和加速度,模拟其运动。

　　3. 画一个钟表,有时针、分针、秒针,并实现时针、分针、秒针的运动。

第 *13* 章

课程设计

C++语言程序设计作为计算机及其相关专业的一门语言类课程,很注重其实践编程能力的培养。在完成前面各个章节的学习之后,开展课程设计环节,进行一次具有一定难度和规模的综合训练能及时提升和检验前面内容的学习效果。

本章从 C++ 设计模式、MFC 应用、游戏设计等方面给出课程设计的一些具体内容。

【本章学习要求】

理解:设计模式的相关概念,能针对具体设计模式写出主体框架代码,初步学会使用设计模式。

掌握:学习 MFC 框架结构,构造简单的 MFC 应用程序。

掌握:学习用面向对象的思想去分析游戏的主体结构、游戏的操作,并写出具有一定可玩性的游戏软件。

13.1 C++ 设计模式

设计模式(design pattern)是一套被反复使用的、软件设计者必须掌握的、经过分类编目的、有代码设计经验的总结。使用设计模式是为了更好地实现代码复用,让代码更容易被他人理解,并保证代码的可靠性。设计模式于己、于人、于系统都是多赢的。设计模式使代码编制真正工程化,是软件工程的基石,如同大厦的框架结构一样重要。

13.1.1 课程设计的目的和意义

学习课程设计是为了学会综合运用 C++ 教材中的基础理论知识,并学习专业编程中广为借鉴的一些经典的编程模式,联系具体事例,解决实际问题,从而达到深入领会理论,分析解决实际问题,培养一定的编程实践能力的目的。

本设计出发点是紧扣教材,灵活运用,加深对教材内容的理解和拓展学习的知识面。

注意:本课程设计主要考查学生对课本知识的综合运用能力和基本的 C++ 编程能力,不提供参考源程序。

13.1.2 课程设计的基本要求

课程设计的基本要求如下。

(1) 学习设计模式中创建型模式中的 Factory 模式和 Singleton 模式,总结对这两种模式的理解和认识。

（2）完成具有以下功能的简单模型系统：系统中有一个唯一（Singleton）的水果生产工厂，能生产成品水果产品，如苹果（Apple）、梨子（Pear）、香蕉（Banana）、桃子（Peach）等，生产工厂能根据用户的选择或要求（用简单文字选择界面实现）生产指定的水果并提供给客户。

（3）阐述在实现过程中遇到的问题和解决的方法。

（4）撰写课程设计报告，总结心得体会。

13.1.3　课程设计的技术要点

课程设计的具体要求如下。

（1）在程序中建立水果生产工厂类（参考 Factory 模式），并保证该类只能是实例化唯一的一个水果工厂（参考 Singleton 模式）。

（2）建立与各种水果（苹果、香蕉、梨子……）相对应的类，并设计各种水果的抽象基类（如命名为 Fruit 类），建立抽象水果类的使用接口（纯虚函数），在具体的水果派生类中加以实现，并通过多态的方式在主程序中加以使用。

（3）在主程序中建立简单文字选择界面，提供给客户使用。

13.1.4　Factory 模式简介

在面向对象系统设计中经常可以遇到以下情况。

为了提高内聚（Cohesion）和松耦合（Coupling），经常会抽象出一些类的公共接口以形成抽象基类或者接口。这样就可以通过声明一个指向基类的指针来指向实际的子类实现，以达到多态的目的。这就很容易出现很多的子类继承自抽象基类，不得不在每次要用到子类的地方就编写诸如"new ***;"的代码。这里带来如下两个问题。

（1）客户程序员必须知道实际子类的名称（当系统复杂后，命名将是一个很不好处理的问题，为了处理可能的名字冲突，有的命名可能并不具有很好的可读性和可记忆性，就姑且不论不同程序员千奇百怪的个人偏好了）。

（2）程序的扩展和维护变得越来越困难。还有一种情况就是在父类中并不知道具体要实例化哪一个具体的子类。这里的意思是：假设在类 A 中要使用到类 B，B 是一个抽象父类，在 A 中并不知道具体要实例化哪一个 B 的子类，但是在类 A 的子类 D 中是可以知道的。在 A 中没有办法直接使用类似于"new ***;"的语句，因为根本就不知道***是什么。

以上两个问题引出了 Factory 模式的两个最重要的功能。

（1）定义创建对象的接口函数，封装了对象的创建。

（2）使得具体化类的工作延迟到了子类中。

1. 模式选择

通常使用 Factory 模式来解决上面给出的两个问题。在第一个问题中，经常是声明一个创建对象的接口，并封装了对象的创建过程。Factory 在这里类似于一个真正意义上的工厂（生产对象）。在第二个问题中，需要提供一个创建对象的接口类，并在子类中提供其具体实现（因为只有在子类中可以决定到底实例化哪个类）。

第一种情况的 Factory 模式（简单工厂）结构如图 13.1 所示。

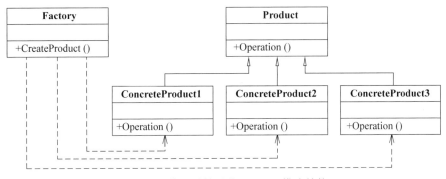

图 13.1　第一种情况的 Factory 模式结构

图 13.1 所示的 Factory 模式经常在系统开发中用到，但是这并不是 Factory 模式的最大威力所在(因为可以通过其他方式解决这个问题)。Factory 模式不单提供了创建对象的接口，其最重要的是延迟了子类的实例化(第二个问题)，图 13.2 是这种情况下一个 Factory 模式(工厂方法)的结构示意图。

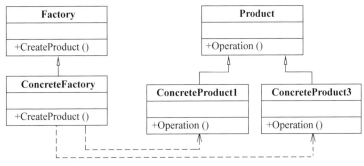

图 13.2　第二种情况的 Factory 模式结构

图 13.2 中关键是 Factory 模式的应用并不只为了封装对象的创建，而要把对象的创建放到子类中实现：Factory 中只是提供了对象创建的接口，其实现将放在 Factory 的子类 ConcreteFactory 中进行。这是图 13.1 和图 13.2 的区别所在。

2. 代码实现

完整代码示例如下。(代码采用 C++ 实现，并在 VC 6.0 下测试运行通过。)

代码片断 1：Product.h

```
//Product.h
#ifndef _PRODUCT_H_
#define _PRODUCT_H_
class Product
{
public:
virtual ~Product() = 0;
protected:
Product();
private:
};
class ConcreteProduct:public Product
{
```

```
public:
~ConcreteProduct();
ConcreteProduct();
protected:
private:
};
#endif //~_PRODUCT_H_
```

代码片断 2：Product.cpp

```
//Product.cpp
#include "Product.h"
#include<iostream>
using namespace std;
Product::Product()
{
}
Product::~Product()
{
}
ConcreteProduct::ConcreteProduct()
{
cout<<"ConcreteProduct...."<<endl;
}
ConcreteProduct::~ConcreteProduct()
{
}
```

代码片断 3：Factory.h

```
//Factory.h
#ifndef _FACTORY_H_
#define _FACTORY_H_
class Product;
class Factory
{
public:
virtual ~Factory() = 0;
virtual Product * CreateProduct() = 0;
protected:
Factory();
private:
};
class ConcreteFactory:public Factory
{
public:
~ConcreteFactory();
ConcreteFactory();
Product * CreateProduct();
protected:
private:
};
#endif //~_FACTORY_H_
```

代码片断 4：Factory.cpp

```
//Factory.cpp
#include "Factory.h"
#include "Product.h"
#include<iostream>
using namespace std;
Factory::Factory()
{
}
Factory::~Factory()
{
}
ConcreteFactory::ConcreteFactory()
{
cout<<"ConcreteFactory....."<<endl;
}
ConcreteFactory::~ConcreteFactory()
{
}
Product * ConcreteFactory::CreateProduct()
{
return new ConcreteProduct();
}
```

代码片断 5：main.cpp

```
//main.cpp
#include "Factory.h"
#include "Product.h"
#include<iostream>
using namespace std;
int main(int argc,char * argv[])
{
Factory * fac = new ConcreteFactory();
Product * p = fac->CreateProduct();
return 0;
}
```

3. 代码说明

示例代码中给出的是 Factory 模式解决父类中并不知道具体要实例化哪一个具体的子类的问题，至于为创建对象提供接口问题，可以由 Factory 中附加相应的创建操作如 Create***Product()即可。

Factory 模式在实际开发中应用非常广泛。面向对象的系统首先面临着对象创建问题。只有对象都创建好了，才可以互相发消息。而 Factory 提供的创建对象的接口封装（第一个功能），以及其将类的实例化推迟到子类（第二个功能）都解决了部分实际问题。

采用 Factory 模式后系统的可读性和维护性都变得 elegant（优雅）许多。

13.1.5　Singleton 模式

Singleton 模式解决问题十分常见，但怎样去创建一个唯一的变量（对象）？在基于对象的设计中可以通过创建一个全局变量（对象）来实现。在面向对象和面向过程结合的设计范式(如 C++)中,还可以通过一个全局变量实现这一点。但是当遇到了纯粹的面向对象范式时,就只能通过 Singleton 模式来实现了,可能这也正是很多公司在招聘开发人员时经常考察 Singleton 模式的缘故吧。

1. 模式选择

Singleton 模式典型的结构如图 13.3 所示。

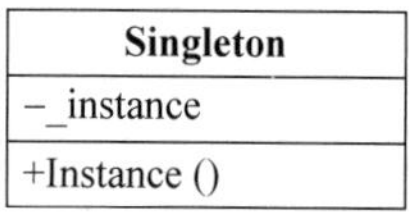

Singleton
− _instance
+Instance ()

图 13.3 Singleton 模式
典型的结构

在 Singleton 模式的结构图中可以看到,通过维护一个 static 的成员变量 -_instance 来记录这个唯一的对象实例,通过提供一个 static 的接口 Instance()来获得这个唯一的实例。

2. 代码实现

Singleton 模式的实现很简单,以下给出实现它的所有代码,采用 C++,并在 VC 6.0 下运行通过。

代码片断 1: Singleton.h

```
//Singleton.h
#ifndef _SINGLETON_H_
#define _SINGLETON_H_
#include<iostream>
using namespace std;
class Singleton
{
public:
static Singleton* Instance();
protected:
Singleton();
private:
static Singleton* _instance;
};
#endif //~_SINGLETON_H_
```

代码片断 2: Singleton.cpp

```
//Singleton.cpp
#include "Singleton.h"
#include<iostream>
using namespace std;
Singleton* Singleton::_instance = 0;

Singleton::Singleton()
{
cout<<"Singleton...."<<endl;
}
Singleton* Singleton::Instance()
{
if(_instance == 0)
{
  _instance = new Singleton();
}
  return _instance;
}
```

代码片断 3：main.cpp

```cpp
//main.cpp
#include "Singleton.h"
#include<iostream>
using namespace std;
int main(int argc,char* argv[])
{
Singleton* sgn = Singleton::Instance();
return 0;
}
```

3. 代码说明

Singleton 模式的实现无须补充解释，需要说明的是，Singleton 不可以被实例化，因此，将其构造函数声明为 protected 或者直接声明为 private(对比抽象类)。

Singleton 模式在开发中经常用到，且不说开发过程中一些变量必须是唯一的，比如说打印机的实例等。

Singleton 模式经常和 Factory 模式在一起使用，因为系统中工厂对象一般来说只要一个，这里的工厂对象实现同时是一个 Singleton 模式的实例，因为系统中只要一个工厂来创建对象就可以了。

13.1.6　设计模式报告基本格式

课程设计试验报告的基本内容包括封面、目录、正文、附录 4 部分。

(1) 封面包括《面向对象编程技术》课程设计报告、专业、班级、学号、姓名、设计时间、指导老师等基本信息。

(2) 目录即课程设计文档的文档目录。

(3) 正文包括如下内容。

① 应用程序名称。

② 应用程序的主体、设计目的。

③ 应用程序简介：功能介绍、基本内容、主要技术、运行环境。

④ 应用程序的总体设计结构图、类层次图、主要运行界面介绍。

⑤ 创新与难点：阐述个人设计的主要成功之处，开发中遇到的困难和解决的方法。

⑥ 课程设计过程的心得体会。

(4) 附录包括源程序和简易使用说明等。

课程设计报告用计算机打印。

13.2　人事管理系统

MFC 是微软基础类库的简称，是微软公司实现的一个 C++ 类库，主要封装了大部分的 Windows API 函数，并且包含一个应用程序框架，其目的是减少应用程序开发人员的工作量。MFC 中的类包含大量 Windows 句柄封装类和很多 Windows 的内建控件和组件的封装类。

VC++ 是微软公司开发的 C/C++ 的集成开发环境，提供编辑、编译、调试一体化操作方式,灵活性好。在 VC++ 里新建一个 MFC 的工程,开发环境会自动产生许多相关文件,同时使用了 mfcxx.dll(其中 xx 是版本),封装了 MFC 内核,原本的 SDK 编程中的消息循环等构件,直接由 MFC 框架进行了封装,从而使开发者可以专心地考虑程序逻辑,而不用重复编程。同时,由于是通用框架,没有很好的针对性,损失了一些灵活性和效率,但是 MFC 的封装很浅,所以损失不大。

本系统设计一个简单人事系统,让 C++ 初学者对构建 MFC 应用程序有初步的了解,对 C++ 的具体开发过程有大体上的认识,并为将来的 C++ 工程实践打下基础。

13.2.1　人事管理系统设计的目的和意义

人事管理系统具有数据库应用系统的典型特征,其问题域贴近现实生活便于没有分析和设计经验的同学进一步扩展,因此它的开发简单而又不失一般性。

本系统设计的目的是使同学们初步掌握 VC++　MFC 应用程序的结构和开发过程。

13.2.2　人事管理系统设计的基本要求

人事管理系统设计的基本要求如下。

(1) 完成具有以下功能的人事管理系统:人事信息的增、删、改、查和排序,并能成功演示及运行。

(2) 阐述在开发过程中遇到的问题及解决过程。

(3) 解决 VC 在开发数据库应用时"日期/时间字段"的查询和更新问题(可以采用其他新方法)。

(4) 论述对 MFC AppWizard(exe)生成的应用程序框架的认识、理解和开发心得。

(5) 选做:可根据自己的调研进一步扩充系统功能,如"万能查询",即可以按所有字段查询。

(6) 在设计增加功能时,可以自行设计一个对话框,把一条记录的相关数据通过新建的对话框进行输入,再更新到数据库中。

13.2.3　人事管理系统设计技术要点

对于使用 MFC,并且有数据库支持的应用程序,在具体实施过程中,要注意以下 3 点。

(1) 文档/视图结构的 MFC 应用程序架构的实现。

(2) MFC 中实体类的定义和使用。

(3) 如何通过 MFC 中的类来操作数据库中的表。

13.2.4　人事管理系统开发步骤简介

下面介绍在 Win XP 系统下,采用 Visual C++ 6.0 开发人事管理系统的主要过程。

1. 数据库设计

人事管理系统采用 Access 数据库:"人事管理系统.mdb"数据库中有一张"人事管理数据表"。

用 Microsoft Office 中的 Access 软件建库、建表、输入数据,配置 ODBC 数据源。

"人事管理数据表"结构见表 13.1 和图 13.4。

表 13.1　人事管理数据表结构

字段名称	字段类型	字段大小	索引	必须填写
职工编号	数字	长整型	有(无重复),主键	是
职工姓名	文本	20		是
职工性别	文本	2		是
所在部门	文本	30		是
职工年龄	数字	整型		是
工作时间	日期/时间	10(短日期)		是
基本工资	数字	单精度		是
职称	文本	20		是
简历	备注	默认		是

图 13.4　人事管理数据表结构

在表中输入数据,如图 13.5 所示。

图 13.5　输入数据

为"人事管理数据表"配置数据源:选择"控制面板"→"管理工具",双击"数据源(ODBC)",在弹出的对话框中选择 User DSN 选项卡,然后单击 Add 按钮,如图 13.6 所示。在弹出的对话框中将数据源类型选为 Microsoft Access Driver[∗ .mdb],单击"完成"按钮,如图 13.7 所示。

然后在弹出的对话框中的"数据源名"中输入"人事管理系统",单击"选择"按钮选择刚创建好的 mdb 文件。最后单击"确定"按钮,如图 13.8 所示。

2. 创建人事管理应用程序框架

在 VC++ 中选择"文件"→"新建"→"工程"中的 MFC AppWizard(exe)向导,在弹出的对话框中输入工程名(Project name)和选择保存位置(Location),如图 13.9 所示。

单击 OK 按钮后,在弹出的对话框中选择 Single document(单文档),并勾选 Document/View architecture support(支持文档/视图架构),接着单击 Next 按钮,如图 13.10 所示。

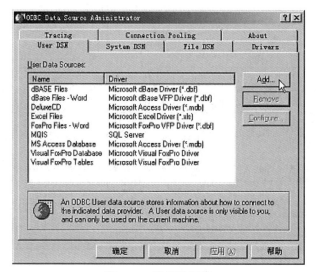

图 13.6　配置数据源

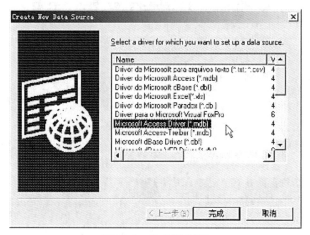

图 13.7　选择数据源

图 13.8　选择数据库

接着在弹出的对话框中选择 Database view without file support(不带文件支持的数据库视图),并单击 Data Source 按钮,如图 13.11 所示。

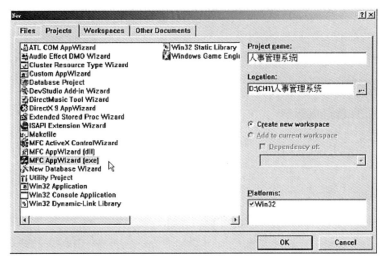

图 13.9　新建 MFC 工程

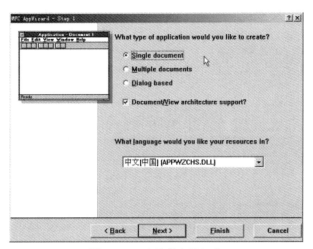

图 13.10　选择单文档架构

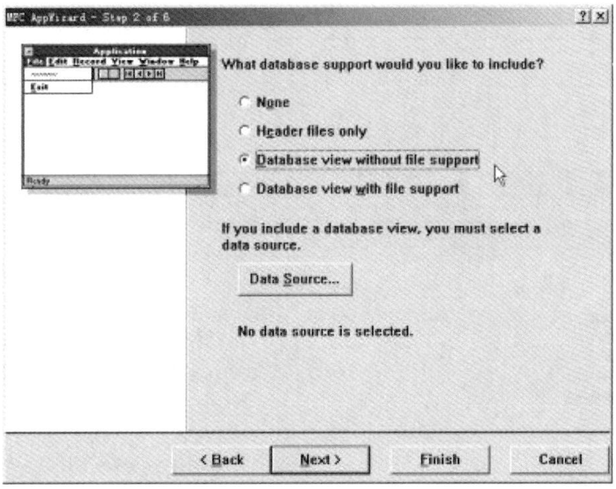

图 13.11　选择数据库视图

然后在弹出的对话框中选择 ODBC 中的"人事管理系统",单击 OK 按钮,如图 13.12 所示。

在弹出的对话框中选择"人事管理数据表",单击 OK 按钮,如图 13.13 所示。

图 13.12　选择数据源　　　　　　　　图 13.13　选择数据库中的表

此时可在弹出的对话框中看到"人事管理系统"工程摘要,如图 13.14 所示。

图 13.14　工程摘要

单击 OK 按钮,向导已生成工程框架,如图 13.15 所示。

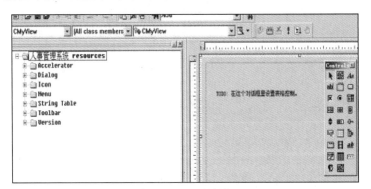

图 13.15　工程框架

3. 制作人事管理主窗体

向导已生成主窗体：Dialog 下的 IDD_MY_FORM，如图 13.16 所示。在此对话框中加
10 个静态标签控件（只是用来提示其旁边的编辑框），如表 13.2 所示。

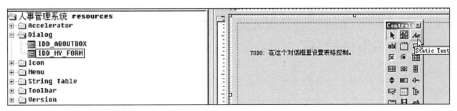

图 13.16　主窗体制作

表 13.2　标签控件登记表

控件 ID	控件类型	控件标题
IDC_STATIC_BT	静态标签	人事管理系统
IDC_STATIC_ZGBH	静态标签	职工编号
IDC_STATIC_ZGXM	静态标签	职工姓名
IDC_STATIC_ZGXB	静态标签	职工性别
IDC_STATIC_SZBM	静态标签	所在部门
IDC_STATIC_ZGNL	静态标签	职工年龄
IDC_STATIC_GZSJ	静态标签	工作时间
IDC_STATIC_JBGZ	静态标签	基本工资
IDC_STATIC_ZC	静态标签	职称
IDC_STATIC_JL	静态标签	简历

右击每个控件，选择 Properties（属性），在弹出的对话框中的 General 选项卡中可设置
其 ID 和 Caption（标题），如图 13.17 所示。

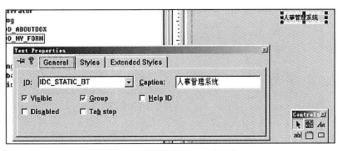

图 13.17　设置 ID 和标题

在对应的静态标签右边设置 9 个编辑框控件，并设置每个控件的属性，如图 13.18
所示。

各个编辑框控件如表 13.3 所示，设置后的主窗体如图 13.19 所示。

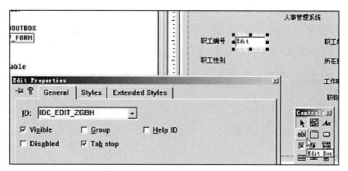

图 13.18　设置各个控件的属性

表 13.3　编辑框列表

控件 ID	控件类型	绑定数据库字段
IDC_EDIT_ZGBH	编辑框控件	职工编号
IDC_EDIT_ZGXM	编辑框控件	职工姓名
IDC_EDIT_ZGXB	编辑框控件	职工性别
IDC_EDIT_SZBM	编辑框控件	所在部门
IDC_EDIT_ZGNL	编辑框控件	职工年龄
IDC_EDIT_GZSJ	编辑框控件	工作时间
IDC_EDIT_JBGZ	编辑框控件	基本工资
IDC_EDIT_ZC	编辑框控件	职称
IDC_EDIT_JL	编辑框控件	简历

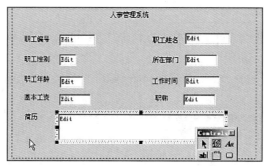

图 13.19　设置后的主窗体

　　为每个编辑框控件绑定数据源字段：选定一个编辑框控件，右击，选择"建立类向导"，在 MemberVariables（成员变量）中的 Class name 列表下选择 CMySet（数据库的结果集），如图 13.20 所示。

　　图 13.20 中的 Column Names 列是数据库字段资源，Member 列是在类中为其分配的成员变量，但"m_column＊"不好记，单击 Delete Variable 按钮，再单击 Add Variable... 按钮，在弹出的对话框中换为好记的名字，如图 13.21 所示。

　　重命名后的成员变量如图 13.22 所示。

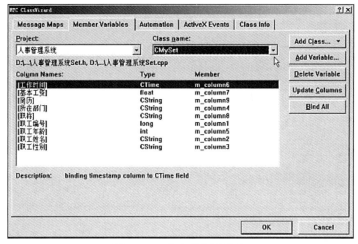

图 13.20　绑定数据源字段

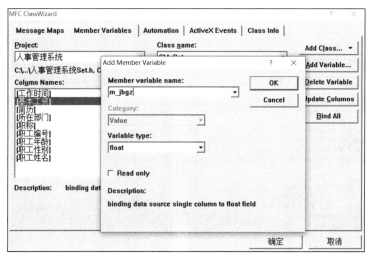

图 13.21　重命名成员变量

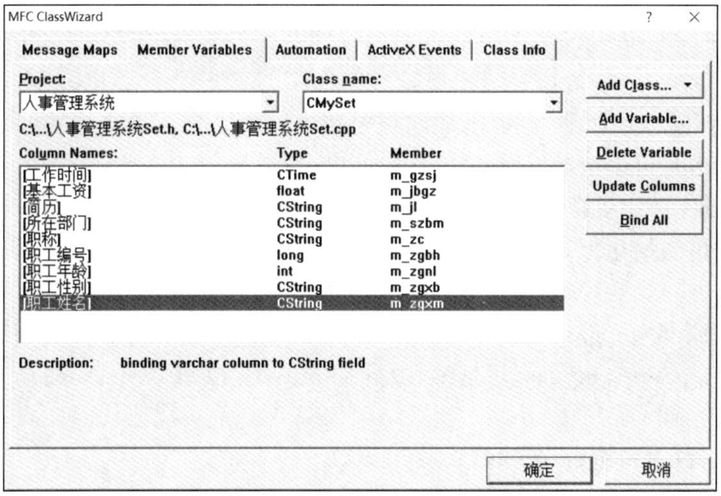

图 13.22　重命名后的成员变量名

将编辑框(在 CmyView 视图类中)与上述变量绑定：Add Variable…,然后选择而不是输入,如图 13.23 所示。

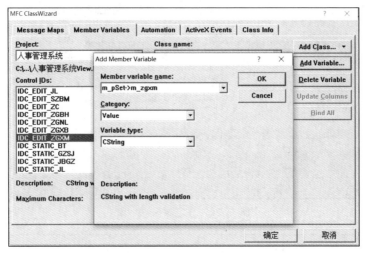

图 13.23　成员变量绑定 1

这时会发现唯独 IDC_EDIT_GZSJ 与 m_gzsj(工作时间)连不上(没有 m_pSet->m_gzsj 可选),在"人事管理系统 Set.h"文件中看一下 m_gzsj 的定义,如图 13.24 所示。

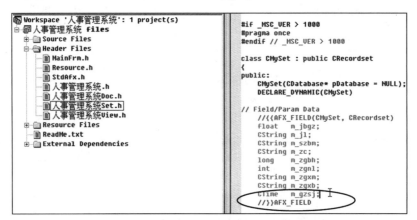

图 13.24　成员变量绑定 2

这里用的是 Ctime 类,此类有毛病(可能是版本问题),以下重点阐述"日期/时间字段"问题解决过程,本来可以把数据库的"工作时间"字段改为"文本"类型,这样向导就会自动对应 Cstring,从而回避此问题。此处不回避,主要目的是通过解决此问题,来了解 MFC 程序的结构,并且应该初始化为 0(即 NULL),因此检查一下 CmySet 类的构造函数,如图 13.25 所示。

发现唯独没有对 m_gzsj 初始化,因此加一句 m_gzsj＝0;再回去看看,结果还是不能绑定(还是没有 m_pSet->m_gzsj 可选)。放弃 Ctime 类,改用 COleDateTime 类,修改头文件,如图 13.26 所示。

更改构造函数中的初始化,如图 13.27 所示。

再回去看看,结果可以绑定了,注意类型变为 COleDateTime,如图 13.28 所示。

```
人事管理系统 classes
  CAboutDlg
  CMainFrame
  CMyApp
  CMyDoc
  CMySet
    AssertValid()
    CMySet(CDatabase *pDatabase = NULL)
    DoFieldExchange(CFieldExchange *pFX)
    Dump(CDumpContext &dc)
    GetDefaultConnect()
    GetDefaultSQL()
    m_gzsj
    m_jbgz
    m_jl
    m_szbm
    m_zc
    m_zgbh
    m_zgnl
    m_zgxb
    m_zgxm
  CMyView
  Globals
ClassView  ResourceView  FileView
```

```
#endif

///////////////////////////////////////////
// CMySet implementation

IMPLEMENT_DYNAMIC(CMySet, CRecordset)

CMySet::CMySet(CDatabase* pdb)
        : CRecordset(pdb)
{
    //{{AFX_FIELD_INIT(CMySet)
    m_jbgz = 0.0f;
    m_jl = _T("");
    m_szbm = _T("");
    m_zc = _T("");
    m_zgbh = 0;
    m_zgnl = 0;                    m_gzsj=NUL; .
    m_zgxm = _T("");
    m_zgxb = _T("");
    m_nFields = 9;
    //}}AFX_FIELD_INIT
    m_nDefaultType = snapshot;
}

CString CMySet::GetDefaultConnect()
{
    return _T("ODBC;DSN=人事管理系统");
}
```

图 13.25　成员变量绑定 3

```
人事管理系统Doc.h
人事管理系统Set.h
人事管理系统View.h
Resource Files
ReadMe.txt
External Dependencies
```

```
CMySet(CDatabase* pDatabase = NULL
    DECLARE_DYNAMIC(CMySet)

// Field/Param Data
//{{AFX_FIELD(CMySet, CRecordset)
    float    m_jbgz;
    CString  m_jl;
    CString  m_szbm;
    CString  m_zc;
    long     m_zgbh;
    int      m_zgnl;
    CString  m_zgxm;
    CString  m_zgxb;
    //CTime  m_gzsj;

    COleDateTime m_gzsj;
```

图 13.26　成员变量绑定 4

```
人事管理系统 classes
  CAboutDlg
  CMainFrame
  CMyApp
  CMyDoc
  CMySet
    AssertValid()
    CMySet(CDatabase *pDatabase = NULL)
    DoFieldExchange(CFieldExchange *pFX)
    GetDefaultConnect()
    GetDefaultSQL()
    m_gzsj
    m_jbgz
```

```
CMySet::CMySet(CDatabase* pdb)
        : CRecordset(pdb)
{
    //{{AFX_FIELD_INIT(CMySet)
    m_jbgz = 0.0F;
    m_jl = _T("");
    m_szbm = _T("");
    m_zc = _T("");
    m_zgbh = 0;
    m_zgnl = 0;
    m_zgxm = _T("");
    m_zgxb = _T("");

    //m_gzsj=NULL;
    m_gzsj=COleDateTime::GetCurrentTime();
```

图 13.27　成员变量绑定 5

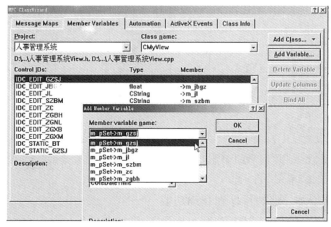

图 13.28　成员变量绑定 6

再到视图类中看看映射函数 DoDataExchange，已有映射了，如图 13.29 所示。

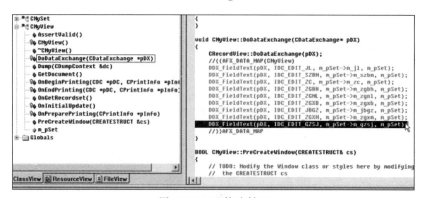

图 13.29　函数映射 1

保存并编译，发现出错，提示"DDX_FieldText(pDX,IDC_EDIT_GZSJ,m_pSet->m_gzsj,m_pSet);"中"DDX_FieldText：none of the 10 overloads can convert parameter 3 from type class COleDateTime，"可见 COleDateTime 与 CString 无法转换。

不用 Cstring，即不用编辑框控件 IDC_EDIT_GZSJ，取消其与 m_gzsj 的绑定，再删掉此编辑框控件；在对话框中加一个 Date Time Picker 控件，资源索引 ID 为 IDC_DATETIMEPICKER_GZSJ，并与 m_gzsj 绑定，如图 13.30 所示。

图 13.30　成员变量绑定 7

此时视图类中的映射函数 DoDataExchange 增加了一句：DDX_FieldDateTimeCtrl(pDX,DATETIMEPICKER_GZSJ,m_pSet->m_gzsj,m_pSet)，如图 13.31 所示。

图 13.31　函数映射 2

但编译报错：没有 DDX_FieldDateTimeCtrl 标识（此处是 VC 6.0 的 BUG），改为"DDX_DateTimeCtrl(pDX,DATETIMEPICKER_GZSJ,m_pSet->m_gzsj);"后编译通过。系统主界面设计如图 13.32 所示。

4．为系统实现增加、删除、排序和查询功能

（1）增加 4 个命令按钮，其 ID、类型和标题如表 13.4 所示。

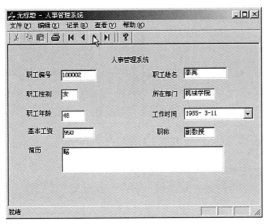

图 13.32　系统主界面设计 1

表 13.4　命令按钮列表

控件 ID	控件类型	控件标题
IDC_BUTTON_ADD	命令按钮	增加记录
IDC_BUTTON_DEL	命令按钮	删除记录
IDC_BUTTON_SORT	命令按钮	排序记录
IDC_BUTTON_FILTER	命令按钮	筛选记录

增加 4 个按钮后的系统主界面如图 13.33 所示。

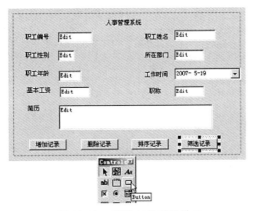

图 13.33　系统主界面设计 2

（2）增加新的对话框（窗体）及创建类成员。

在筛选记录时，需要一个对话框，用于输入查询的条件。增加对话框的方法如下。

在 VC 主菜单中选择"插入"→"资源"→"对话框（Dialog）类型"，放一个"分组框控件"，标题为"请输入过滤查询条件"，并在分组框内放一个"编辑框"控件，如图 13.34 所示。

新建对话框在工程中是不可识别的，必须为其定义一个新的"类"并做一个类的声明，才可在工程中调用。在对话框中右击然后选择 ClassWizard（类向导），如图 13.35 所示。提示必须创建新类，选择 Create a new class，如图 13.36 所示。

图 13.34　查询对话框设计

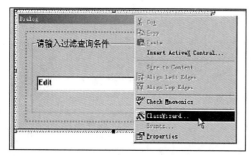

图 13.35　查询对话框类设计 1

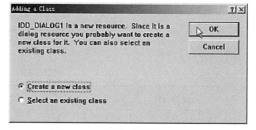

图 13.36　查询对话框类设计 2

在弹出的对话框中的 Name 框中输入 CDlgQuery，如图 13.37 所示。

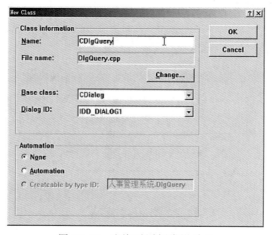

图 13.37　查询对话框类设计 3

切换到 Member Variables（成员变量）标签，为编辑框控件 IDC_EDIT1 增加成员变量 m_query，如图 13.38 所示。

（3）编制按钮的单击响应代码。

回到 IDD_MY_FORM 对话框，双击"增加记录"按钮，完成下列代码。

```cpp
void CMyView::OnButtonAdd()
{
    //TODO: Add your control notification handler code here
    m_pSet->AddNew();
    m_pSet->Update();           //更新记录集
    m_pSet->Requery();          //重新提取数据
```

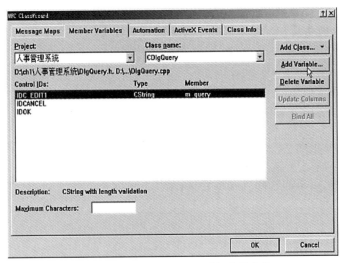

图 13.38　为 IDC_EDIT1 增加成员变量

```
    m_pSet->MoveLast();              //移动下一条记录
    m_pSet->Edit();
    UpdateData(FALSE);               //更新视图
}
```

双击"删除记录"按钮,完成下列代码:

```
void CMyView::OnButtonDel()
{
    //TODO: Add your control notification handler code here
    m_pSet->Delete();
    m_pSet->MoveNext();
    if(m_pSet->IsEOF())
        m_pSet->MoveLast();
    m_pSet->Requery();
    UpdateData(FALSE);
}
```

"筛选记录"按钮的响应代码:按职工编号查询,要用到对话框 IDD_DIALOG1 (CDlgQuery 类)来输入筛选条件,所以"人事管理系统 View.cpp"中要加入"#include "DlgQuery.h""。

```
CDlgQuery Dlgquery;
CString value;
if(Dlgquery.DoModal()==IDOK)         //"模式窗口方式打开,结束前不能操纵父窗口"
{
    value = "职工编号 = +"+Dlgquery.m_query+"";
    m_pSet->m_strFilter = value;
    m_pSet->Requery();
    UpdateData(FALSE);
}
```

双击"排序记录"按钮,完成下列代码(按职工编号排序):

```
m_pSet->m_strSort = "职工编号";
m_pSet->Requery();
```

```
UpdateData(FALSE);
```

说明：对于数据库操作可以采用异常处理机制下的保护代码，如下所示。

```
try
{
...    //被保护的代码
}
catch (CDBException * e)
{
        MessageBox(e->m_strError);    //对于异常信息的处理,这里是简单输出错误的信息
}
```

例如，对于删除记录的代码可以这样写：

```
try
{
     m_pSet->Delete();
     m_pSet->MoveNext();
     if(m_pSet->IsEOF())
         m_pSet->MoveLast();
     UpdateData(FALSE);
}
catch (CDBException * e)
{
     MessageBox(e->m_strError);
}
```

至此，程序在添加数据时仍有一些 BUG，可以尝试新建一个"添加数据对话框"CdlgAdd，编写如下代码：

```
CdlgAdd Dlgadd;
if(Dlgadd.DoModal()==IDOK)
{
     m_pSet->AddNew();
     m_pSet->m_zgbh=Dlgadd.m_zgbh;
     ...
     m_pSet->Update();
     m_pSet->Requery();
     m_pSet->MoveLast();
     UpdateData(FALSE);
}
```

也可以上网查找其他解决办法。

13.2.5 人事管理系统报告基本格式

人事管理系统的设计实验报告的基本内容包括封面、正文、附录 3 部分。

1. 封面

封面包括"'面向对象的编程技术'课程设计报告"字样及班级、姓名、设计时间、指导老师等信息。

2. 正文

（1）应用程序的名称。

（2）应用程序的主题、设计目的。

（3）应用程序简介：设计目的、功能介绍、基本内容、主要技术、运行环境等。

（4）应用程序的总体设计结构图、类层次图、主要运行界面的介绍。

（5）创新和难点：阐述创新的成功之处；在开发过程中遇到的重点、难点问题及解决过程。

（6）课程设计中目前存在的问题。

（7）设计实践过程中的心得体会。

3. 附录

附录中至少包括相关程序文件、程序的安装、使用说明。

13.3　坦克大战游戏

“面向对象编程技术课程设计”是一门独立开设的实验课程，旨在进一步强化学生对类、封装、继承、多态等面向对象基本概念的理解和运用，并通过一次较大规模的 OOP（面向对象编程）实践，对 OOD（面向对象设计）中的框架设计、职责分配和 OOA（面向对象分析）中的概念模型建立等问题有所领悟，为后续课程奠定扎实基础。

用交互的对象模拟问题域是面向对象方法的基本思想，而计算机游戏程序的开发能充分、直观地体现这一思路。在本课题中，需要模拟的对象很多，包括敌我各型坦克、炮弹、地形、障碍物和奖品等，上述对象之间的交互比较复杂。通过该系统的制作，可以帮助学生真正掌握面向对象程序设计的精髓。

显然，本课题的侧重点集中在领域层，因此，可以将视图层用到的技术尽可能最小化。计算机游戏与其他类型的计算机应用程序有很大的不同，沉浸感和交互性的优劣是计算机游戏成败的关键，游戏情节是否曲折、美工是否绚丽、场景绘制是否流畅、键鼠消息处理、游戏是否智能等都非常重要。不过为了突出重点，同时也是学时所限，可以暂时尽量回避这些问题。

13.3.1　坦克大战游戏设计的目的和意义

（1）坦克大战游戏设计的目的如下。

本课题提供的范例刻意在两方面做了最大的简化。

① 采用最简单的 Win32 多媒体编程技术（贴图、取按键、播放声音），目的就是突出领域层设计。

② 没有使用继承和多态，目的就是让学生体会到拙劣的设计对程序可扩展性带来的灾难性影响。

（2）坦克大战游戏设计的意义。

本课题通过模拟游戏中敌我各型坦克、炮弹、地形、障碍物和奖品等众多对象及对象间的交互，帮助学生真正掌握面向对象程序设计的精髓，同时对 OOD（面向对象设计）中的框架设计、职责分配和 OOA（面向对象分析）中的概念模型建立等问题有所领悟，为后续课程奠定扎实基础。

13.3.2 坦克大战游戏设计的基本要求

坦克大战游戏设计的基本要求如下。

(1) 本课题提供的范例只是用来帮助学生了解"自定义类"如何与"简单游戏框架"相衔接。学生必须运用抽象类,重新设计可扩展的程序架构,增加更多种类的游戏对象。

(2) 本课题有多种子类型的游戏对象必须设计接口类,接口类要有一定的前瞻性。例如,通常奖品类只是增加玩家的生命值,但"FC 坦克大战"游戏中的奖品有炸弹和冻结,奖品接口类能否适应此需求;通常子弹对象只是减少单一被命中对象的生命值,但"红色警戒"中的"放电车"和"电塔"涉及多个发射源和多个命中目标。

(3) 本课题尽可能减少各型子弹、坦克的"类型判断"对"碰撞检测逻辑"的影响。

13.3.3 坦克大战游戏设计的技术要点

1. 基于 Win32 API 的简单游戏框架

```
#include "stdafx.h"
#include<mmsystem.h>                     //PlaySound 播放 wav 文件,必需
#pragma comment(lib, "winmm.lib")        //PlaySound 播放 wav 文件,必需
//#pragma comment(lib,"User32.lib")      //GetAsyncKeyState 取按键,必需
//#include<stdio.h>
#include<stdlib.h>          //取随机数,需要


//******************全局变量
HDC        hdc;            //窗口 DC(窗口设备环境)
HDC        mdc;            //内存 DC
HDC        bufdc;          //缓冲 DC
HINSTANCE hInst;           //实例句柄
HWND       hWnd;           //窗口句柄
DWORD      tPre,tNow;      //上次重绘的结束时间滴,当前时间滴(本次重绘开始前的时间滴)
HBITMAP bg;                //背景位图对象
int winW = 800;            //窗口宽度
int winH = 600;            //窗口高度
int cW;                    //窗口客户区宽度
int cH;                    //窗口客户区高度
int num = 0;               //动画计数器


//******************函数原型声明
ATOM              MyRegisterClass(HINSTANCE hInstance);
BOOL              InitInstance(HINSTANCE, int);
LRESULT CALLBACK  WndProc(HWND, UINT, WPARAM, LPARAM);

void MyPaint(HDC hdc);

//******************程序入口
int APIENTRY WinMain(HINSTANCE hInstance,
                     HINSTANCE hPrevInstance,
                     LPSTR     lpCmdLine,
                     int       nCmdShow)
{
    MSG msg;
```

```
    MyRegisterClass(hInstance);
    //应用初始化
    if(!InitInstance(hInstance, nCmdShow))
    {
        return FALSE;
    }
     //消息循环
    while(msg.message!=WM_QUIT)
    {
        if(PeekMessage(&msg, NULL, 0,0,PM_REMOVE))
        {
            TranslateMessage(&msg);
            DispatchMessage(&msg);
        }
    else
    {
        tNow = GetTickCount();
        if(tNow-tPre >= 40)
        MyPaint(hdc);   //重绘
     }
    }
   return msg.wParam;
}
//************** 定义和注册窗口类
ATOM MyRegisterClass(HINSTANCE hInstance)
{
    WNDCLASSEX wcex;
    wcex.cbSize = sizeof(WNDCLASSEX);
    wcex.style          = CS_HREDRAW | CS_VREDRAW;
    wcex.lpfnWndProc    = (WNDPROC)WndProc;
    wcex.cbClsExtra      = 0;
    wcex.cbWndExtra      = 0;
    wcex.hInstance       = hInstance;
    wcex.hIcon          = NULL;
    wcex.hCursor         = NULL;
    wcex.hCursor         = LoadCursor(NULL, IDC_ARROW);
    wcex.hbrBackground   = (HBRUSH)(COLOR_WINDOW+1);
    wcex.lpszMenuName     = NULL;
    wcex.lpszClassName   = "frame";
    wcex.hIconSm          = NULL;
    return RegisterClassEx(&wcex);
}

//******************初始化函数
BOOL InitInstance(HINSTANCE hInstance, int nCmdShow)
{

    hInst = hInstance;
    HBITMAP bmp;
    hWnd = CreateWindow("frame", "简单游戏框架", WS_OVERLAPPEDWINDOW,
        CW_USEDEFAULT, 0, CW_USEDEFAULT, 0, NULL, NULL, hInstance, NULL);
    if(!hWnd)
    {
        return FALSE;
```

```
        }
        //显示更新窗口
        MoveWindow(hWnd, 0, 0, winW, winH, true);
        ShowWindow(hWnd, nCmdShow);
        UpdateWindow(hWnd);
        hdc = GetDC(hWnd);                      //获取窗口 DC
        mdc = CreateCompatibleDC(hdc);      //建立与窗口 DC 兼容的内存 DC
        bufdc = CreateCompatibleDC(hdc);    //建立与窗口 DC 兼容的缓冲 DC
        RECT clientRect;
        GetClientRect(hWnd, &clientRect);
        cW = clientRect.right;
        cH = clientRect.bottom;

        bmp = CreateCompatibleBitmap(hdc, winW, winH);
        SelectObject(mdc, bmp);
        bg = (HBITMAP)LoadImage(NULL, "黑背景.bmp", IMAGE_BITMAP, 800, 600, LR_
LOADFROMFILE);                              //加载位图文件到位图对象
        return TRUE;
    }


    //**********自定义重绘函数
    void MyPaint(HDC hdc)
    {
        BitBlt(hdc, 0, 0, 800, 600, mdc, 0, 0, SRCCOPY);
        tPre = GetTickCount();                  //取上次重绘的结束时间滴
        num++;
        if(num == 4)    num = 0;
    }


    //***************消息处理函数
    LRESULT CALLBACK WndProc(HWND hWnd, UINT message, WPARAM wParam, LPARAM lParam)
    {
        switch (message)
        {
         case WM_DESTROY:                      //窗口结束消息
            DeleteDC(mdc);
            DeleteDC(bufdc);
            DeleteObject(bg);
            ReleaseDC(hWnd, hdc);
            PostQuitMessage(0);
            break;
         default:                              //其他消息
            return DefWindowProc(hWnd, message, wParam, lParam);
        }
        return 0;
    }
```

该游戏框架对标准 Win32 程序的消息循环做了一点改进。程序从 WinMain 开始运行，MyRegisterClass 注册窗口类，InitInstance 完成初始化，然后就在 while(msg.message! = WM_QUIT)不断循环。若有系统消息，由 WndProc 处理，否则每隔 40 个时间滴(时间滴是本次启动后的计数值，单位是百万分之一秒)，调用 MyPaint(hdc)不断重绘自己画的内容。

2. 主要多媒体函数

(1) BitBlt(hdc,400,300,40,160,mdc,0,0,SRCCOPY);//贴图。

从内存 DC(mdc)的(0,0)处向右下裁剪 40×160,贴到窗口 DC(hdc)(400,300)处,如图 13.39 所示。

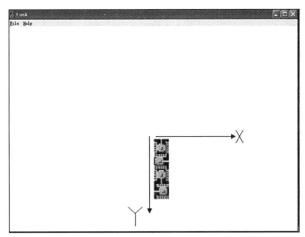

图 13.39　"贴图"示意图 1

通过改变此句可控制显示哪个方向的坦克,如坦克向左,BitBlt(hdc,400,300,40,40,mdc,0,120,SRCCOPY);/从内存 DC 的(0,120)处向右下裁剪 40×40,贴到窗口 DC(400,300)处,如图 13.40 所示。

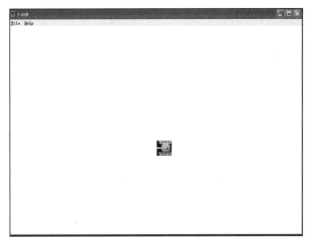

图 13.40　"贴图"示意图 2

(2) 播放声音。

```
PlaySound("爆炸声.wav", NULL, SND_FILENAME | SND_ASYNC);}
```

(3) 取按键。

```
if(GetAsyncKeyState(VK_UP))                      //如果是向上键
    {
        dir = DirUp;
        y -= speed;                              //按速度移动
```

```
        if(y <= 0+height/2) y = height/2;    //防止出界
    }
```

3. "自定义类"与"简单游戏框架"衔接范例部分源代码

衔接范例的文件组织如图 13.41 所示。

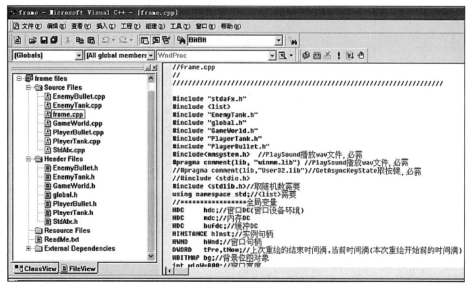

图 13.41　衔接范例的文件组织

```
//frame.cpp
#include "stdafx.h"
#include<list>
#include "EnemyTank.h"
#include "global.h"
#include "GameWorld.h"
#include "PlayerTank.h"
#include "PlayerBullet.h"
#include<mmsystem.h>                       //PlaySound 播放 wav 文件,必需
#pragma comment(lib, "winmm.lib")         //PlaySound 播放 wav 文件,必需
//#pragma comment(lib,"User32.lib")       //GetAsyncKeyState 取按键,必需
//#include<stdio.h>
#include<stdlib.h>                         //取随机数,需要
using namespace std;                       //<list>需要
//****************全局变量
HDC hdc;                                   //窗口 DC(窗口设备环境)
HDC mdc;                                   //内存 DC
HDC bufdc;                                 //缓冲 DC
HINSTANCE hInst;                           //实例句柄
HWND hWnd;                                 //窗口句柄
DWORD tPre,tNow;                           //上次重绘的结束时间滴,当前时间滴
                                           //(本次重绘开始前的时间滴)
HBITMAP bg;                                //背景位图对象
int winW = 800;                            //窗口宽度
int winH = 600;                            //窗口高度
int cW;                                    //窗口客户区宽度
int cH;                                    //窗口客户区高度
```

```
int num = 0;                                        //动画计数器
HBITMAP bz;                                         //爆炸位图对象
HBITMAP gameOverBITMAP;
BOOL gameOver;
GameWorld gameWorld;                               //游戏世界对象

//*****************函数原型声明
ATOM MyRegisterClass(HINSTANCE hInstance);
BOOL InitInstance(HINSTANCE, int);
LRESULT CALLBACK WndProc(HWND, UINT, WPARAM, LPARAM);
void MyPaint(HDC hdc);
HBITMAP PlayerTank::ptBITMAP = (HBITMAP)LoadImage(NULL,"玩家坦克.bmp",IMAGE_
BITMAP, 40,160,LR_LOADFROMFILE);                   //加载位图文件到位图对象
HBITMAP EnemyTank::etBITMAP = (HBITMAP)LoadImage(NULL,"敌人坦克.bmp",IMAGE_
BITMAP,40,160,LR_LOADFROMFILE);
HBITMAP PlayerBullet::pbBITMAP = (HBITMAP)LoadImage(NULL,"玩家子弹.bmp",IMAGE_
BITMAP,8,8,LR_LOADFROMFILE);
HBITMAP EnemyBullet::ebBITMAP = (HBITMAP)LoadImage(NULL,"敌人子弹.bmp",IMAGE_
BITMAP,8,8,LR_LOADFROMFILE);

//*****************程序入口
int APIENTRY WinMain(HINSTANCE hInstance,
                     HINSTANCE hPrevInstance,
                     LPSTR     lpCmdLine,
                     int       nCmdShow)
{
    MSG msg;
    MyRegisterClass(hInstance);
    //应用初始化
    if(!InitInstance(hInstance, nCmdShow))
    {
        return FALSE;
    }

    //消息循环
    while(msg.message!=WM_QUIT)
    {
        if(PeekMessage(&msg, NULL, 0,0,PM_REMOVE))
        {
            TranslateMessage(&msg);
            DispatchMessage(&msg);
        }
    else
    {
        tNow = GetTickCount();
        if(tNow-tPre >= 40)
        MyPaint(hdc);                              //重绘
        gameWorld.moveAll();
        gameWorld.drawAll();
        }
    }
    return msg.wParam;
}
```

```
//**************定义和注册窗口类
ATOM MyRegisterClass(HINSTANCE hInstance)
{
    WNDCLASSEX wcex;
    wcex.cbSize = sizeof(WNDCLASSEX);
    wcex.style = CS_HREDRAW | CS_VREDRAW;
    wcex.lpfnWndPro = (WNDPROC)WndProc;
    wcex.cbClsExtra    = 0;
    wcex.cbWndExtra     = 0;
    wcex.hInstance = hInstance;
    wcex.hIcon = NULL;
    wcex.hCursor = NULL;
    wcex.hCursor = LoadCursor(NULL, IDC_ARROW);
    wcex.hbrBackground = (HBRUSH)(COLOR_WINDOW+1);
    wcex.lpszMenuName = NULL;
    wcex.lpszClassName = "frame";
    wcex.hIconSm = NULL;
    return RegisterClassEx(&wcex);
}

//******************初始化函数
BOOL InitInstance(HINSTANCE hInstance, int nCmdShow)
{
    hInst = hInstance;
    HBITMAP bmp;
    hWnd = CreateWindow("frame", "简单游戏框架", WS_OVERLAPPEDWINDOW, CW_
USEDEFAULT, 0, CW_USEDEFAULT, 0, NULL, NULL, hInstance, NULL);
    if(!hWnd)
    {
        return FALSE;
    }
    //显示更新窗口
    MoveWindow(hWnd,0,0,winW,winH,true);
    ShowWindow(hWnd, nCmdShow);
    UpdateWindow(hWnd);

    hdc = GetDC(hWnd);                          //获取窗口 DC
    mdc = CreateCompatibleDC(hdc);              //建立与窗口 DC 兼容的内存 DC
    bufdc = CreateCompatibleDC(hdc);            //建立与窗口 DC 兼容的缓冲 DC
    RECT clientRect;
    GetClientRect(hWnd, &clientRect);
    cW = clientRect.right;
    cH = clientRect.bottom;
    bmp = CreateCompatibleBitmap(hdc,winW,winH);
    SelectObject(mdc,bmp);
    bg = (HBITMAP)LoadImage(NULL,"黑背景.bmp", IMAGE_BITMAP, 800, 600, LR_
LOADFROMFILE);
    bz = (HBITMAP)LoadImage(NULL,"爆炸.bmp", IMAGE_BITMAP, 40, 160, LR_
LOADFROMFILE);                                 //加载位图文件到位图对象
    gameOverBITMAP = (HBITMAP)LoadImage(NULL,"失败.bmp",IMAGE_BITMAP,800,600,LR
_LOADFROMFILE);
    gameWorld.init();
    return TRUE;
}
```

```
//**********自定义重绘函数
void MyPaint(HDC hdc)
{
    BitBlt(hdc,0,0,800,600,mdc,0,0,SRCCOPY);
    tPre = GetTickCount();                       //取上次重绘的结束时间滴
    num++;
    if(num == 4)    num = 0;
}

//***************消息处理函数
LRESULT CALLBACK WndProc(HWND hWnd, UINT message, WPARAM wParam, LPARAM lParam)
{
    switch (message)
    {
        case WM_DESTROY:                         //窗口结束消息
            DeleteDC(mdc);
            DeleteDC(bufdc);
            DeleteObject(bg);
            DeleteObject(bz);
            ReleaseDC(hWnd,hdc);
            DeleteObject(PlayerTank::ptBITMAP);
            DeleteObject(EnemyTank::etBITMAP);
            DeleteObject(PlayerBullet::pbBITMAP);
            gameWorld.destory();
            PostQuitMessage(0);
            break;
        default:                                 //其他消息
            return DefWindowProc(hWnd, message, wParam, lParam);
    }
    return 0;
}

//global.h
#if !defined(Global_H)
    #define Global_H
    enum Direction
    {
        DirUp = 0,
        DirRight    = 1,
        DirDown     = 2,
        DirLeft     = 3,
    };
    //全局变量声明
#endif

//PlayerTank.h: interface for the PlayerTank class.
#if !defined(AFX_PLAYERTANK_H__19A5E98B_4663_45CD_8875_E7DB80D7705E__INCLUDED_)
#define AFX_PLAYERTANK_H__19A5E98B_4663_45CD_8875_E7DB80D7705E__INCLUDED_
#include "list"
using namespace std;                             //用 list,必需
#include "global.h"
#include "EnemyTank.h"
class PlayerTank
{
```

```
protected:
        int x,y,width,height;                      //坐标(图片的中心点画在此处),宽,高
        Direction dir;                             //方向
        int speed;                                 //速度
        int blood;                                 //生命值
        DWORD lastTickCount;                       //最近时间滴
        DWORD delayTimer;                          //延时时间滴,对象苏醒的间隔
        BOOL  dead;                                //死亡标志
public:
        static HBITMAP ptBITMAP;                   //玩家坦克图片对象
        PlayerTank(int X, int Y, int Width, int Height, Direction Dir, int Speed, int
Blood,DWORD LastTickCount,DWORD DelayTimer,BOOL Dead = FALSE);
                                                   //构造函数,新建对象必须是活的
        ~PlayerTank();
        void getRect(RECT& R); //取得对象占据的矩形区域(RECT 是 Win32 API 中的矩形结构体)
        BOOL isMyTime();    //根据"当前时间滴-最近时间滴>=延时时间滴"判断是否该我表演了
        int getBlood();
        void setBlood(int Blood);
        void setDead();                            //设为死亡
        BOOL getDead();                            //检查是否死亡
        BOOL hitET(EnemyTank * pET);               //碰撞敌方坦克
        void move();                               //对象的"表演"
        void draw();                               //绘制对象
};

#endif

//PlayerTank.cpp: implementation of the PlayerTank class.
#include "stdafx.h"
#include "PlayerTank.h"
#include "GameWorld.h"
extern HDC        hdc;                             //窗口 DC
extern HDC        mdc;                             //内存 DC
extern HDC        bufdc;                           //缓冲 DC
extern HINSTANCE hInst;                            //实例句柄
extern HWND      hWnd;                             //窗口句柄
extern DWORD      tPre,tNow;                       //上次重绘的结束时间滴,当前时间滴(本次重绘开
                                                   //始前的时间滴)
extern HBITMAP bg;                                 //背景位图对象
extern int winW;                                   //窗口宽度
extern int winH;                                   //窗口高度
extern int cW;                                     //窗口客户区宽度
extern int cH;                                     //窗口客户区高度
extern int num;
extern HBITMAP bz;
extern GameWorld gameWorld;                        //游戏世界

PlayerTank::PlayerTank(int X,int Y,int Width,int Height,Direction Dir,int Speed,
int Blood,DWORD LastTickCount,DWORD DelayTimer,BOOL Dead)
                                                   //构造函数,新建对象必须是活的
{
    x = X;
    y = Y;
    width = Width;
```

```
        height = Height;
        dir = Dir;
        speed = Speed;
        blood = Blood;
        lastTickCount = LastTickCount;
        delayTimer = DelayTimer;
        dead = Dead;
}
PlayerTank::~PlayerTank(){};

int PlayerTank::getBlood(){return blood;}
void PlayerTank::setBlood(int Blood){blood = Blood;}
void PlayerTank::setDead() {dead = TRUE;}      //设为死亡
BOOL PlayerTank::getDead(){return(dead);}      //检查是否死亡

void PlayerTank::getRect(RECT& R)
//取得对象占据的矩形区域(RECT 是 Win32 API 中的矩形结构体)
{
        R.left = x-width/2;
        R.top = y-height/2;
        R.right = x+width/2;
        R.bottom = y+height/2;
}
BOOL PlayerTank::isMyTime()
//根据"当前时间滴-最近时间滴>=延时时间滴"判断是否该我表演了
{
        if(GetTickCount()-lastTickCount>=delayTimer)
        {
                lastTickCount = GetTickCount();
                return TRUE;
        }
        return FALSE;
}

BOOL PlayerTank::hitET(EnemyTank * pET)         //碰撞敌方坦克
{
        RECT rc1,rc2,temp;
        getRect(rc1);
        pET->getRect(rc2);
        return IntersectRect(&temp,&rc1,&rc2);
        //3 个参数是 Win32 SDK 的,不是 MFC 的。rc1、rc2 矩形的交集赋 temp(没用到),返回真假
}
void PlayerTank::move()
{
        if(!isMyTime()) return;
        if(blood<0)
        {
                setDead();                      //设置死亡标志
                //新建一个爆炸对象,插入爆炸链表中
                return;
        }
        //处理方向按键,尝试改变方向和移动坦克
        int oldX = x, oldY = y;                 //保存原坐标
        if(GetAsyncKeyState(VK_UP))             //如果是向上键
```

```
        {
            dir = DirUp;
            y -= speed;                            //按速度移动
            if(y <= 0+height/2) y = height/2;    //防止出界
        }
        if(GetAsyncKeyState(VK_RIGHT))
        {
            dir = DirRight;
            x += speed;
            if(x >= cW-width/2) x = cW-width/2;
        }
        if(GetAsyncKeyState(VK_DOWN))
        {
            dir = DirDown;
            y += speed;
            if(y >= cH-height/2) y = cH-height/2;
        }
        if(GetAsyncKeyState(VK_LEFT))
        {
            dir = DirLeft;
            x -= speed;
            if(x <= 0+width/2) x = width/2;
        }
        BOOL canMove = TRUE;                       //试探性移动
        if(gameWorld.ptHitAllET(this))          //与所有敌方坦克是否碰撞,若为真,不能移动
            canMove = FALSE;
        if(canMove ==FALSE) {x = oldX;y = oldY; }      //不能移动,恢复原坐标

        static DWORD fireTick = GetTickCount();
        if(GetTickCount()-fireTick>200)     //我方子弹发射间隔
        {if(GetAsyncKeyState(VK_LCONTROL)) //左 ctrl 发射
            {
            PlayerBullet * pPB = new PlayerBullet(x,y,8,8,dir,8,50,0,40,FALSE);
            gameWorld.addPB(pPB);
            PlaySound("子弹发射声.wav", NULL, SND_FILENAME | SND_ASYNC);
            }
        fireTick = GetTickCount();
        }
}
void PlayerTank::draw()
{
    SelectObject(bufdc,PlayerTank::ptBITMAP);            //缓冲区关联玩家坦克图片对象
    BitBlt(mdc,x-width/2,y-height/2,width,height,bufdc,0,height * dir,
SRCCOPY);                                                //缓冲区贴到内存区
}
//EnemyTank.h: interface for the EnemyTank class.
与玩家坦克类似,略
//EnemyTank.cpp: implementation of the EnemyTank class.
与玩家坦克类似,只写出主要不同之处
...
void EnemyTank::move()
{
  if(!isMyTime()) return;
  if(blood<0)
```

```
    {
        setDead();                                    //设置死亡标志
        //新建一个爆炸对象,插入爆炸链表中
        ////////////////////////限于篇幅,暂时未做。直接播放了一个动画:未必总能显示
        SelectObject(bufdc,bz);
        if(num <= 3){BitBlt(mdc,x-width/2,y-height/2,40,40,bufdc,0,40 * num,
SRCCOPY);
        PlaySound("爆炸声.wav", NULL, SND_FILENAME | SND_ASYNC);}
        BitBlt(hdc,0,0,800,600,mdc,0,0,SRCCOPY);
        /////////////////////
        return;
    }
    int r = rand()%100;                               //产生 0~100 的随机数
    int oldX = x, oldY = y;                           //保存原坐标
    if(r<=3)                                          //3%概率
        dir = (Direction)r;
    else
      if(r<5)                                         //2%概率
        {EnemyBullet * pEB = new EnemyBullet(x,y,8,8,dir,5,150,0,40,FALSE);
         gameWorld.addEB(pEB);
         PlaySound("子弹发射声.wav", NULL, SND_FILENAME | SND_ASYNC);
        }
      else
        {
          switch(dir)                                 //试探性移动
          {
            case DirUp:     y -= speed;  break;
            case DirRight:  x += speed;  break;
            case DirDown:   y += speed;  break;
            case DirLeft:   x -= speed;  break;
          }
        }
    BOOL canMove = TRUE;                              //假设可移动
    if(gameWorld.etHitElseET(this))                   //与其他敌方坦克是否碰撞,若
为真,不能移动
        canMove = FALSE;
    if(x<=width/2||x>=cW-width/2||y<=height/2||y>=cH-height/2) canMove =
FALSE;                                              //出界
    if(gameWorld.etHitPT(this))                       //与玩家坦克是否碰撞,若为
真,不能移动
        canMove = FALSE;
    if(canMove ==FALSE) {x = oldX;y = oldY;}          //不能移动,恢复原坐标
}

void  EnemyTank::draw()
{
    SelectObject(bufdc,EnemyTank::etBITMAP);
    BitBlt(mdc,x-width/2,y-height/2,width,height,bufdc,0,height * this->dir,
SRCCOPY);
}

//PlayerBullet.h: interface for the PlayerBullet class.
#if !defined(AFX_PLAYERBULLET_H__27D0EDE1_AE62_4A72_9BC4_B363E6E27A32__INCLUDED_)
#define AFX_PLAYERBULLET_H__27D0EDE1_AE62_4A72_9BC4_B363E6E27A32__INCLUDED_
```

```cpp
#include "global.h"
#include "EnemyTank.h"
#include "EnemyBullet.h"
#include<mmsystem.h>                          //PlaySound 播放 wav 文件,必需
#pragma comment(lib, "winmm.lib")            //PlaySound 播放 wav 文件,必需
class PlayerBullet
{
protected:
    int x, y, width, height;                 //坐标(图片的中心点画在此处),
宽,高
    Direction dir;                           //方向
    int speed;                               //速度
    int power;                               //杀伤力
    DWORD lastTickCount;                     //最近时间滴
    DWORD delayTimer;                        //延时时间滴,对象苏醒的间隔
    BOOL dead;                               //死亡标志

public:
    static HBITMAP pbBITMAP;                 //玩家子弹图片对象
    PlayerBullet(int X, int Y, int Width, int Height, Direction Dir, int Speed, int
Power,DWORD LastTickCount,DWORD DelayTimer,BOOL Dead = FALSE);
    ~PlayerBullet();
    void getRect(RECT& R);    //取得对象占据的矩形区域(RECT 是 Win32 API 中的矩形结构体)
    BOOL isMyTime();     //根据"当前时间滴-最近时间滴>=延时时间滴"判断是否该我表演了
    int getPower();
    void setDead();                          //设为死亡
    BOOL getDead();                          //检查是否死亡
    BOOL hitET(EnemyTank * pET);
    BOOL hitEB(EnemyBullet * pEB);
    void move();                             //对象的"表演"
    void draw();                             //绘制对象
};
#endif //!defined(AFX_PLAYERBULLET_H__27D0EDE1_AE62_4A72_9BC4_B363E6E27A32__
INCLUDED_)


//PlayerBullet.cpp: implementation of the PlayerBullet class.
#include "stdafx.h"
#include "PlayerBullet.h"
#include "GameWorld.h"
//////////////////////////////////////////////////////////////////////
//Construction/Destruction
//////////////////////////////////////////////////////////////////////
extern HDC hdc;                              //窗口 DC
extern HDC mdc;                              //内存 DC
extern HDC bufdc;                            //缓冲 DC
extern HINSTANCE hInst;                      //实例句柄
extern HWND hWnd;                            //窗口句柄
extern DWORD tPre,tNow;                      //上次重绘的结束时间滴,当前时间滴
                                             //(本次重绘开始前的时间滴)
extern HBITMAP bg;                           //背景位图对象
extern int winW;                             //窗口宽度
extern int winH;                             //窗口高度
extern int cW;                               //窗口客户区宽度
extern int cH;                               //窗口客户区高度
```

```
extern int num;
extern HBITMAP bz;
extern GameWorld gameWorld;                            //游戏世界

PlayerBullet::PlayerBullet(int X, int Y, int Width, int Height, Direction Dir, int
Speed, int Power, DWORD LastTickCount, DWORD DelayTimer, BOOL Dead)
//构造函数,新建对象必须是活的
{
    x = X;
    y = Y;
    width = Width;
    height = Height;
    dir = Dir;
    speed = Speed;
    power = Power;
    lastTickCount = LastTickCount;
    delayTimer = DelayTimer;
    dead = Dead;
}
PlayerBullet::~PlayerBullet(){};
int PlayerBullet::getPower() {return power;}
void PlayerBullet::setDead() {dead = TRUE;}             //设为死亡
BOOL PlayerBullet::getDead() {return(dead);}            //检查是否死亡
void PlayerBullet::getRect(RECT& R)
{
    R.left = x-width/2;
    R.top = y-height/2;
    R.right = x+width/2;
    R.bottom = y+height/2;
}
BOOL PlayerBullet::isMyTime()
//根据"当前时间滴-最近时间滴>=延时时间滴"判断是否该我表演了
{
  if(GetTickCount()-lastTickCount>=delayTimer)
    {
      lastTickCount = GetTickCount();
      return TRUE;
    }
   return FALSE;
}
BOOL PlayerBullet::hitET(EnemyTank * pET)              //碰撞敌方坦克
{
    RECT rc1, rc2, temp;
    getRect(rc1);
    pET->getRect(rc2);
    return IntersectRect(&temp, &rc1, &rc2);
    //3个参数是 Win32 SDK 的,不是 MFC 的。rc1、rc2 矩形的交集赋 temp(没用到),返回真假
}

BOOL PlayerBullet::hitEB(EnemyBullet * pEB)            //碰撞敌方子弹
{
    RECT rc1, rc2, temp;
    getRect(rc1);
    pEB->getRect(rc2);
```

```
        return IntersectRect(&temp,&rc1,&rc2);
        //3个参数是 Win32 SDK 的,不是 MFC 的。rc1、rc2 矩形的交集赋 temp(没用到),返回真假
}


void PlayerBullet::move()
{
    if(!isMyTime()) return;
    switch(dir)                                    //移动
      {
        case DirUp:     y -= speed;  break;
        case DirRight:  x += speed;  break;
        case DirDown:   y += speed;  break;
        case DirLeft:   x -= speed;  break;
      }
    if(x<=width/2||x>=cW-width/2||y<=height/2||y>=cH-height/2) setDead();
                                                   //出界,设置死亡标志
    //千万不能像下句那样从链表中剔除,因为此时程序还在该对象中运行。交给游戏世界的
    //moveAll 去处理
    //if(getDead()) gameWorld.removePB(this);
    if(gameWorld.pbHitAllET(this))   //与全部敌方坦克是否碰撞,若为真,敌方坦克减血,子弹死
    {
        this->setDead();
    }
if(gameWorld.pbHitAllEB(this))  //与全部敌方子弹是否碰撞,若为真,敌方子弹死,本子弹死
    {
        this->setDead();
    }
    if(speed>8)
            speed = 8;       //子弹不能太快,否则会跳过敌方子弹或坦克
}


void  PlayerBullet::draw()
{
    SelectObject(bufdc,PlayerBullet::pbBITMAP);
    BitBlt(mdc,x-width/2,y-height/2,width,height,bufdc,0,0,SRCCOPY);
}


//EnemyBullet.h: interface for the EnemyBullet class.
与玩家子弹有较多相似之处,略
//EnemyBullet.cpp: implementation of the EnemyBullet class.
与玩家子弹有较多相似之处,略
//GameWorld.h: interface for the GameWorld class.
#if !defined(AFX_GAMEWORLD_H__DF1C81EA_241B_4A0A_9611_71FF28BE0413__INCLUDED_)
#define AFX_GAMEWORLD_H__DF1C81EA_241B_4A0A_9611_71FF28BE0413__INCLUDED_
#include<list>
#include "global.h"
#include "PlayerTank.h"
#include "EnemyTank.h"
#include "PlayerBullet.h"
#include "EnemyBullet.h"
using namespace std;


class GameWorld
{
```

```
protected:
        PlayerTank * pt;                              //一个玩家对象指针
        list <EnemyTank * > etList;                   //一组敌人坦克指针的 list
        list <PlayerBullet * > pbList;                //一组玩家子弹指针的 list
        list <EnemyBullet * > ebList;                 //一组敌人子弹指针的 list
public:
        GameWorld();
        ~GameWorld() {}
        void init();                                  //初始化游戏世界
        void destory();                               //销毁游戏世界
        void moveAll();                               //所有对象"表演"
        void drawAll();                               //所有对象绘制
        BOOL ptHitAllET(PlayerTank * pPT);            //玩家与所有敌方坦克进行碰撞检测
        BOOL etHitElseET(EnemyTank * pET);
        BOOL etHitPT(EnemyTank * pET);
        //void removePB(PlayerBullet * pPB);
        void addPB(PlayerBullet * pPB);
        BOOL pbHitAllET(PlayerBullet * pPB);
        void addEB(EnemyBullet * pEB);
        BOOL ebHitPT(EnemyBullet * pEB);
        BOOL pbHitAllEB(PlayerBullet * pPB);

};


#endif //!defined(AFX_GAMEWORLD_H__DF1C81EA_241B_4A0A_9611_71FF28BE0413__
INCLUDED_)


//GameWorld.cpp: implementation of the GameWorld class.
#include "stdafx.h"
#include "GameWorld.h"

extern HDC hdc;                                  //窗口 DC
extern HDC mdc;                                  //内存 DC
extern HDC bufdc;                                //缓冲 DC
extern HINSTANCE hInst;                          //实例句柄
extern HWND hWnd;                                //窗口句柄
extern DWORD tPre,tNow;                          //上次重绘的结束时间滴,当前时间滴
                                                 //(本次重绘开始前的时间滴)
extern HBITMAP bg;                               //背景位图对象
extern int winW;                                 //窗口宽度
extern int winH;                                 //窗口高度
extern int cW;                                   //窗口客户区宽度
extern int cH;                                   //窗口客户区高度
extern int num;
extern HBITMAP bz;
extern HBITMAP gameOverBITMAP;
extern BOOL gameOver;


/////////////////////////////////////////////////////////////////
//Construction/Destruction
/////////////////////////////////////////////////////////////////

GameWorld::GameWorld()
{
```

```
    }

void GameWorld::init()
{
    gameOver = FALSE;
    pt = new PlayerTank(600,300,40,40,DirUp,10,100,/* 0, * /0,100,FALSE);
                                                    //1个玩家坦克
    srand(GetTickCount());    //随机数种子
    for (int i = 0;i<=8;i++) //随机位置、方向、速度(将来也可加类型)产生9个敌人坦克
    {
        int randX = 20+rand()%(cW-40);
        int randY = 20+rand()%(cH-40);
        int randDir = rand()%3;
        int randSpeed = rand()%8;      //产生0~8的随机数
        EnemyTank * pET = new EnemyTank(randX,randY,40,40,(Dire ction)rand
Dir,randSpeed,100,0,100,FALSE);
        etList.push_back(pET);
    }
}
void GameWorld::destory()
{
    delete pt;
    list<EnemyTank * >::iterator i;
    for(i = etList.begin(); i !=etList.end(); ++i)
        delete(* i);

    list<PlayerBullet * >::iterator j;
    for(j = pbList.begin(); j !=pbList.end(); ++j)
        delete(* j);

    list<EnemyBullet * >::iterator k;
    for(k = ebList.begin(); k !=ebList.end(); ++k)
        delete(* k);

}
void GameWorld::moveAll()
{
    if(pt->getDead())
        gameOver = TRUE;
    else
        pt->move();

    list<EnemyTank * >::iterator i;
    for(i = etList.begin(); i !=etList.end();)
    {
        if((* i)->getDead())
        {
            delete(* i);
            i = etList.erase(i);
        }
        else
        {
            (* i)->move();
            ++i;
```

```
                }
        }

        list<PlayerBullet*>::iterator j;
        for(j = pbList.begin(); j !=pbList.end();)
        {
                if((*j)->getDead())
                {
                        delete(*j);
                        j = pbList.erase(j);
                }
            else
            {
                    (*j)->move();
                    ++j;
            }
        }

        list<EnemyBullet*>::iterator k;
        for(k = ebList.begin(); k !=ebList.end();)
        {
            if((*k)->getDead())
            {
                    delete(*k);
                    k = ebList.erase(k);
            }
            else
            {
                    (*k)->move();
                    ++k;
            }
        }
}

void GameWorld::drawAll()
{
        SelectObject(bufdc,bg);
        BitBlt(mdc,0,0,cW,cH,bufdc,0,0,SRCCOPY);

        if(!gameOver)
        {
            pt->draw();
        }
        else
        {
            SelectObject(bufdc,gameOverBITMAP);
            BitBlt(mdc,0,0,cW,cH,bufdc,0,0,SRCCOPY);
        }
        list<EnemyTank*>::iterator i;
        for(i = etList.begin(); i !=etList.end(); ++i)
            if((*i)!=NULL)    (*i)->draw();

        list<PlayerBullet*>::iterator j;
        for(j = pbList.begin(); j !=pbList.end(); ++j)
```

```
                if((*j)!=NULL)   (*j)->draw();

        list<EnemyBullet * >::iterator k;
        for(k = ebList.begin(); k !=ebList.end(); ++k)
                if((*k)!=NULL)    (*k)->draw();
}
BOOL GameWorld:: ptHitAllET(PlayerTank * ppt)    //玩家坦克与全部敌方坦克碰撞检测
{
        list<EnemyTank * >::iterator i;
        for(i = etList.begin(); i !=etList.end(); ++i)
                if(ppt->hitET(*i)) return TRUE;
        return FALSE;
}
BOOL GameWorld:: etHitElseET(EnemyTank * pET)    //敌方坦克与其余敌方坦克碰撞检测
{
        list<EnemyTank * >::iterator i;
        for(i = etList.begin(); i !=etList.end(); ++i)
                if((*i)!=pET)
                        if(pET->hitET(*i)) return TRUE;
            return FALSE;
}


BOOL GameWorld::etHitPT(EnemyTank * pET)          //敌方坦克与玩家坦克碰撞检测
{
        return(pt->hitET(pET));
}
void GameWorld::addPB(PlayerBullet * pPB)         //加入玩家子弹
{
        pbList.push_back(pPB);
}
BOOL GameWorld::pbHitAllET(PlayerBullet * pPB) //玩家子弹碰撞全部敌方坦克
{
        list<EnemyTank * >::iterator i;
        for(i = etList.begin(); i !=etList.end(); ++i)
                if(pPB->hitET(*i)) {(*i)->setBlood(  (*i)->getBlood()-pPB->
getPower()); return TRUE;}
        return FALSE;
}


void GameWorld::addEB(EnemyBullet * pEB)          //加入敌方子弹
{
        ebList.push_back(pEB);
}
BOOL GameWorld::ebHitPT(EnemyBullet * pEB)         //敌方子弹碰撞唯一玩家坦克
{
      if(pEB->hitPT(pt)) {
                    pt->setBlood(pt->getBlood()-pEB->getPower());
                    return TRUE;
}
return FALSE;
}


BOOL GameWorld::pbHitAllEB(PlayerBullet * pPB) //玩家子弹碰撞全部敌方子弹
{
```

```
list<EnemyBullet * >:: iterator i;
for(i = ebList.begin(); i !=ebList.end(); ++i)
      if(pPB->hitEB( * i)) {( * i)->setDead();      return TRUE;}
return FALSE;
}
```

衔接范例的运行截图如图 13.42 所示。

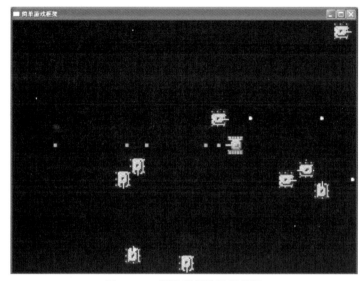

图 13.42　衔接范例的运行截图

4. 改进框架设计

（1）类族层次示意图如图 13.43 所示。

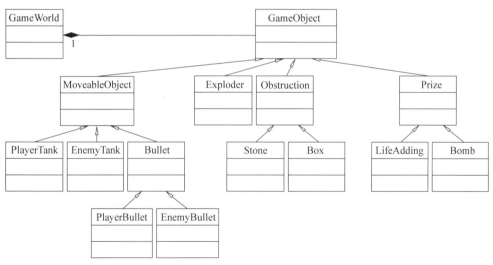

图 13.43　类族层次示意图

（2）类型识别。

可以定义类族的"类型编码"或采用"运行时类型识别"，两种方案各有利弊。

（3）主要伪代码。

```
///////////////////////////////////////////////////////////////////
//GameObject 类
class GameObject                     //所有游戏对象的根类
{
protected:
    int x,y,width,height;            //对象的左上角坐标(比用中心点坐标方便),宽,高
    GameObjectType type;             //游戏对象类型,便于实现碰撞检测
    DWORD lastTickCount;             //最近时间滴(时间滴是自本次开机后的计数值,单位是
                                     //百万分之一秒)
    DWORD delayTimer;                //延时时间滴,对象苏醒的间隔
    BOOL  dead;                      //死亡标志

public:
     GameObject (int X, int Y, int Width, int Height, GameObjectType Type, DWORD
LastTickCount,DWORD DelayTimer,BOOL Dead = False);    //构造函数,新建对象必须是活的
    virtual ~GameObject();
    void setX(int X) {x = X;}
    void setY(int Y) {y = Y;}
    int  getX() {return X;}
    int  getY() {return Y;}
    void getRect(RECT& R)   //取得对象占据的矩形区域(RECT 是 Win32 API 中的矩形结构体)
    {
      R.left = x;
      R.top = y;
      R.right = x+width;
      R.bottom = y+height;
    }
    BOOL isMyTime();        //根据"当前时间滴-最近时间滴>=延时时间滴"判断是否该我表演了
    GameObjectType getType(){return type;}           //取得游戏对象类型
    void setDead() {dead = TRUE;}                     //设为死亡
    BOOL getDead(){return(dead);}                     //检查是否死亡

    BOOL GeometricalHitTest(GameObject * pObj);       //几何碰撞检测

    //以下 3 个纯虚函数必须在所有的派生类中实现

virtual BOOL LogisticHitTest() = 0;                  //逻辑碰撞检测,需根据具体对象类型和游
                                                     //戏规则,如敌方炮弹碰到敌方坦克无效

    virtual void move() = 0;                          //子类对象的"表演"
    virtual void draw() = 0;                          //绘制对象
};

BOOL GameObject::isMyTime()                           //根据"当前时间滴-最近时间滴>=延时
                                                     //时间滴"判断是否该我表演了
{
  if(GetTickCount()-lastTickCount>=delayTimer)
  {
    lastTickCount = GetTickCount();
    return TRUE;
  }
  return FALSE;
}
```

```
BOOL GameObject::HitTest(GameObject * pObj) //当前对象是否与另一对象几何碰撞
{
    RECT rc1,rc2,temp;
    rc1 = getRect();
    rc2 = pObj->getRect();
    return IntersectRect(&temp,&rc1,&rc2);
    //3 个参数是 Win32 SDK 的,不是 MFC 的。rc1、rc2 矩形的交集赋 temp(没用到),返回真假
}
```

MoveableObject 类: 表示可移动的物体。活动物体具有运动方向和运动速度。不同方向一般需要对应不同图片,用当前图片号表示还需增加生命值

```
//定义四个方向
enum Direction
{
    DirUp = 0,
    DirRight = 1,
    DirDown = 2,
    DirLeft = 3,
};
```
如果所用图片素材是多区域的单一文件,注意与方向定义对应,以便于计算裁剪参数
```
class MoveableObject : public GameObject
{
  protected:
    Direction dir;                          //运动方向
    int speed;                              //运动速度
    int blood;                              //生命值
    int status;                             //状态
    int currentFrame;                       //当前图号
    public:
     MoveableObject (int X, int Y, int Width, int Height, GameObjectTypeType,
DWORDLastTick Count, DWORD DelayTimer, BOOL   Dead = False, Direction Dir, int
Speed,int Blood,int Status, int CurrentFrame);
    virtual ~MoveableObject();
                                            //set,get 方法略
};
```

```
/////////////////////////////////////////////////////////////////
```

PlayerTank 类: 玩家坦克类,主要增加玩家图像资源,实现各虚函数;也可根据游戏规则需要增加最大生命值、生命数、经验值等

```
class PlayerTank : public MoveableObject
{
public:
    static HBITMAP ptBITMAP;                //玩家坦克图片对象。静态变量,类外初始化,用
                                            //LoadImage 函数加载相应图片
    PlayerTank(int x,int y,int nType);      //创建
    virtual void move();                    //移动、开火(实际是该对象"醒来"后的"表演",推
                                            //动游戏演进)
    virtual void draw();                    //画
    virtual BOOL LogisticHitTest(GameObject * pObj);
                                            //逻辑碰撞检测。处理被阻挡、被击中、获得奖品
};
```

PlayerTank::move()伪代码:

```
{  if(!isMyTime()) return;
   if(生命值<0)
     {
       setDead();                        //设置死亡标志
       新建一个爆炸对象,插入爆炸链表中       //只管加入,不管其 move 和 draw,过一会儿它会
                                         //有机会的
       return;
     }
     //保存原坐标
     int oldX = x, oldY = y;
     读键盘,若是方向键,改变方向,据此试探性移动坦克(改变坐标,但此改变可能无效)
     BOOL canMove = TRUE;                 //假设可移动
     for(遍历敌人坦克链表)
         if(几何碰撞(某一敌人坦克))  {canMove = FALSE;break;}
     for(遍历障碍物链表)
         if(几何碰撞(某一障碍物))  {canMove = FALSE;break;}
     if(canMove==FALSE)  {x = oldX, y = oldY};  //不能移动,恢复原坐标
     计算当前图号
     //读键盘
     if(按了左 CTRL 键)
     新建一个玩家子弹,插入子弹链表中;        //只管加入,不管其 move 和 draw,过一会儿它会
                                         //有机会的

}
```

```
BOOL PlayerTank::LogisticHitTest(GameObject * pObj)伪代码: //逻辑碰撞
{
  if (与 pObj 几何碰撞)
    {if(pObj 类型==炮弹)
        if(炮弹类型是敌方的炮弹)
             减相应防护值,return TRUE;
      else
        if(pObj 类型==奖励)
           根据奖励类型(血、经验、钱)修改防护值、升级等,return TRUE;
    }
return FALSE;                             //没碰撞
}
```

```
/////////////////////////////////////////////////
```
EnemyTank 类,主要增加敌人坦克图像资源,实现各虚函数

```
class EnemyTank :  public MoveableObject
{
public:

    static HBITMAP etBITMAP;           //敌人坦克图片对象。静态变量,类外初始化,用
                                       //LoadImage 函数加载相应图片
    EnemyTank(int x,int y,int nType);  //构造
    virtual void Move();               //移动、随机改变方向和开火
    virtual void Draw();               //画
    virtual BOOL LogisticHitTest(GameObject * pObj);  //逻辑碰撞检测。处理被击中
};
```

```
void EnemyTank::Move()伪代码:            //不是由人通过键盘控制
{
  if(!isMyTime()) return;
  if(生命值<0)
   {
     setDead();                          //设置死亡标志
     //千万不能从链表中剔除,因为此时程序还在该对象中运行。交给游戏世界的 moveAll 去
     //处理
     新建一个爆炸对象,插入爆炸链表中
     return;
    }
  int r = rand()%100;                    //产生 0~100 的随机数
  int x = oldX, y = oldY;                //保存原坐标
  if(r<=3)                               //3%概率
      改变一下方向
  else
      if(status<5)                       //2%概率
        {开火}
      else
      {试探性移动}

  BOOL canMove = TRUE;                   //先假设可移动
  for(遍历敌人坦克链表)
      if(几何碰撞(其他敌人坦克))  {canMove = FALSE;break;}
      for(遍历障碍物链表)
      if(几何碰撞(某一障碍物))  {canMove = FALSE;break;}
      if(坦克出界)canMove = FALSE;
      if(碰撞了玩家坦克)  canMove = FALSE;
      if(canMove==FALSE)  {x = oldX, y = oldY};         //不能移动,恢复原坐标
      计算当前图号
}

BOOL TEnemyTank::LogisticHitTest(Object * pObj);        //逻辑碰撞检测
{
  if (与 pObj 几何碰撞)
   {
      if(pObj 类型==玩家子弹)
        {
          减相应防护值,return TRUE;}
        }
}
      return FALSE;                      //没碰撞
}
```

//
GameWorld 类:主要维护各类对象的链表。该类可以用单件模式。删除链表节点时注意资源释放 (不能忘了,也不能多次删除)

(4) 随机产生敌方坦克,可能会因为位置重合导致部分坦克无法移动,可以设计一个地图编辑器。注意各对象速度的设置,如子弹的矩形是 8×8,若速度超过8,会互相跳过,导致碰撞检测失效。

13.3.4　坦克大战游戏报告基本格式

坦克大战游戏设计实验报告的基本内容至少包括封面、正文、附录三部分。

1. 封面

封面包括"《面向对象的编程技术》课程设计实验报告"字样及班级、姓名、学号、题目、设计时间、指导老师等信息。

2. 正文

(1) 应用程序的名称。

(2) 应用程序的主题、设计目的。

(3) 应用程序简介：设计目的、功能介绍、基本内容、主要技术、运行环境等。

(4) 重点阐述具体技术方案：应用程序的框架设计、类层次图、主要运行界面的介绍（本课题重点阐述设计了哪些接口类，能适应何种需求变化）。

(5) 重点阐述创新和难点：阐述创新的成功之处；在开发过程中遇到的重点、难点问题及解决过程。

(6) 课程设计中目前存在的问题。

(7) 重点阐述设计实践过程中的心得体会。

3. 附录

附录中至少包括相关程序文件、程序的安装、使用说明。

13.4　贪吃蛇游戏

贪吃蛇游戏是一款经典的休闲益智类游戏，有 PC 和手机等多平台版本。它简单耐玩，通过控制蛇头方向吃蛋（蛇食），从而使得蛇变得越来越长，让游戏者在不断的控制中获得一种放松和成就感，还能锻炼游戏玩家的耐心和专注力。

用键盘的上、下、左、右光标键控制蛇头行走的方向，寻找吃的东西，每吃一口就能得到一定的积分，而且蛇的身子会越吃越长，身子越长玩的难度就越大，不能碰墙，不能咬到自己的身体，更不能咬自己的尾巴，等到了一定的分数，就能过关，然后继续玩下一关。

此款游戏的变种较多，如在蛋的方面，可能放上带道具的蛋，使蛇吃完后具有穿墙等特种功能，而且难度逐渐加大，如在蛇的皮肤方面，游戏制作的精细度和画面的质量随着版本的提高而不断提高，且有单人及团队联机对战版本陆续推出。

13.4.1　贪吃蛇游戏设计的目的和意义

(1) 贪吃蛇游戏的设计目的如下。

① 采用 VC 中的 MFC 的框架进行设计，学习 MFC 绘图（参考第 12 章的内容进行学习）和键盘控制动画实现。

② 运用数据结构的单链表实现蛇的动态增长。

③ 加强面向对象编程思想的理解与运用，编程模块化，提高程序实现的效率和代码复用程度。

(2) 贪吃蛇游戏设计的意义如下。

贪吃蛇游戏的设计过程涉及数据结构的选择、算法的设计、图形界面的绘制、键盘事件处理与动画的实现，能较好地锻炼学生的分析和设计能力。其中，模块化程序结构思想、面向对象分析方法也可以通过本课题体现的淋漓尽致。

13.4.2　贪吃蛇游戏设计的基本要求

贪吃蛇游戏设计的基本要求如下。

(1) 蛇的行走动画实现,通过键盘上的方向键,实现蛇向各个方向进行行走(上、下、左、右,分别对应 4 个方向键),蛇食被蛇头吞噬后,能自动产生一个新的蛇食,并且蛇身增长一个单元长度。

(2) 绘制一个矩形区域,限定蛇的行走范围,蛇食与蛇的头部、蛇的身体部分,不能出现在矩形区域的相同位置;此外,游戏过程中动态输出当前蛇头已经吞噬的蛇食数量。

(3) 游戏的存盘和恢复功能,以及游戏玩家的注册、游戏玩家的最高分值的记录排行榜功能。

(4) 游戏难度级别的设计,提高游戏难度级别对应操作难度的提升,如蛇的行走速度,以及避免碰壁和避免蛇头碰及自身身体单元的要求。

(5) 类的设计与模块化程序设计的要求,定义一个 CSnake 类(描述蛇的类),定义其相应的属性和方法,属性描述蛇头的位置(整个蛇可以用单链表进行存储),以及蛇身的总长度,方法描述蛇头的转向(如向左、向右、向上、向下的转向),行走和吞噬蛇食。

个人时间允许的前提下,可以对蛇行走和蛇吞噬蛇食加上声音特效,让游戏的可玩性更好。

13.4.3　贪吃蛇游戏设计的技术要点

1. 整体程序框架和思路

游戏动画制作:利用 MFC 框架,在 CView 类中,通过不断绘图与刷新重绘实现贪吃蛇游戏的动画。其思路是:在 CView 类中的 OnDraw 函数绘制游戏区域、蛇和蛇食;建立键盘消息响应函数 OnKeyDown,在此函数中,对键盘 4 个方向的按键进行消息处理;按下方向键后可能会改变蛇头的行进方向和蛇身状态,如果蛇头吞噬了蛇食,蛇身的长度会发生变化,相应地改变蛇的存储数据;刷新视图,重新进行绘制,产生蛇行走和吞噬蛇食的动画效果。

在 Cview 类中,主控的核心代码框架如下。

```
void CGreedySnakeView::OnDraw(CDC * pDC)
{
        CGreedySnakeDoc * pDoc = GetDocument();
        ASSERT_VALID(pDoc);
        //TODO: add draw code for native data here
        CFont font, * pOldFont;
        font.CreatePointFont(300,"宋体");
        pOldFont = pDC->SelectObject(&font);
        DrawGameArea(pDC);                         //绘制游戏区域
        DrawSnakeFood(pDC);                        //画蛇食
        m_snake.DrawSnake(pDC,m_gameOrgPos);       //画蛇
        m_str.Format("贪吃蛇已经吃了%d 个食物了!",m_snake.numUnit-1);
        pDC->TextOut(600,300,m_str);
        pDC->SelectObject(pOldFont);
        font.DeleteObject();
}
```

游戏中,上、下、左、右 4 个方向键操作按键的键盘响应程序:

```
void CGreedySnakeView::OnKeyDown(UINT nChar, UINT nRepCnt, UINT nFlags)
{
    //TODO: Add your message handler code here and/or call default
    PSnakeNode pHeadNode,pNextNode=NULL;
    pHeadNode = m_snake.head;
    if(pHeadNode->Next!=NULL)pNextNode = m_snake.head->Next;
    switch (nChar)
    {
        case 37:       //按下向左方向键如果第二节点单元在头节点左侧,向左移动的动作
                       //忽略
            if(pNextNode && pNextNode->x < pHeadNode->x)
                return;
            m_snake.TurnLeft();
            m_snake.Move(m_GameArea,m_snakefood);
            break;                          //Left arrow
        case 38:                            //按下向上方向键
            if(pNextNode && pNextNode->y < pHeadNode->y)
                return;                     //不可以向上走,直接返回
            m_snake.TurnUp();
            m_snake.Move(m_GameArea,m_snakefood);
            break;                          //Up arrow
        case 39:                            //按下向右方向键
            if(pNextNode && pNextNode->x > pHeadNode->x)
                return;
            m_snake.TurnRight();
            m_snake.Move(m_GameArea,m_snakefood);
            break;                          //Right arrow
        case 40:                            //按下向下方向键
            if(pNextNode && pNextNode->y > pHeadNode->y)
                return;
            m_snake.TurnDown();
            m_snake.Move(m_GameArea,m_snakefood);
        break;//Down arrow
    }
    Invalidate(true);
    CView::OnKeyDown(nChar, nRepCnt, nFlags);
}
```

具体实现时,游戏区域大小可以自由设定,这里,游戏区域被定义为一个矩形区域(400 像素×400 像素),存储上对应一个 20×20 的二维数组,每个位置点对应一个二维数组的元素。

2. 贪吃蛇类(CSnake)的设计

数据存储:蛇头、蛇身存储在一个单链表里,实现蛇身长度的动态增长,蛇食用一个 POINT 类型的结构体变量进行存储,POINT 类型的结构体变量表示蛇食正方形区域的左上角顶点坐标。

具体实现时,定义一个全局参数文件 GlobalParas.h,包含蛇身节点的数据存储结构,蛇行方向等,具体内容如下:

```
#if !defined GlobalParas_H                                    //采用条件编译框架
#define  GlobalParas_H
enum Direction{DRight=0, DUp=90, DLeft=180, DDown=270};       //定义蛇行走的方向
```

```
typedef struct Node
{
    int x, y;                              //蛇的节点单元的数组的 x、y 坐标
    POINT LeftTop, RightBottom;            //利用 x,y 坐标算出来的两个顶点像素坐标
    int v;                                 //速度 v
    Direction direction;                   //节点运动方向,用度数表示,如 90°,180°,270°
    Node * Next;
}SnakeNode, * PSnakeNode;
#endif
```

再定义 CSnake 类:

```
class CSnake
{
public:
    void RandProduceFood(int GameArea[20][20], POINT &snakefood);
    void SnakeUnitMove(PSnakeNode pnode, int GameArea[20][20]);
    void DrawSnakeUnit(CDC * pDC, POINT p1, POINT p2, bool flgHead);
    void DrawSnake(CDC * pDC, POINT orgPos);
    void Move(int GameArea[20][20], POINT &snakefood);
    void TurnRight();
    void TurnLeft();
    void TurnDown();
    void TurnUp();
    void EatNewNode(PSnakeNode pnewNode);
    PSnakeNode InitSnake(int x, int y);
    CSnake();
    virtual ~CSnake();
    PSnakeNode head;
    int numUnit;                           //记录蛇身单元个数(含蛇头节点)
};
```

其中,初始化蛇的算法如下:

```
PSnakeNode CSnake::InitSnake(int x,int y)
{
    PSnakeNode head;
    head = new SnakeNode;
    if(!head)
    {
        AfxMessageBox("内存分配错误!");
        return NULL;
    }
    else
    {
        head->Next = NULL;
        head->x = x;
        head->y = y;
        head->v = 1;
        this->head = head;
        this->numUnit = 1;
        return head;
    }
}
```

蛇吞噬蛇食的算法实现:

```cpp
void CSnake::EatNewNode(PSnakeNode pnewNode)
{ //pnewnode 是食物节点的地址,食物节点参数里预先保持好它自身的位置坐标 x,y
    pnewNode->v = head->v;
    pnewNode->direction = head->direction;
    pnewNode->Next = head;
    head = pnewNode;
    this->numUnit++;
    return;
}
```

蛇头转向(向上、向下、向左、向右)的算法实现:

```cpp
void CSnake::TurnUp()
{
    head->direction = DUp;
}
void CSnake::TurnDown()
{
    head->direction = DDown;
}
void CSnake::TurnLeft()
{
    head->direction = DLeft;
}

void CSnake::TurnRight()
{
    head->direction = DRight;
}
```

在指定位置画蛇成员函数:

```cpp
void CSnake::DrawSnake(CDC * pDC,POINT orgPos)
{   //画蛇成员函数
    PSnakeNode pnode;
    pnode = head;bool flgHead = true;
    while(pnode !=NULL)
    {
        pnode->LeftTop.x = orgPos.x + 20 * (pnode->x);
        pnode->LeftTop.y = orgPos.y + 20 * (pnode->y);
        pnode->RightBottom.x = orgPos.x + 20 * (1+ pnode->x);
        pnode->RightBottom.y = orgPos.y + 20 * (1+ pnode->y);
        //求出当前节点单元的左上角和右下角位置
        DrawSnakeUnit(pDC,pnode->LeftTop,pnode->RightBottom,flgHead);
        flgHead = false;
        pnode = pnode->Next;
    }
}
```

画蛇身单元节点成员函数,供 CSnake::DrawSnake 进行调用。

```cpp
void CSnake::DrawSnakeUnit(CDC * pDC, POINT p1, POINT p2,bool flgHead)
{   //画蛇身的一个节点,画双重正方形突出效果,蛇头用红色,蛇身用蓝色
    pDC->Rectangle(p1.x,p1.y,p2.x,p2.y);
    CBrush brush, * pOldbrush;
    if(flgHead)brush.CreateSolidBrush(RGB(255,0,0));
```

```
        else brush.CreateSolidBrush(RGB(0,0,255));
    pOldbrush = pDC->SelectObject(&brush);
    pDC->Rectangle(p1.x+2,p1.y+2,p2.x-2,p2.y-2);
    pDC->SelectObject(pOldbrush);
    brush.DeleteObject();
}
```

移动蛇身单元节点成员函数：

```
void CSnake::SnakeUnitMove(PSnakeNode pnode,int GameArea[20][20])
{   //移动单元,得到主视图中改变区域标记
    Direction dt;
    dt = pnode->direction;
    switch(dt)
    {
     case DUp:
        GameArea[pnode->x][pnode->y]=0;
        pnode->y -=1;
        GameArea[pnode->x][pnode->y]=1;
        break;
     case DDown:
        GameArea[pnode->x][pnode->y]=0;
        pnode->y +=1;
        GameArea[pnode->x][pnode->y]=1;
        break;
     case DLeft:
        GameArea[pnode->x][pnode->y]=0;
        pnode->x -=1;
        GameArea[pnode->x][pnode->y]=1;
        break;
     case DRight:
        GameArea[pnode->x][pnode->y]=0;
        pnode->x +=1;
        GameArea[pnode->x][pnode->y]=1;
        break;
    }
}
```

以下是产生蛇食成员函数,按照面向对象思想,单独设计一个蛇食类更合理,这里为了简化,并入 CSnake 类中实现。

```
void CSnake::RandProduceFood(int GameArea[][20],POINT &snakefood)
{
    srand((unsigned)time(NULL));
    int i,j;
    while(1)
    {
        i = rand()%20;
        j = rand()%20;
        if(GameArea[i][j] == 0)break;    //找到新蛇食放置位置,跳出循环
    }
    GameArea[i][j]=2;                     //放置蛇食
    snakefood.x = i;
    snakefood.y = j;
}
```

3. 蛇食的定义和游戏区域

设计一个 400 * 400 的矩形作为游戏区域,再定义一个 20 * 20 的二维数组,对应这个游戏矩形区域,每个数组元素对应屏幕上由 20 * 20 像素所构成正方形单元。此外,蛇头、每个蛇身单元、蛇食也都对应一个 20 * 20 的正方形。同时,用 20 * 20 的二维数组元素的不同的数值来存储蛇头、蛇身单元和蛇食,数组元素值为 1 时表示是蛇头或者蛇身单元,为 2 表示是蛇食,为 0 表示为空区域,这样在绘制的时候,便于编写函数进行统一处理。

蛇食的产生可以用随机函数结合循环来实现,并加以检测,没有和游戏区域的其他单元位置冲突即可,参考代码如下:

```cpp
void CGreedySnakeView::InitSnakeFood()
{
        int i,j;
        srand((unsigned)time(NULL));        //初始化随机数种子
        while(1)
        {
          i = rand()%20;
          j = rand()%20;                    //随机产生蛇食的坐标位置
          if(m_GameArea[i][j] == 0)break;   //如果该位置没有蛇身单元,该位置有效,跳出循环
        }
        m_GameArea[i][j]=2;                  //放置食物,用 2 标记食物,用 1 标记蛇单元
        m_snakefood.x = i;
        m_snakefood.y = j;                  //记录蛇食的位置
}
```

4. 方向按键控制蛇的行走和游戏区域边缘碰撞检测

蛇移动算法如下:

```cpp
void CSnake::Move(int GameArea[20][20],POINT &snakefood)
{
    PSnakeNode pnode;
    pnode = head;                          //记录蛇头的位置
    while(pnode !=NULL)
    {
        Direction dt;
        dt = pnode->direction;             //记录头节点的移动方向
        switch(dt)
        {
            case DUp:                      //第一种情形,向上移动
                if(pnode->y - 1 == -1) return;   //到顶了
                if(GameArea[pnode->x][pnode->y -1] == 2)
                { //碰到食物了
                    int posX,posY;
                    posX = pnode->x;
                    posY = pnode->y -1;    //记下食物位置
                    PSnakeNode tmpNode = new SnakeNode;
                    tmpNode->x = posX;
                    tmpNode->y = posY;
                    EatNewNode(tmpNode);   //蛇碰到蛇食,吞噬蛇食
                    tmpNode = NULL;
                    GameArea[posX][posY]=1;    //标记成蛇身单元
                    //下面产生新的食物位置
```

```
                RandProduceFood(GameArea,snakefood);
        }
        if(GameArea[pnode->x][pnode->y - 1]==0) //可以移动才移动
        { //处理整个蛇身体的移动
            PSnakeNode tmpNode;
            tmpNode = head;
            Direction preDt;                        //上一个节点单元的移动方向
            preDt = dt;                             //头节点的移动方向
            while(tmpNode)
            {
                Direction curDt = tmpNode->direction;
                //记录当前单元的移动方向
                //准备传递给下一个移动单元;
                    SnakeUnitMove(tmpNode,GameArea);   //处理当前单元的移动
                tmpNode->direction = preDt;
                preDt = curDt;
                tmpNode = tmpNode->Next;            //移动到蛇的下一个单元
            } //endwhile
        } //endif
        break;
case DDown:
        if(pnode->y + 1 > 19) return;               //到底了
        if(GameArea[pnode->x][pnode->y +1] == 2)
        { //碰到食物了
            int posX,posY;
            posX = pnode->x;
            posY = pnode->y + 1;                    //记下食物位置
            PSnakeNode tmpNode = new SnakeNode;
            tmpNode->x = posX;
            tmpNode->y = posY;
            EatNewNode(tmpNode);
            tmpNode = NULL;
            GameArea[posX][posY]=1;                 //标记成蛇身单元
            RandProduceFood(GameArea,snakefood);
        }
        if(GameArea[pnode->x][pnode->y + 1]==0) //可以移动才移动
        {
            //处理整个蛇身体的移动
            PSnakeNode tmpNode;
            tmpNode = head;
            Direction preDt;                        //上一个节点单元的移动方向
            preDt = dt;                             //头节点的移动方向
            while(tmpNode)
            {
                Direction curDt = tmpNode->direction;
                                                    //记录当前单元的移动方向
                //准备传递给下一个移动单元
                SnakeUnitMove(tmpNode,GameArea);    //处理当前单元的移动
                tmpNode->direction = preDt;
                preDt = curDt;
                tmpNode = tmpNode->Next;            //移动到蛇的下一个单元
            } //endwhile
        } //endif
```

```
        break;
    case DLeft:                               //向左移动
        if(pnode->x -1 < 0) return;
        if(GameArea[pnode->x -1][pnode->y] == 2)
        { //碰到食物了
            int posX,posY;
            posX = pnode->x -1;
            posY = pnode->y;                   //记下食物位置
            PSnakeNode tmpNode = new SnakeNode;
            tmpNode->x = posX;
            tmpNode->y = posY;
            EatNewNode(tmpNode);
            tmpNode = NULL;
            GameArea[posX][posY]=1;            //标记成蛇身单元
            RandProduceFood(GameArea,snakefood);
        }
        if(GameArea[pnode->x - 1][pnode->y]==0)    //可以移动才移动
        { //处理整个蛇身体的移动
            PSnakeNode tmpNode;
            tmpNode = head;
            Direction preDt;                   //上一个节点单元的移动方向
            preDt = dt;                        //头节点的移动方向
            while(tmpNode)
            {
                Direction curDt = tmpNode->direction;
                                               //记录当前单元的移动方向
                //准备传递给下一个移动单元
                SnakeUnitMove(tmpNode,GameArea);   //处理当前单元的移动
                tmpNode->direction = preDt;
                preDt = curDt;
                tmpNode = tmpNode->Next;        //移动到蛇的下一个单元
            } //endwhile
        } //endif
        break;
    case DRight:                              //向右移动
        if(pnode->x +1 >19) return;
        if(GameArea[pnode->x + 1][pnode->y] == 2)
        { //碰到食物了
            int posX,posY;
            posX = pnode->x + 1;
            posY = pnode->y;                   //记下食物位置
            PSnakeNode tmpNode = new SnakeNode;
            tmpNode->x = posX;
            tmpNode->y = posY;
            EatNewNode(tmpNode);
            tmpNode = NULL;
            GameArea[posX][posY]=1;            //标记成蛇身单元
            RandProduceFood(GameArea,snakefood);
        }
```

```
            if(GameArea[pnode->x + 1][pnode->y]==0)                //可以移动才移动
        { //处理整个蛇身体的移动
            PSnakeNode tmpNode;
            tmpNode = head;
            Direction preDt;                       //上一个节点单元的移动方向
            preDt = dt;                            //头节点的移动方向
            while(tmpNode)
            {
                Direction curDt = tmpNode->direction;
                //记录当前单元的移动方向
                //准备传递给下一个移动单元
                SnakeUnitMove(tmpNode,GameArea);//处理当前单元的移动
                tmpNode->direction = preDt;
                preDt = curDt;
                tmpNode = tmpNode->Next;          //移动到蛇的下一个单元
            } //endwhile
        } //endif
        break;
        }
        pnode = pnode->Next;
    } //endwhile
}
```

游戏的效果如图 13.44 所示。

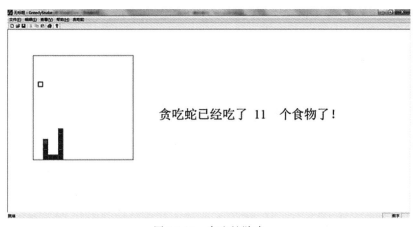

图 13.44　贪吃蛇游戏

13.4.4　贪吃蛇游戏报告基本格式

贪吃蛇游戏设计实验报告的基本内容至少包括封面、正文、附录三部分。

1. 封面

封面包括"《面向对象的编程技术》课程设计实验报告"字样和班级、姓名、学号、题目、设计时间、指导老师等信息。

2. 正文

（1）应用程序的名称。

（2）应用程序的主题、设计目的。

（3）应用程序简介：设计目的、功能介绍、基本内容、主要技术、运行环境等。

（4）重点阐述具体技术方案：应用程序的框架设计、类层次图、主要运行界面的介绍。

（5）重点阐述创新和难点：阐述创新的成功之处；在开发过程中遇到的重点、难点问题及解决过程。

（6）课程设计中目前存在的问题。

（7）重点阐述设计实践过程中的心得体会。

3. 附录

附录中至少包括相关程序文件、程序的安装、使用说明。

13.5　五子棋游戏

五子棋游戏是一种简单的，又具有一定智力对抗性的休闲益智游戏，五子棋起源于中国，是全国智力运动会竞技项目之一，是一种两人对弈的纯策略型棋类游戏。双方分别使用黑白两色的棋子，一般可采用围棋的棋子和棋盘来进行游戏，落子在棋盘直线与横线的交叉点上，先形成五子连珠者获胜。

五子棋容易上手，老少皆宜，而且趣味横生，引人入胜。它不仅能增强思维能力，提高智力，而且富含哲理，有助于修身养性。

13.5.1　五子棋游戏设计的目的和意义

（1）五子棋游戏设计的目的如下。

① 学习 MFC 框架下，在视图类中实现棋盘的绘制，棋子图片资源的制作与加载。

② 黑白双方落子动作的实现，即编程实现游戏双方的行为子系统。

③ 游戏胜负的判定，游戏胜负判定的规则子系统。

④ 游戏进度的保存与恢复，悔棋功能的实现。

（2）五子棋游戏设计的意义如下。

五子棋游戏的设计思路很清晰，整个游戏的组成部分包括棋盘子系统、规则子系统、黑白对弈双方行为子系统 3 部分组成，是典型的面向对象分析模式，通过本游戏的设计与实现，能够很好地体会面向对象分析模式的特点与优点，进而深刻领会如何运用面向对象的思想去分析问题和解决问题。而且，对于软件的复用也体现得特别明显；如把规则子系统换成围棋的游戏规则，五子棋游戏就变成了围棋游戏。在第 1 章对五子棋游戏的设计思想已经做了较为详细的剖析与探讨，读者可以参考第 1 章的内容对本节的内容进行学习。

13.5.2　五子棋游戏设计的基本要求

五子棋游戏设计的基本要求如下。

（1）绘制棋盘，棋盘由纵横各 15 条等距离、垂直交叉的平行线构成，在棋盘上，纵横线交叉形成了 225 个交叉点为对弈时的落子点。

（2）通过鼠标控制黑白双方的交替落子行为。按下鼠标左键，点击交叉点附近一定区域范围内的位置视为有效落子。

（3）任何一方在落子后，规则子系统能及时判断当时的输赢情况，包含 3 种结果：黑方胜、白方胜、胜负未定。

（4）游戏的保存与恢复，一盘未下完的棋，可以保存其进度，并供下次重新载入游戏进度。

13.5.3　五子棋游戏设计的技术要点

1. 整体程序框架和思路

五子棋游戏设计重点是做好棋盘子系统、黑白双方行为子系统和规则子系统 3 个子系统。棋盘子系统负责棋盘、棋子的存储与显示；黑白双方行为子系统负责对弈双方下棋行为的记录；规则子系统用于判断落子后胜负判定情况。

2. 棋盘子系统

棋盘子系统负责棋盘的绘制和后台对应的数据存储，一般用 15 * 15 的二维数组来存储棋盘上对应的点是否有棋子，如用 0 表示黑棋，1 表示白棋，−1 表示没有落子。刚开始，棋盘所有位置都初始化为−1。黑白双方行为子系统，通过鼠标点击在棋盘上进行落子，落子后，对应的棋盘的数据存储会发生变化，同时，棋盘的显示状态要更新（绘制新落入的棋子）。

3. 黑白双方行为子系统

黑白双方交替落子进行游戏，落子的行为完全相同，当鼠标点击在棋盘交叉点附近一定区域时（编写鼠标光标所在的区域检测代码），视为落子有效，同时建立 WM_LBUTTONDOWN 消息响应函数，在此消息响应函数中，对鼠标点击位置的有效性进行检测，如检测通过，则落子有效，同时调用规则子系统，对当前棋局的输赢进行判断。

4. 规则子系统

规则子系统的任务是在落子后，判断落子方是否在棋盘上形成了五子连珠，具体方法是，根据当前落子方（黑方或者白方落子），扫描整个棋盘，是否存在当前方的五子连珠，具体在实现时，也可以黑方、白方同时扫描，肯定是有一方先胜出，扫描的方式包括水平方向、垂直方向、45°斜线和 135°斜线 4 个角度的扫描。

参考代码如下。其中，形参 chess_flag 二维数组存储的是棋盘中的落子情况。

```cpp
int CRuleSys::JudgeGameResult(int chess_flag[][15])
{   //根据落子情况，判断是白棋赢还是黑棋赢，白棋赢返回1，黑棋赢返回-1，没有结果返回0;
    int i,j,countwhite=0,countblack=0;//count 是计数器,累计达到 5 即可以判断出结果
    int i1,j1;
    for(i=0;i<15;i++)
        for(j=0;j<15;j++)               //
        {
            i1=i;                       //初始化
            j1=j;                       //i1、j1 是为了判断用而定义的临时变量
            if(chess_flag[i][j]==0)countblack=1;     //当前位置是黑棋
            if(chess_flag[i][j]==1)countwhite=1;     //当前位置是白棋
            if(chess_flag[i][j]==-1)    //空棋位
            {
                countwhite=0;
                countblack=0;
            }
```

```
        //判断行
        while(++j1<15)
        {
            if(countwhite==0 && countblack==0)
            {
                if(chess_flag[i1][j1]==0) countblack=1;
                if(chess_flag[i1][j1]==1) countwhite=1;
                goto L1;


            }
            if(countwhite)
            {
                if(chess_flag[i1][j1]==1) countwhite++;
                else {
                    countwhite=0;          //不是连续的白棋,countwhite 重置 0 值
                    if(chess_flag[i1][j1]==0) countblack=1;    //countblack 置 1
                }
                goto L1;
            }
            if(countblack)
            {
                if(chess_flag[i1][j1]==0) countblack++;
                else
                {
                    countblack=0;          //不是连续的黑棋,countblack 重置 0 值
                    if(chess_flag[i1][j1]==1) countwhite=1;    //countwhite 置 1
                }
                goto L1;
            }
L1:        if(chess_flag[i1][j1]==-1){
                    countblack=0;
                    countwhite=0;          //空棋子位,黑棋和白棋的计数器都清 0
                }
        if(countwhite>=5) return 1;        //白棋赢
        if(countblack>=5) return -1;       //黑棋赢
        }
    //下面判断列
    i1=i;j1=j;                            //判断前初始化
    if(chess_flag[i][j]==0) countblack=1; //0 表示黑棋
    if(chess_flag[i][j]==1) countwhite=1; //1 表示白棋
    if(chess_flag[i][j]==-1)
        {
            countwhite=0;
            countblack=0;
        } //初始化
    while(++i1<15)
    {
        if(countwhite==0 && countblack==0)
```

```
              {
                  if(chess_flag[i1][j1]==0)countblack=1;
                  if(chess_flag[i1][j1]==1)countwhite=1;
                  goto L2;
              }
          if(countwhite)
          {   if(chess_flag[i1][j1]==1)countwhite++;
                  else {
                      countwhite=0;          //不是连续的白棋,countwhite重置0值
                      if(chess_flag[i1][j1]==0)countblack=1;   //countblack置1
                  }
              goto L2;
          }
          if(countblack)
          {
              if(chess_flag[i1][j1]==0)countblack++;
                  else
                  {
                      countblack=0;          //不是连续的黑棋,countblack重置0值
                      if(chess_flag[i1][j1]==1)countwhite=1;   //countwhite置1
                  }

              goto L2;
          }
    L2:       if(chess_flag[i1][j1]==-1){
                      countblack=0;
                      countwhite=0;          //空棋子位,黑棋和白棋的计数器都清0
                  }
              if(countwhite>=5)return 1;     //白棋赢
              if(countblack>=5)return -1;    //黑棋赢
          }


//==========================================================
      i1=i;j1=j;
      //判断前初始化
      if(chess_flag[i][j]==0)countblack=1;
      if(chess_flag[i][j]==1)countwhite=1;
      if(chess_flag[i][j]==-1)
          {
              countwhite=0;
              countblack=0;
          }
      //判断135°斜线
      while((++i1<15)&&(++j1<15))
          {
          if(countwhite==0 && countblack==0)
            {
              if(chess_flag[i1][j1]==0)countblack=1;
              if(chess_flag[i1][j1]==1)countwhite=1;
              goto L3;
            }
```

```
                if(countwhite)
                 {
                    if(chess_flag[i1][j1]==1)countwhite++;
                    else {
                        countwhite=0;                //不是连续的白棋,countwhite 重置 0 值
                        if(chess_flag[i1][j1]==0)countblack=1;   //countblack 置 1
                    }
                    goto L3;
                 }
                if(countblack)
                {
                    if(chess_flag[i1][j1]==0)countblack++;
                        else
                        {
                            countblack=0;            //不是连续的黑棋,countblack 重置 0 值
                            if(chess_flag[i1][j1]==1)countwhite=1;   //countwhite 置 1
                        }
                    goto L3;
                }
        L3:     if(chess_flag[i1][j1]==-1){
                    countblack=0;
                    countwhite=0;                    //空棋子位,黑棋和白棋的计数器都清 0
                    }
                if(countwhite>=5) return 1;          //白棋赢
                if(countblack>=5) return -1;         //黑棋赢
            }
//===========================================================================
        i1=i;j1=j;
        //判断前初始化
        if(chess_flag[i][j]==0)countblack=1;
        if(chess_flag[i][j]==1)countwhite=1;
        if(chess_flag[i][j]==-1)
            {
                countwhite=0;
                countblack=0;
            }
        //判断 45°斜线
        while((++j1<15)&&(--i1>=0))
            {
            if(countwhite==0 && countblack==0)
            {
                if(chess_flag[i1][j1]==0)countblack=1;
                if(chess_flag[i1][j1]==1)countwhite=1;
                goto L4;
            }
            if(countwhite)
            {
                if(chess_flag[i1][j1]==1)countwhite++;
                else {
                    countwhite=0;                //不是连续的白棋,countwhite 重置 0 值
                    if(chess_flag[i1][j1]==0)countblack=1;          //countblack 置 1
```

```
                }
            goto L4;
        }
        if(countblack)
        {
            if(chess_flag[i1][j1]==0)countblack++;
                else
                {
                    countblack=0;               //不是连续的黑棋,countblack 重置 0 值
                    if(chess_flag[i1][j1]==1)countwhite=1;  //countwhite 置 1
                }
            goto L4;
        }
L4:     if(chess_flag[i1][j1]==-1){
                countblack=0;
                countwhite=0;               //空棋子位,黑棋和白棋的计数器都清 0
                }
        if(countwhite>=5)return 1;      //白棋赢
        if(countblack>=5)return -1;     //黑棋赢
    }

}
    return 0;                               //no result 没有结果
}
```

简易五子棋游戏运行效果如图 13.45 所示。

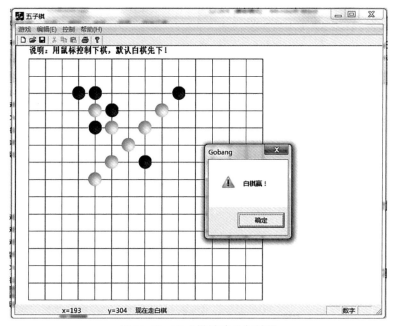

图 13.45　五子棋游戏运行效果

13.5.4 五子棋游戏报告基本格式

五子游戏设计实验报告的基本内容至少包括封面、正文、附录三部分。

1. 封面

封面包括"《面向对象的编程技术》课程设计实验报告"字样和班级、姓名、学号、题目、设计时间、指导老师等信息。

2. 正文

(1) 应用程序的名称。

(2) 应用程序的主题、设计目的。

(3) 应用程序简介：设计目的、功能介绍、基本内容、主要技术、运行环境等。

(4) 重点阐述具体技术方案：应用程序的框架设计、类层次图、主要运行界面的介绍。

(5) 重点阐述创新和难点：阐述创新的成功之处；在开发过程中遇到的重点、难点问题及解决过程。

(6) 课程设计中目前存在的问题。

(7) 重点阐述设计实践过程中的心得体会。

3. 附录

附录中至少包括相关程序文件、程序的安装、使用说明。

参 考 文 献

［1］ Deitel P J. C++程序员教程［M］. 张良华，吴明飞，胡强，等译. 北京：电子工业出版社，2019.

［2］ 范磊. 零起点学通 C++［M］. 北京：科学出版社，2019.

［3］ 李春葆，陶红艳，金晶. C++语言程序设计［M］. 北京：清华大学出版社，2020.

［4］ 侯俊杰. 深入浅出 MFC［M］. 2 版. 北京：华中科技大学出版社，2011.

［5］ 孙鑫，余安萍. VC++深入详解［M］. 北京：电子工业出版社，2016.

［6］ 郑莉. C++语言程序设计［M］. 北京：清华大学出版社，2022.

［7］ 伍俊良. Visual C++课程设计与系统开发案例［M］. 北京：清华大学出版社，2020.

［8］ 谭文洪，徐丹. PC 游戏编程（窥门篇）［M］. 重庆：重庆大学出版社，2018.

［9］ 荣钦科技. Visual C++游戏编程基础［M］. 北京：电子工业出版社，2019.

图书资源支持

感谢您一直以来对清华版图书的支持和爱护。为了配合本书的使用，本书提供配套的资源，有需求的读者请扫描下方的"书圈"微信公众号二维码，在图书专区下载，也可以拨打电话或发送电子邮件咨询。

如果您在使用本书的过程中遇到了什么问题，或者有相关图书出版计划，也请您发邮件告诉我们，以便我们更好地为您服务。

我们的联系方式：

清华大学出版社计算机与信息分社网站：https://www.shuimushuhui.com/

地　　址：北京市海淀区双清路学研大厦 A 座 714

邮　　编：100084

电　　话：010-83470236　010-83470237

客服邮箱：2301891038@qq.com

QQ：2301891038（请写明您的单位和姓名）

资源下载：关注公众号"书圈"下载配套资源。

资源下载、样书申请

书圈

图书案例

清华计算机学堂

观看课程直播